Handbuch
der Hartmetallwerkzeuge

Erster Band

Handbuch der Hartmetallwerkzeuge

Von

Dr.-Ing. habil. W. Dawihl und **Dr.-Ing. E. Dinglinger**
Dozent für Metallkunde, Illingen/Saar   Hartmetall- und Diamantwerkzeugberatung
Bremen-Mahndorf

Erster Band

Herstellung und Anwendung
von Dreh- und Hobelwerkzeugen

Mit 87 Abbildungen

Springer-Verlag

Berlin / Göttingen / Heidelberg

1953

ISBN-13: 978-3-642-92598-6   e-ISBN-13: 978-3-642-92597-9

DOI: 10.1007/978-3-642-92597-9

Gewidmet dem Andenken an

Herrn Dr.-Ing. Ernst Ammann

Vorwort.

Aus einer über 20jährigen Erfahrung in der Herstellung von Hartmetallplatten und einer ebenso langen Erfahrung in der Herstellung, Instandhaltung und Anwendung von Hartmetallwerkzeugen haben sich Grundsätze ergeben, die, trotzdem sie verhältnismäßig einfach zu befolgen sind, in der Werkstatt doch immer wieder ungenügend beachtet werden, wobei Mißerfolge in der Anwendung von Hartmetallwerkzeugen dann häufig genug dem Hersteller von Hartmetallplatten zur Last gelegt werden. Wenn wir es unternommen haben, in der vorliegenden Schrift unsere Erfahrungen zusammenzustellen, so hoffen wir, damit eine Ergänzung zu den auf dem Gebiet der Hartmetallwerkzeug-Herstellung und -Anwendung bestehenden Anleitungen zu bringen, weil wir die Zusammenstellung der wirtschaftlichen Arbeitsbedingungen für Hartmetallwerkzeuge sowohl vom Standpunkt des Hartmetallherstellers, als auch vom Standpunkt des Verbrauchers von Hartmetallplatten aus eigenen Erfahrungen übersehen.

Wir möchten ausdrücklich betonen, daß die im folgenden gegebenen Regeln für die Behandlung von Hartmetallwerkzeugen in manchen Fällen vielleicht nicht immer notwendig erscheinen, wir möchten aber trotzdem empfehlen, in jedem Betrieb sowohl die Werkzeughersteller, als auch die Arbeiter an den Drehbänken und Bohr- und Fräsmaschinen daraufhin zu schulen, die gegebenen Regeln in jedem Fall und streng zu erfüllen. Es darf nicht vergessen werden, daß die heutigen Hartmetallegierungen einen in ihrer Leistung hochgezüchteten Werkstoff darstellen, der nur dann den gewünschten wirtschaftlichen Erfolg ergibt, wenn bei der Herstellung der Hartmetallplatten, bei der Herstellung der Werkzeuge und bei ihrer Anwendung die größte Sorgfalt beachtet wird. Eine für die zu leistende Zerspanungsarbeit zu klein bemessene Platte, ein nicht rissefrei geschliffenes Plättchen, ein für die auftretenden Stöße nicht ausreichend bemessener Neigungswinkel oder eine zu hohe oder zu niedrige Schnittgeschwindigkeit können bereits jeder für sich den wirtschaftlichen Erfolg in Frage stellen, aber auch kleine Fehler in jedem der einzelnen Stadien können sich summieren und dadurch einen Mißerfolg bedingen.

Mehr als je beruht die Wirtschaftlichkeit eines Bearbeitungsbetriebes auf der Standhaltigkeit der Werkzeugschneiden, man sollte daher die

zentrale Werkzeugmacherei den besten Meistern und den besten Werk-
zeugmachern anvertrauen. Ein erfahrener Meister in der Werkzeugherstellung kann am Zustand des nachzuschleifenden Werkzeuges sofort
erkennen, ob das Werkzeug zu lange im Schnitt gewesen ist, oder ob
mit falschen Schnittwinkeln oder unwirtschaftlichen Schnittbedingungen
gearbeitet worden ist. Werden auf Grund dieser Feststellungen im
Betrieb die nötigen Anweisungen zur Abänderung der Arbeitsweise
gegeben, so können der Bearbeitungsabteilung große Kosten erspart
werden. So selbstverständlich diese Überlegungen erscheinen, so wenig
werden sie häufig in der Praxis beobachtet.

Die vorliegende Schrift befaßt sich mit der Herstellung und Anwendung von mit Hartmetall bestückten Dreh- und Hobelwerkzeugen.
Im 2. Bande des Handbuches werden kompliziertere Hartmetallschneid-
werkzeuge wie Bohrer, Fräser, Messerköpfe, Reibahlen und Räum-
werkzeuge, sowie spanlos arbeitende mit Hartmetall ausgekleidete
Arbeitsgeräte wie Ziehsteine und Zieh- und Stanzmatrizen besprochen
werden, ebenso die mit dem Hartmetalleinsatz in Zusammenhang
stehenden oder ihn ergänzenden Diamantwerkzeuge. Um dem Leser
des ersten Bandes einen Überblick über die Anwendung von Spezial-
werkzeugen zu geben und ihn aus der Vielseitigkeit des Einsatzes
anzuregen, neue Einsatzmöglichkeiten für die Verwendung des Hartmetalles zu finden, haben wir am Ende des ersten Bandes eine Zusammenstellung solcher Einsatzmöglichkeiten gegeben, die erst im
2. Band eingehend behandelt werden sollen.

Eine Anzahl von für die Vorkalkulation und die Werkstatt wichtigen
Arbeits- und Normenblättern sind in einem Anhang zusammengefaßt
worden, im Text sind diese Blätter durch den vor die Tabellennummer
gesetzten Buchstaben A bzw. B gekennzeichnet worden.

Am Schluß des Buches haben wir eine Zusammenstellung von
Literaturangaben über die Theorie der Hartmetallherstellung, den
Gefügeaufbau und die Eigenschaften von Hartmetallegierungen, sowie
Literaturangaben über Löten und Schleifen und die Anwendung von
Hartmetallwerkzeugen gegeben. Diese Zusammenstellung erhebt keinen
Anspruch auf Vollständigkeit, sie wurde jedoch so ausgewählt, daß sich
mit ihrer Hilfe ein Überblick über das gesamte Schrifttum gewinnen
läßt.

Außer der von den Hartmetall-Herstellern geleisteten Arbeit, die
Hartmetallplatte zu einem Werkzeug auszugestalten, muß im Rahmen
dieses Buches auch der Pionierarbeit derjenigen Werkzeugfirmen gedacht
werden, die von Anfang an diesem neuen Werkzeugbaustoff ihr Interesse
zugewandt haben. Insbesondere ist hier der Firma Dr. C. Agte, Berlin
(Spezialgebiet Bohr- und Reibwerkzeuge), der Firma Gebrüder Heller,
ehemals Schmalkalden, jetzt Bremen-Mahndorf (Spezialgebiet Form-

werkzeuge für Holz-, Stein- und Kunststoffbearbeitung sowie Tiefloch-
bohrung), der Firma H. Greiner, Urach/Württ. (Spezialgebiet rundlaufende Werkzeuge), dem Montanwerk Walter, Tübingen (Spezialgebiet Fräser und Messerköpfe) und der Gewerkschaft Wallram (Spezialgebiet Bergbauwerkzeuge und Ziehwerkzeuge) zu gedenken.

Wir möchten an dieser Stelle unseren Dank Herrn Prof. Pirani,
unter dessen Leitung die wissenschaftliche Erforschung der Grundlagen
der Hartmetalle begonnen wurde, und den zahlreichen Mitarbeitern aus-
sprechen, deren Erfahrungen in den folgenden Richtlinien verwertet
wurden, und zwar insbesondere Herrn Obering. K. Meis, Herrn Obering. A. Fehse, Herrn Ing. E. Wesenberg, Herrn Ing. W. Greif und
Herrn Drehermeister Willi Schröder, sowie unseren wissenschaftlichen
Mitarbeitern Frl. Ursula Schmidt und Herrn Dr. W. Rix.

Die Normung der Hartmetallplatten und Hartmetallwerkzeuge, die
die Grundlage für die Einführung der Verfahren der Serienfertigung in
die Hartmetallherstellung gebildet hat, verdankt die Industrie den
Herren Dr. Strauch, Dr. Hilbes und Dr. Hinnüber. Die Grundlagen
der betriebswirtschaftlichen Organisation wurden von Herrn Dipl.-
Volkswirt Heine gelegt.

Die Anwendung gesinterter Werkstoffe in weitestem Maßstab und
darunter auch die Anwendung von Hartmetallegierungen als spanabhebend und spanlos arbeitende Werkzeuge ist ferner durch die indu-
striellen Entwicklungs- und Forschungsarbeiten von Herrn Dr. R.
Kieffer und seinen Mitarbeitern gefördert worden.

Ganz besonders muß in diesem Zusammenhang aber der Herren
Karl Schröter, dem Begründer der Technik gesinterter Hartmetalle,
und Dr. Ernst Ammann, dessen Initiative und Weitblick die Hart-
metall-Industrie Entscheidendes verdankt, gedacht werden.

Das Buch ist aus der Betriebspraxis heraus entstanden und ist für
sie bestimmt. Die Verfasser sind für jeden Hinweis über abweichende
Erfahrungen dankbar und würden es als wertvolle Unterstützung ihrer
weiteren Arbeiten empfinden, wenn ihnen aus den Fachkreisen kritische
Stellungnahmen und Verbesserungsvorschläge zu allen behandelten
Fragen in möglichst eingehender Form zugehen würden.

Illingen/Saar und Bremen-Mahndorf,
Januar 1953.

Die Verfasser.

Inhaltsverzeichnis.

Seite

A. Die Herstellung und die Eigenschaften der Hartmetall-
legierungen.   1

    I. Der Aufbau des Hartmetalles   1

    II. Mechanische und thermische Eigenschaften von Hartmetall-
legierungen   4

    III. Chemische Eigenschaften.   7

    IV. Geschmolzene Hartmetalle   9
        Das Röhrchen-Aufschweißverfahren S. 10. — Direkte
        Aufschweißungen S. 11.

    V. Zusammenhänge zwischen Schnittkräften, Schnitttempera-
turen, Gefüge und Werkzeugabnutzung 12
        Ursachen der Werkzeugabnutzung S. 13. — Die Schnitt-
        kräfte S. 13. — Die Schnittemperatur S. 14. — Wärme-
        entwicklung S. 14. — Der Aufbau der Späne S. 14. —
        Der Einfluß des Werkstoffgefüges S. 16. — Die Be-
        deutung des Werkzeuggefüges S. 18.

    VI. Abnahmebedingungen für Hartmetallplatten 19
        Toleranzen der Längenmaße S. 19. — Das spezifische
        Gewicht S. 20. — Die Härte der Hartmetalle S. 20. —
        Die Bestimmung der Biegefestigkeit S. 21. — Die Er-
        mittlung des Gefüges S. 21. — Die Bruchfläche S. 23.
        — Der Kurzdrehversuch S. 24.

B. Die Werkzeuggestaltung 26

    I. Abmessungen von Schaft und Hartmetallplatte 26
        Erforderliche Antriebsleistung S. 27. — Querschnitt
        des Schaftes S. 30. — Vorschlag für die Ausarbeitung
        von Richtlinien über zulässige Schaftdurchbiegungen
        S. 31.

    II. Die Schnittwinkel und der Spitzenradius 31
        Einstellwinkel S. 31. — Der Freiwinkel (α) und die
        Einstellung zur Achse des Werkstückes S. 32. — Span-
        winkel γ S. 34. — Der Vorteil der Abstufung der Frei-
        und Spanwinkel S. 35. — Spitzenwinkel (ε) S. 35. —
        Neigungswinkel (λ) S. 35. — Spitzenradius S. 36. —
        Kennzeichnung der Werkzeugwinkel S. 36.

    III. Das Brechen der Späne bei der Stahlbearbeitung 36
        Verringerung des Spanwinkels S. 37. — Aufgesetzter
        Spanbrecher S. 37. — Eingeschliffene Spanbrechstufe
        S. 37.

    IV. Schulterfrei aufgesetzte Hartmetallplatten 39
        Verminderung der Lötspannungen durch Schaftschlitze
        S. 40.

Inhaltsverzeichnis. XI

V. Biegen und Schweißen von Hartmetallteilen — Spiralbiegen
von Hartmetallplatten 41
    Spiralbiegen von Hartmetallplatten S. 42. — Die
    Sinterung unter Druck S. 42.

VI. Beschriften von Hartmetall 43

C. Formen der Drehwerkzeuge. 44

    I. Genormte Werkzeuge 44
        Schruppen S. 44. — Schlichten S. 45. — Ein- und Ab-
        stechen S. 45. — Bohren auf der Drehbank S. 46.

    II. Nicht genormte Werkzeuge 46
        Feinbohrstähle S. 46. — Die Gewindestähle S. 46.
        — Außengewindestahl S. 47. — Nutenstahl S. 47. —
        Riffelstahl S. 47. — Automatenstähle für die Uhr-
        macherindustrie S. 47. — Breite Kopfstähle S. 47. —
        Tangentialstähle S. 47. — Herstellung von Profilen S. 48.
        — Schälwerkzeuge S. 48.

    III. Werkzeuge mit aufgeklemmter oder aufgeschraubter Hart-
        metallplatte 49
        Aufgeklemmte bzw. aufgeschraubte Hartmetallplatten
        S. 49. — Aufgeschraubte Hartmetallplatten S. 52. —
        Aufgelegte Hartmetallplatten S. 52. — Werkzeuge aus
        Vollhartmetall S. 52. — Formfräser mit eingesetzten
        Hartmetallrundkörpern S. 53. — Toleranzen für mecha-
        nisch befestigte Hartmetallkörper S. 54.

D. Das Löten von Hartmetallwerkzeugen. 55

    I. Die Lötmittel und die Lötöfen 55
        Richtlinien für das Löten mit Silberloten S. 55. —
        — Welcher Lötofen kommt in Betracht? S. 61. —
        Löten legierter Stähle S. 61. — Härten des Werkzeug-
        schaftes S. 63.

    II. Die Durchführung des Lötens 63
        Vermeidung von Lötrissen durch Zwischenfolien S. 64.
        — Die Kapillargitter-Lötung S. 65. — Prüfung auf Löt-
        festigkeit S. 67. — Prüfung von Flußmitteln zum
        Löten S. 67.

E. Das Schleifen der Werkzeuge 68

    I. Die Einrichtung einer Hartmetallwerkzeug-Schleiferei . . . 68

    II. Die Messung der Schneidengüte an Hartmetallwerkzeugen 72

    III. Das Vor- und Feinschleifen 74
        Richtlinien für das Vor- und Feinschleifen S. 75. —
        Abrichten der Scheiben S. 77. — Naß- oder Trocken-
        schliff S. 80. — Innenkühlung der Schleifscheiben S. 80.
        Stumpfen und Abziehen der Hartmetallschneide mit
        Handabziehsteinen (Feilen) S. 81. — Schleifen neu her-
        gestellter Werkzeuge S. 82. — Einschleifen der Span-
        brechstufe S. 82.

Seite

IV. Feinstschleifen und Läppen 83
Das Feinstschleifen mit gebundenen Scheiben S. 84. — Richtlinien für das Arbeiten mit Diamantscheiben S. 84. — Das Läppen von Hartmetallwerkzeugen mit losem Korn S. 87.

V. Das Schleifen von Hartmetallformwerkzeugen 90
Diamant-Feilen und Diamant-Sägedraht S. 94.

VI. Nachschleifen gebrauchter Hartmetallwerkzeuge 94

VII. Das halbautomatische Schleifen von Hartmetallwerkzeugen 96
Vor- und Nachschleifen mit Siliciumkarbidsegmenten S. 95. — Feinstschleifen und Läppen mit Diamantscheiben S. 97. — Diamantschleifmaschine mit Schleifwagen S. 98. — Reinigung der Schleifflüssigkeit von Eisen- und Schleifspänen S. 99.

VIII. Bearbeitung von Hartmetallen mit elektrischen Entladungen 100

IX. Wiedergewinnung von Diamant, Wolfram und Siliciumkarbid aus Schleifabfällen 101

X. Schlußbemerkung zum Schleifen von Hartmetallwerkzeugen 101

F. Die Anwendung von Hartmetallwerkzeugen 102
I. Das Standzeitverhalten 102
Bearbeitung von Grauguß, Nichteisenmetallen und Nichtmetallen S. 103. — Bearbeitung von Stahl S. 105. — Aufbauschneide S. 106. — Auskolkung S. 106.

II. Die richtige Auswahl der Hartmetallsorte 108
III. Richtlinien für den Dreher. 111
Fehler bei der Herstellung der Werkzeuge S. 113. — Fehler beim Arbeiten mit Hartmetallwerkzeugen S. 113. — Das Zwischenhartmetall S. 116.

IV. Naßdrehen mit Hartmetallwerkzeugen. 116
V. Über das Drehen bei hohen Temperaturen 119
VI. Erzielbare Oberflächengüte beim Drehen mit Hartmetallwerkzeugen. 120
VII. Einfluß der Bearbeitung auf die Struktur der Werkstoffoberfläche 121
VIII. Hobeln mit Hartmetallwerkzeugen 122
Allgemeine Richtlinien für das Hobeln mit Hartmetallen S. 123. — Richtwerte für die Schneidengestaltung S. 124. — Arbeitsbeispiele: Hobeln von Matrizenplatten aus legiertem Stahlguß S. 125. — Hobeln von Gußeisen 200 bis 230 Brinell S. 125. — Hobeln von Gehäusen aus Gußeisen S. 126. — Zweiweg-Hobeln S. 126. — Plandrehen S. 126.

IX. Das Universalhartmetall 126
Bearbeitungsbeispiele für Universalsorte S. 128.

G. Überwachung und Arbeitsvorbereitung im Hartmetalleinsatz 130
I. Technischer Überwachungsdienst 130
Arbeitsgebiet des Hartmetall-Ingenieurs S. 130.

Inhaltsverzeichnis.   **XIII**

Seite

II. Arbeitsvorbereitung 132
    Werkzeugbewertung beim Einkauf S. 135. — Normen-
    blätter und Richtwerttabellen S. 136.

H. Besondere Anwendungsfälle. 138
  1. Bearbeitung von Stahlguß mit unterbrochenem Schnitt. . 138
  2. Verwendung von Drehpilzen 138
  3. Gewindewirbeln 138
  4. Verwendung von hartmetallbestückten Drehmeißeln auf
     Langdrehautomaten 140
  5. Bearbeitung von Leichtmetallen 141
  6. Feinstdrehen mit Hartmetall 142
  7. Drehen von Steinen und von Glas 143
  8. Drehen von Kunstharzwerkstoffen 143
  9. Die Bearbeitung von Kunstholz 144
 10. Drahtrichtrollen und Drahtrichtdüsen 147
 11. Hohlbohrkronen zum Ausbohren des Formsandes im Schleuder-
     guß 147
 12. Anwendung von Hartmetallkugeln zur Bestimmung der
     Brinellhärte 148
 13. Drehbankkörner und Führungsbüchsen aus Hartmetall . . 148
 14. Hartmetallegierungen als verschleißfestes Baumaterial . . 149
 15. Reduziermatrizen zur Schraubenherstellung 150
 16. Spanabhebende Bearbeitung von Hartmetallmatrizen . . . 151

Literatur: Herstellung, Gefügeaufbau und Eigenschaften 152
         Löten und Schleifen von Hartmetallwerkzeugen 153
         Anwendung von Hartmetallwerkzeugen 154

Anhang: Richtwerte für die Werkstatt und die
         Arbeitsvorbereitung Tab. A 1 bis A 43 156
         Normenblätter und Normenvorschläge Tab. B 1 bis B 28 199
         (Im Text ist auf die im Anhang befindlichen Tabellen
         durch die vorgesetzten Buchstaben A und B hingewiesen.)

Namen- und Sachverzeichnis 229

Richtwerte für die Werkstatt und die Arbeitsvorbereitung.

	Tabelle
Hartmetall-Sortenübersicht	A 1
Amerikanische Hartmetallbezeichnungen	A 2
Schlagfeste amerikanische Hartmetalle	A 3
Englische Hartmetallbezeichnungen	A 4
Kontinentaleuropäische Hartmetallbezeichnungen	A 5
Schnittgeschwindigkeit und Vorschub für Stähle	A 6
Schnittgeschwindigkeit und Vorschub für legierte Stähle und Stahlguß	A 7
Schnittgeschwindigkeit und Vorschub für Gußeisen und Metalle	A 8
Richtwerte für spezifische Schnittkräfte	A 9
Vergleichstafel für Rockwell-, Brinell-, Vickers-Härte und Zerreißfestigkeit	A 10
Zusammenhang zwischen Rockwell A-, Rockwell C-, Vickers-, Brinell- und Shore-Härte	A 11
Umrechnung von Schnittgeschwindigkeit in Umdrehungszahlen	A 12
Werkstück-Durchmesser und wirtschaftliche Umdrehungszahl für:	
Stahl bis St 34.11 — St 37.11 — St 42.11	A 13
,, 50,11 (C 35)	A 14
,, 60,11	A 15
,, 70,11 (C 60)	A 16
,, St 85	A 17
legierten Stahl (100—140)	A 18
,, ,, (140—180)	A 19
Stahlguß (30—50)	A 20
,, (50—70)	A 21
Gußeisen	A 22
Rotguß und Kupfer	A 23
Messing und Gußbronze	A 24
Silumin und Dural	A 25
Motorleistung der Drehbank und Schnittbedingungen für:	
Stahl St 50,11	A 26
,, St 60,11	A 27
,, St 70,11	A 28
Chromnickel- und Chrommolybdänstahl (85—100)	A 29
,, ,, ,, ,, (140—180)	A 30
Stahl 18 Cr Ni 6	A 31
,, C 15	A 32
,, C 45	A 33
Gußeisen 12.91/14.91	A 34
,, 18.91/26.91	A 35
,, legiert	A 36
Gußbronze und Stahlguß	A 37
Kupfer	A 38

Tabelle

Messing und Duraluminium . . . . A 39
Silumin und Aluminiumlegierungen . . . . A 40
Vergleich deutscher und amerikanischer Siebgrößen . . . . A 41
Diamantkörnungen für Schleif- und Polierzwecke . . . . A 42
Kennzeichnung von Schneidölen . . . . A 43

Normenblätter und Normenvorschläge.

Normen für Hartmetallplatten DIN 4966 (Ausgabe 1940) . . . . B 1
  ,,   ,,   ,,   ,,   ,,   ,, (,,   1943) . . . . B 2
Englische Hartmetallplatten . . . . B 3
Schwedische   ,, ... B 4
Gewichte der Platten DIN 4966 (Ausgabe 1940) . . . . B 5
  ,,   ,,   ,,   ,,   ,, (Ausgabe 1943) . . . . B 6
Französische Normen für Hartmetallplatten . . . . B 7
Gewichte der Platten nach französischer Norm . . . . B 8
Gerade Hartmetallschruppmeißel nach DIN 4971 . . . . B 9
Gebogene   ,,   ,,   ,,   ,, 4972 . . . . B 10
Innenschruppmeißel   ,,   ,, 4973 . . . . B 11
Innenseitenmeißel   ,,   ,, 4974 . . . . B 12
Gerade Schlichtmeißel   ,,   ,, 4975 . . . . B 13
Breitschlichtmeißel   ,,   ,, 4976 . . . . B 14
Gebogene Schlichtmeißel   ,,   ,, 4978 . . . . B 15
Gebogene Seitendrehmeißel   ,,   ,, 4979 . . . . B 16
Abgesetzte Seitenmeißel   ,,   ,, 4980 . . . . B 17
Stechmeißel   ,,   ,, 4981 . . . . B 18
Normenvorschläge für Platten zu Plandreh- und Hobelmeißeln . B 19
Normenvorschlag für Feinbohrmeißel . . . . B 20
Gewindemeißel . . . . B 21
Revolverautomatenmeißel (Hakenmeißel) . . . . B 22
   ,,   ,,   (Innengewindemeißel) . . . . B 23
Nutenmeißel, Kopfmeißel . . . . B 24
Nutenmeißel für Keilriemenscheiben . . . . B 25
Riffelmeißel . . . . B 26
Automatenmeißel für Uhrentriebwerk, Einstechmeißel . . . . . B 27
Schneidplatten für Sonderzwecke . . . . B 28

A. Die Herstellung und die Eigenschaften der Hartmetallegierungen.

I. Der Aufbau des Hartmetalles.

Hartmetallegierungen für Zerspanungszwecke werden nicht über den Schmelzfluß hergestellt. Die Hartmetallplatten werden vielmehr aus Metallpulvern gepreßt und dann so hoch erhitzt, daß die Pulverkörner zusammenbacken (sintern), aber noch nicht schmelzen, sie behalten daher die Form, die dem Preßkörper gegeben wurde, bei. Die Verfahren sind im einzelnen bereits mehrfach beschrieben worden[1].

Es verdient hervorgehoben zu werden, daß die neueren Forschungen über die Vorgänge bei der Sinterung von Hartmetallegierungen ergeben haben, daß die Beeinflussung der Oberflächenbeschaffenheit jedes einzelnen Karbidkornes von erheblichem Einfluß auf die Eigenschaften der Hartmetallegierungen ist und daß eine sehr genaue Kenntnis dieser Vorgänge erforderlich ist, wenn leistungsfähige, gleichmäßig gute Hartmetallegierungen hergestellt werden sollen.

Aus diesen Erkenntnissen halten wir folgendes fest:

1. Hartmetalle sind keine Stahllegierungen. Sie bestehen im wesentlichen aus Wolframkarbid und Titankarbid mit Schmelzpunkten oberhalb 2000° C und aus metallischem Kobalt. Außerdem enthalten gewisse Spezialsorten kleine Zusätze der Karbide des Vanadins, Tantals und Chroms.

2. Hartmetallegierungen für Drehwerkzeuge, d. h. mit Kobaltgehalten unter etwa 12% zeigen bis zum Bruch keine plastische Verformung (Abb. 1). Sie sind also außerordentlich starr. Es hat sich ergeben, daß die Hartmetalle diese Starrheit der Tatsache verdanken, daß sich während der Sinterung ein festes Gerüst aus Wolframkarbid und Titankarbid bildet. Die Rolle des Kobalts besteht darin, die Verschweißung des Wolfram- und Titankarbides zu dem festen Gerüst zu begünstigen und seine Lücken auszufüllen.

---

[1] Kieffer, R. u. W. Hotop: Pulvermetallurgie und Sinterwerkstoffe. Springer: 1943, S. 272. — Skaupy, F.: Metallkeramik, 4. Aufl. 1950. Verlag Chemie.

3. Da die Hartmetalle ihre Härte und Starrheit diesem Gerüst aus Wolfram- bzw. Titankarbid verdanken, sind sie nicht härtbar und nicht anlaßfähig, weil ihre Härte nicht wie bei Stahllegierungen von Lösungs- und Abscheidungsvorgängen bestimmt wird.

4. Die praktische Erfahrung hat gezeigt, daß die Abnutzung von Werkzeugen außer durch mechanische Ermüdungserscheinungen wesentlich durch das Verschweißen der ablaufenden Späne und durch die Verschweißung des Werkzeuges mit dem bearbeiteten Werkstoff an der Freiwinkelfläche bestimmt wird. Je fester der Werkstoff und je fester die ablaufenden Späne sind, je größer also der Spandruck ist, um so höher steigt die Temperatur an der Schneide an und um so stärker wirkt sich die Abnutzung durch Verschweißung zwischen Werkstoff und Werkzeug aus. Bei der Bearbeitung von Stahl treten aus diesen Gründen die höchsten Schnittdrucke und Schnittemperaturen auf (vgl. auch Tab. A 9).

Tabelle 1. *Schnittemperaturen und Schnittdrucke bei drehender Bearbeitung verschiedener Werkstoffe.*

Werkstoff	Mittlere Schnitt-temperatur im Geschwindigkeits-bereich $v = 50-100$ m/min	Mittlerer Schnitt-druck im Bereich eines Spanquer-schnittes von $0,5-3$ mm²
Stahl 40 kg/mm²	650° C	200 kg/mm²
,, 50 ,, ...	690° C	250 ,,
,, 85 ,, ...	780° C	300 ,,
Grauguß bis 200 Brinell kg/mm²	500° C	200 ,,
,, 200 bis 400 Brinell kg/mm²	550° C	230 ,,
Hartguß 65–90 Shore	650° C	250 ,,
Messing (MS 58)	210° C	100 ,,
Zink	120° C	80 ,,
Kunstharzwerkstoffe	100° C	40 ,,

Nach unseren Untersuchungen ist die durch Verschweißen verursachte Abnutzung des Werkzeuges der Verschweißfestigkeit zwischen Werkzeug und Werkstoff direkt und der Zugfestigkeit des Werkzeugbaustoffes umgekehrt proportional.

Durch Untersuchungen von E. M. Trent ist darauf hingewiesen worden, daß Wolframkarbid mit Stahl eine schmelzflüssige Phase bei etwa 1300° C bildet, während bei Titankarbid-Wolframkarbid-Mischkristallen bei 1350° C und wahrscheinlich auch noch bei höheren Temperaturen eine solche schmelzflüssige Phase nicht entsteht. Selbst wenn also angenommen wird, daß sich bei der Berührung zwischen den Stahlspänen und dem Hartmetall Temperaturen von 1300° C und mehr einstellen, würde auch hier die größere Widerstandsfähigkeit titankarbidhaltiger Hartmetalle mit ihrer geringeren Reaktionsfähigkeit gegenüber dem Stahl zusammenhängen.

Man hat deshalb für die Bearbeitung von Stahl Hartmetallegierungen entwickelt, bei denen die Verschweißung zwischen Werkstoff und Werkzeug möglichst gering ist, und zwar wird dies durch Zusatz von Titankarbid zu den Wolframkarbidlegierungen bewirkt. Die Werte der Tab. 2

Tabelle 2. *Verschweißfestigkeit von Stahl mit titankarbidfreiem und titankarbidhaltigem Hartmetall.*

Verschweiß-temperatur	Hartmetall G 1 (titankarbidfrei) mit Stahl[1]	Hartmetall S 1 (titankarbidhaltig) mit Stahl[1]
650° C	0,5 kg/mm²	0 kg/mm²
700° C	2,5 ,,	0,1 ,,
750° C	5,0 ,,	0,3 ,,
800° C	8,0 ,,	0,9 ,,

lassen erkennen, daß bei Schnittemperaturen von 700 bis 750° C, die beim Drehen von Stahl auftreten, der Zusatz von Titankarbid zum Hartmetall die Verschweißfestigkeit zwischen Werkzeug und Werkstoff auf etwa den 20. Teil herabsetzt. Allerdings wird durch den Titankarbidzusatz die Zähigkeit der Hartmetallegierungen vermindert. Aus diesem Grunde wendet man titankarbidhaltige Hartmetalle nur bei der Stahlbearbeitung an. In allen anderen Fällen, in denen die Verschweißung mit dem Werkstoff und den Spänen keine bestimmende Rolle spielt, sind die zäheren titankarbidfreien Legierungen vorzuziehen.

Wir unterscheiden daher:

a) Wolframkarbid-Kobaltlegierungen zur Bearbeitung von Grauguß, Nichteisenmetallen, Kunstharzwerkstoffen, keramischen Werkstoffen, Kohle und Glas.

b) Wolframkarbid-Titankarbid-Kobaltlegierungen zur Bearbeitung von Stählen.

Eine Zusammenstellung der verschiedenartigen Hartmetallsorten mit ihren Anwendungsgebieten wird in dem Abschnitt über Richtlinien zur Auswahl der wichtigen Hartmetallsorten (Tab. A 1) gegeben.

Bemerkenswerterweise haben die Untersuchungen der letzten Jahre ergeben, daß Legierungen mit mehr als 15% Kobalt, deren Rockwell-Kalthärte unter der gehärteter Stähle liegt oder ihr höchstens gleichkommt, hinsichtlich Verschleißfestigkeit bei der spanlosen Formgebung gehärteten Stählen ganz erheblich überlegen sind. So ergaben bei-

---

[1] Festigkeit etwa 40 kg/mm².

spielsweise Legierungen aus Wolframkarbid mit 25% Kobalt bei ihrer Verwendung zum Reduzieren von Schraubenschäften Leistungen, die 10- bis 20fach höher sind als die gehärteter Stähle gleich hoher Rockwellhärte.

Es ist anzunehmen, daß diese überraschende Überlegenheit darauf zurückzuführen ist, daß die Hartmetallegierungen ihre Verschleißfestigkeit der natürlichen Eigenhärte des Wolframkarbides verdanken, während im gehärteten Stahl die Härte und Verschleißfestigkeit auf Spannungen im Kristallgitter oder auf durch Abschrecken festgehaltene Ungleichgewichte zurückzuführen sind. Die Spannungen im Kristallgitter und metastabile Zustände werden vermutlich durch die bei der praktischen Beanspruchung auftretenden Drucke und Temperaturen zu mindestens oberflächlich so schnell abgebaut, daß der Verschleißwiderstand unter den der Wolframkarbid-Kobalt-Legierungen sinkt. Die Rockwellhärte gibt also in diesen Fällen keinen Vergleichsmaßstab zwischen der Leistungsfähigkeit gehärteter Stähle und der der Hartmetalle.

Literatur: 4, 8, 9, 10, 11, 18, 31, 32.

II. Mechanische und thermische Eigenschaften von Hartmetallegierungen.

Die Hartmetallegierungen vereinen eine Anzahl Eigenschaften in sich, die sie nicht nur für Zerspanungszwecke, sondern auch für Maschinenbauteile wertvoll machen, die hohem Verschleiß ausgesetzt sind. Aus den in Tab. 3 zusammengestellten Werten über mechanische und thermische Eigenschaften verdient folgendes festgehalten zu werden:

a) Der Wärmeausdehnungskoeffizient von Hartmetallegierungen ist nur etwa halb so groß wie der von Stahl. Verbindet man also eine Hartmetallplatte mit einem Stahlkörper als Schaft durch Lötung, so muß nach der Verfestigung des Lotes ein Teil der auftretenden Spannungen von der Hartmetallplatte aufgenommen werden. Da sich diese Kräfte den Spannungen überlagern, die beim Drehen hinzutreten, so muß dafür gesorgt werden, daß das Hartmetall ausreichende Zugfestigkeit hat (mindestens 90 kg/mm²), daß es ferner keinem schroffen Temperaturwechsel ausgesetzt wird (langsames Abkühlen beim Löten und nach dem Drehen) und daß bei den titankarbidhaltigen Hartmetallsorten mit geringerer Festigkeit in besonderen Fällen eine Zwischenlage zwischen Hartmetallplatte und Stahlschaft verwendet werden sollte, die einen Teil der Spannungen übernimmt.

b) Das starre Gerüst aus Wolfram- bzw. Titankarbid bleibt je nach der Korngröße der Karbidanteile bis zu einem Gehalt von 10 bis 12%

Kobalt erhalten. Bei höheren Kobaltgehalten wird das Karbidgerüst durch zwischengelagertes Kobalt unterbrochen, so daß sich plastische Verformung bemerkbar macht (vgl. Abb. 1). Für Drehwerkzeuge wird daher ein Kobaltgehalt von 12% im allgemeinen nicht überschritten.

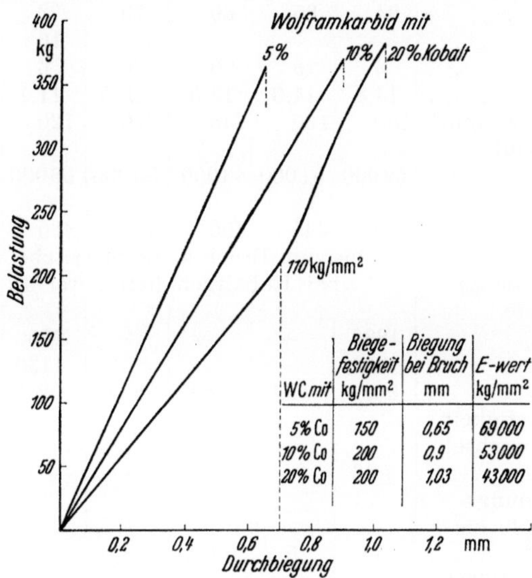

WC mit	Biege-festigkeit kg/mm²	Biegung bei Bruch mm	E-wert kg/mm²
5% Co	150	0,65	69000
10% Co	200	0,9	53000
20% Co	200	1,03	43000

Abb. 1. Biegedehnungsdiagramm von Hartmetallegierungen.

Hartmetallsorten mit höheren Kobaltgehalten sind deshalb im wesentlichen für Matrizen größerer Abmessungen, Preßstempel und spanlos arbeitende Werkzeuge verschiedener Art bestimmt.

c) Lediglich bei Werkzeugen für die Bearbeitung mancher Holzsorten muß ein Keilwinkel von 40 bis 45° angewendet werden, der nur bei einem Kobaltgehalt oberhalb 12% mit genügend scharfer Schneide erhalten werden kann. In solchen Fällen sind die Hartmetallsorten G 3 bzw. G 4 einzusetzen.

Hartmetallegierungen haben die höchste Druckfestigkeit künstlich hergestellter Werkstoffe. Die Tragfähigkeit auf Druck beanspruchter Kugeln ist außerordentlich hoch (Tab. 4). Hartmetallkugeln eignen sich deshalb besonders gut zum Aufdrücken von Bohrungen.

Es ist bewiesen worden, daß der Schnittdruck während des Schneidvorganges zwischen Grenzwerten schwingt, das Werkzeug wird also während der Beanspruchung einem schnellen Wechsel von Zug- und Druckkräften ausgesetzt. Wie aus den Werten der Tab. 3 hervorgeht, liegt die Wechselfestigkeit der Hartmetalle bei etwa 40 kg/mm². Untersuchungen über den Zusammenhang zwischen Wechselfestigkeit und Abnutzungsverhalten der Hartmetalle sind noch nicht bekannt geworden.

Tabelle 3. *Eigenschaften von Hartmetallegierungen.*

	G 1	G 3	G 4	G 6	S 1	S 2	S 3
Zusammensetzung							
% WC	94	85	80	70	78	78	88
% TiC	—	—	—	—	16	14	5
% Co	6	15	20	30	6	8	7
Spez. Gewicht	14,8	14,0	13,5	12,5	11,1	11,3	13,3
Biegefestigkeit kg/mm²	160	190	245	220	120	140	150
Elastizitätsmodul kg/mm²	69000	51000	43000	35000	58000	58000	60000
Druckfestigkeit kg/mm²	500	445	400	300	480	480	500
Quetschgrenze (0,2% Stauchung)	bis zum Bruch keine plastische Verformung bei Kobaltgehalten unter 12%						
Kegeldruckhärte							
20°	1830	—	—	—	2050	1980	1800
700°	1060	—	—	—	1130	1100	1000
Rockwellhärte A . . .	90,5	89,0	88,0	85,0	92,4	92,0	91,0
Schwingungsfestigkeit (2×10⁶ Lastwechsel) kg/mm²	±46	—	—	—	±38	—	—
Wärmeausdehnungs- koeffizient (20 bis 800° C) 10⁻⁶	5,0	5,5	6,5	8,0	6,0	6,0	5,2
Stauchung bei 1000°C unter 10kg/mm² in %	0,3	0,6	—	—	0,1	0,1	0,3
Wärmeleitfähigkeit cal/cm °C sec . . .	0,19	0,16	—	0,22	0,09	0,08	0,15
Spez. Wärme cal/g °C	0,05	—	—	—	0,06	0,06	0,05
Elektr. Widerstand $\frac{\Omega \, mm^2}{m}$	0,2	0,18	—	—	0,43	—	—

Tabelle 4. *Bruchlast von Hartmetallkugeln von 10 mm ⌀ zwischen gehärteten Stahlplatten.*

(Hartmetall aus Wolframkarbid mit 6% Kobalt.)

	Bruchlast
Bei stetiger Belastung	14 t
Belastung um je 1 t steigend mit dazwischen- liegender völliger Entlastung	10 t
Belastung 3mal um je 1 t steigend mit dazwischenliegender völliger Entlastung . . .	8 t
Belastung 5mal um je 1 t steigend mit dazwischenliegender völliger Entlastung . . .	8 t
Belastung 10mal um je 1 t steigend mit dazwischenliegender völliger Entlastung . . .	8 t

Besonders für das Drehen von Grau- und Hartguß sind sehr wahrscheinlich Fortschritte in der Standzeit zu erwarten, wenn Hartmetalle höherer Wechselfestigkeit entwickelt werden könnten.

Aus den bei Drehvorgängen auftretenden Schwingungen läßt sich errechnen, daß 10^6 Lastwechsel, wie sie den Werten der Tab. 3 entsprechen, nach Drehzeiten erreicht werden können, die je nach den Arbeitsbedingungen im Bereich von einigen Stunden liegen können. Auch aus diesen Erkenntnissen ergibt sich, daß eine eingehende Untersuchung über die Zusammenhänge zwischen Wechselfestigkeit der Hartmetalle, Schwingungen des Werkzeuges und seiner Standzeit von besonderer Bedeutung sein dürften.

Die Beanspruchung des Werkstoffes Hartmetall durch Wechselbeanspruchung ist aber nicht nur im Rahmen der durch die spanabhebende Bearbeitung entstehenden Schwingungen zu sehen, sondern das ganze System Werkstoff, Werkzeug und Werkzeugmaschine muß eine so starke Dämpfung erfahren, daß die Schwingungen zu raschem Abklingen gebracht werden. Dabei wird es notwendig sein, den Dämpfungsgrad den Schnittbedingungen jeweils anzupassen. Es muß deshalb von seiten der Hartmetallhersteller gefordert werden, daß die Werkzeugmaschinen aus möglichst stark dämpfenden Werkstoffen gebaut werden, wobei auch hier noch metallurgische Entwicklungsarbeit zu leisten ist, und daß Kupplungen und Übertragungselemente geschaffen werden, die eine Anpassung der Dämpfung an die Arbeitsbedingungen ermöglichen. In einer solchen Entwicklung liegen für den Hartmetallhersteller große Möglichkeiten verborgen, weil dadurch Legierungen sehr hoher Verschleißfestigkeit in den Kreis der Anwendungsmöglichkeiten gezogen werden, die bei dem heutigen Stand der Werkzeugmaschinen wegen ungenügender Schwingungsfestigkeit nicht eingesetzt werden können.

III. Chemische Eigenschaften.

Hartmetallegierungen sind gegen Luft, Feuchtigkeit und auch gegen Meerwasser beständig. Sie werden ferner von Laugen aller Konzentrationen auch beim Siedepunkt nicht angegriffen.

Wegen ihres Gehaltes an Kobalt werden Hartmetallegierungen normaler Zusammensetzung von Säuren angegriffen, die Kobalt lösen, d. h. sie sind gegen Salzsäure, Schwefelsäure, Salpetersäure und Flußsäure nicht beständig. Durch Senkung des Kohlenstoffes im Wolframkarbid und bei Anwendung der Sinterung unter Druck läßt sich das Kobalt jedoch in eine Kobalt-Wolfram-Kohlenstoffverbindung überführen, die gegen Säuren wesentlich widerstandsfähiger als reines Kobalt ist (Tab. 5). Derartige Legierungen lassen sich auch zum Ziehen in sauren Bädern verwenden. In Sonderfällen kann das Kobalt durch

Tabelle 5. *Widerstandsfestigkeit von Hartmetallegierungen gegen Schwefelsäure. (Gesamtangriffsdauer 50 Stunden, Gewichtsverlust in g/Std/m².)*

Hartmetallsorte	bei 50° C			bei Siedetemperatur		
	1%	5%	10%	1%	5%	10%
WC + 6% Co (G 1) .	0,72	1,02	1,05	6,07	8,40	11,9
WC + 11% Co (G 2) .	0,72	1,28	1,15	6,97	20,90	44,8
Wolframkarbid mit 5% C und 3% Co, heißgepreßt	0,16	0,20	0,23	0,24	0,26	0,43

Silber oder Platin ersetzt werden, dadurch werden Hartmetallegierungen erhalten, die auch gegen Säuren fast völlig beständig sind.

Von Luft und Sauerstoff werden Hartmetallegierungen üblicher Zusammensetzung bei Temperaturen über 700° C vergleichsweise leicht angegriffen. Es sind jedoch Speziallegierungen auf Chromkarbidgrundlage entwickelt worden, die wesentlich oxydationsbeständiger sind (Tab. 6). Da diese Legierungen in ihrer Kriechfestigkeit bei hohen Temperaturen selbst hoch legierte Stähle übertreffen, lassen sich derartige Speziallegierungen vorteilhaft für Brennerdüsen und Turbinenschaufeln verwenden.

Tabelle 6. *Zugfestigkeit und Oxydationsbeständigkeit von Hartmetallegierungen.*
A. Zunderbeständigkeit und Kurzfestigkeit.

Zusammensetzung der Legierung	Oxydationsbeständigkeit bei 900° C (Gewichtszunahme in 10 Stunden)		Zugfestigkeit bei schneller Belastung 20° C 900° C	
	Gew.-%	mg/1 cm²	kg/mm²	kg/mm²
Wolframkarbid + 6% Co .	18,0	—	125	100
Wolframkarbid + 15% TiC + 6% Co . .	20,0	—	105	100
Chromkarbid-Borid-Legierungen	0,05	0,08	50	33
Chromkarbid-Titankarbid-Legierungen	0,2	2,5	75	45

B. Dauerstandfestigkeit bei erhöhter Temperatur.

Dehnung

Chromkarbid-Titankarbidlegierungen (Sinterlegierung)	0,1% (bei 900° C nach 300ʰ und 25 kg/mm²)
Nimonic 80 (Gußlegierung zum Vergleich)	0,1% (bei 750° C nach 300ʰ und 20 kg/mm²)

Literatur: 5, 15.

IV. Geschmolzene Hartmetalle.

Werden Karbide hochschmelzender Stoffe wie Borkarbid oder Wolframkarbid geschmolzen und gegossen — Operationen, die in Graphittiegeln und Graphitformen in technischem Maßstabe durchgeführt werden —, so entstehen sehr harte Formkörper, die aber zu spröde sind und eine zu geringe Zugfestigkeit aufweisen, um den mechanischen Beanspruchungen beim Drehen und Hobeln gewachsen zu sein. Es ist bisher noch nicht gelungen, die Zugfestigkeit eines geschmolzenen Karbides zu verbessern, da auch die theoretischen Grundlagen zur Erklärung der Ursachen der Sprödigkeit und mangelnden Festigkeit

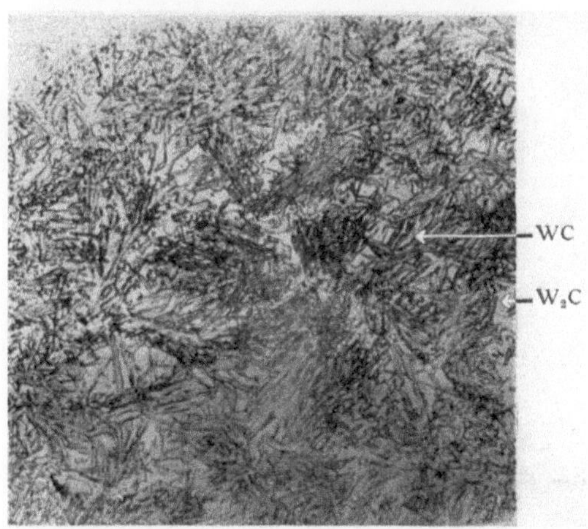

Abb. 2. Eutektisches Gefüge. Geschmolzenes Wolframkarbid mit 4,07% C.
(Härte Rockwell A: 93,5.) V × 1500.

noch fehlen. Geschmolzenes und gegossenes Wolframkarbid hat sich wegen seiner die Sinterhartmetalle überragenden Härte technisch vorteilhaft in solchen Fällen verwenden lassen, bei denen keine großen Ansprüche an die mechanischen Eigenschaften gestellt werden, z. B. für Sandstrahl- und Stahlkiesdüsen. Das geschmolzene und gegossene Wolframkarbid hat ein feinnadeliges eutektisches Gefüge (Abb. 2), das aus Wolframmonokarbid (WC)- und Diwolframkarbid (W_2C)-Kristallen aufgebaut ist und das einem Kohlenstoffgehalt von 4,1% entspricht im Gegensatz zu den gesinterten Hartmetallen, die aus einem Gerüst aus WC-Kristallen mit 6,1% Kohlenstoff und eingelagertem Kobalt bestehen (Abb. 3). In zerkleinerter Form wird das durch Schmelzen hergestellte eutektische Wolframkarbid in erheblichem Umfange zur Auftragsschweißung verwendet (S. 147).

Neben dem Wolframkarbid wird auch das Borkarbid (B_4C) technisch durch Schmelzen hergestellt. In seiner Einzelhärte überragt das Borkarbid sogar das geschmolzene Wolframkarbid, jedoch sind seine mechanischen Eigenschaften ebenfalls nicht ausreichend, um es zur Herstellung von spanabhebenden oder spanlosen Werkzeugen verwenden zu können. Die große Härte seiner Einzelkörner macht es aber zu einem wertvollen Schleifmittel zum Läppen von Hartmetallen (S. 91) und gehärteten Stählen. Geschmolzene und durch Sintern hergestellte Formkörper aus Borkarbid werden auch zum Bestücken von Lehren und wegen ihrer

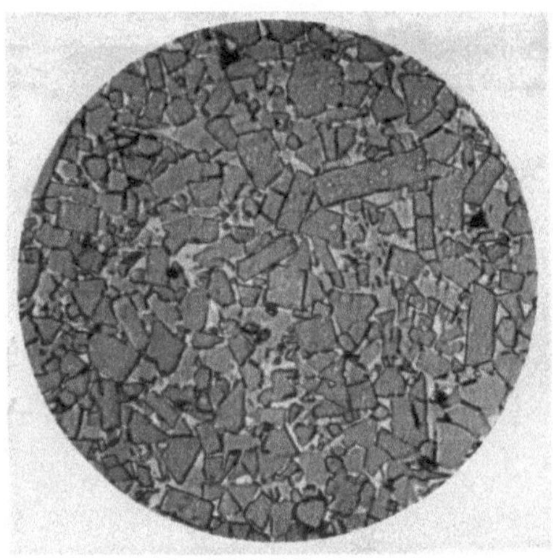

Abb. 3. Grobkörniges gesintertes zähes Hartmetall mit 12% Kobalt.
(Härte Rockwell A: 89,0.) V × 1500.

Säurefestigkeit auch als Spinndüsen verwendet. Die Verbindung des Borkarbides mit Grundkörpern aus Stahl kann durch Klemmen oder Kleben mit Kunstharzen (Araldit) erfolgen.

Das Röhrchen-Aufschweißverfahren. Bei diesem Verfahren werden Wolframkarbidkörner aus eutektischem Wolframkarbid in Korngrößen zwischen 1 und 5 mm in Stahlröhrchen eingefüllt. Mit diesen Stahlröhrchen wird entweder autogen oder elektrisch die gegen Verschleiß zu schützende Stahloberfläche beschweißt. Dabei entsteht eine verschleißfeste Schicht, die aus groben Wolframkarbidkörnern sehr hoher Härte und einer wesentlich weicheren Bindemasse besteht, in die die Wolframkarbidkörner eingelagert sind.

Diese Aufschweißungen haben sich besonders bewährt, wenn der Verschleißvorgang die Bindemasse selbst möglichst nicht angreift, wie es beispielsweise beim Gleiten von Draht über Richtrollen der Fall ist. Unter diesen Umständen kommen lediglich die harten Wolframkarbidkörner zum Tragen, während die weichere Bindemasse kaum angegriffen wird.

Derartige Aufschweißungen haben sich auch sehr gut bewährt, wenn es sich um Flächen handelt, die eine schabende oder bohrende Wirkung haben sollen, wie es beispielsweise bei Tieflochbohrern der Fall ist. Die Aufschweißmasse wirkt in diesem Fall ähnlich wie eine Schleifscheibe insofern, als bei Abnutzung einer Kante des eingelagerten Wolframkarbidkornes und dem dadurch bedingten höheren Druck an dieser Stelle ein Ausbrechen des Kornes eintritt und dadurch eine erneute Schärfung hervorgerufen wird.

Wird jedoch bei dem Verschleißvorgang auch die Bindemasse beansprucht, wie es z. B. bei Greifern für Salzförderanlagen oder bei Baggerzähnen für feinkörnigen Sand der Fall ist, so wird die viel weichere Bindemasse rasch herausgewaschen, die harten Wolframkarbidkörner lösen sich aus dem Verband heraus, und es tritt eine viel raschere Abnutzung ein, als sich allgemein aus der Härte der Wolframkarbidkörner ableiten lassen würde.

In diesen Fällen müssen Aufschweißlegierungen aufgetragen werden, die über die ganze Fläche gleichmäßig hart sind.

Direkte Aufschweißverfahren. Zur Herstellung von Aufschweißungen gleichmäßiger Härte muß die Aufschweißlegierung völlig durchgeschmolzen werden und in ihrer Zusammensetzung so eingestellt sein, daß beim Erstarren ein feinkörniges Gefüge entsteht. Derartige Legierungen sind unter dem Namen Stellit bekannt. In neuerer Zeit sind Verfahren entwickelt worden, bei denen auch Legierungen nach Art der Sinterhartmetalle aufgeschweißt werden können. Das Verfahren besteht darin, daß aus den betreffenden Legierungen Körner von 1 bis 3 mm Größe hergestellt und diese Körner mit einer Wasserglasmischung auf das zu beschweißende Stahlteil aufgeklebt werden. Das Schmelzen der Legierung erfolgt am besten autogen, wobei die Wasserglasmischung eine schlacken- und zunderlösende Wirkung ausübt. Das Verfahren ist unter dem Namen „W. G.-Verfahren" in die Praxis eingeführt worden.

Die in Tab. 7 zusammengestellten Werte lassen erkennen, daß der Zusatz von Chromkarbid zu den Wolframkarbid-Kobalt- oder Wolframkarbid-Nickel-Legierungen die den reinen Wolframkarbidlegierungen eigene Löcherigkeit fast völlig unterdrückt.

Diese von Dawihl und Krämer entwickelten Chromkarbid-Wolframkarbid-Aufschmelzlegierungen sind den bekannten Stelliten mit einer Rockwell-A-Härte von 78 bis 80 und einem Schmelzpunkt von 1300° C in bezug auf Kalt- und Warmhärte überlegen. Nach den bisher vorliegenden Untersuchungsergebnissen zeigen die Chromkarbid-Wolframkarbid-Legierungen Härtungs- und Anlaßeffekte, die eine weitere Anpassung ihrer Eigenschaften an die Verwendung ermöglichen.

Tabelle 7. *Vergleich der Eigenschaften der Röhrchenaufschweißung mit dem W. G.-Verfahren.*

	Röhrchenauf-schweißung	Aufschmelzen nach dem W. G.-Verfahren			
Zusammen-setzung . . .	WC/W_2C-Eutektoid-körner (4% C) mit 30 bis 50% Eisen	Reines Cr_3C_2	Cr_3C_2 + 20% Ni	$Cr_3C_2/$ WC[1]	WC (6% C) + 20% Co
Härte R_A:					
Korn	86 bis 90	81[2]	76[2]	82[2]	83[2]
Bindung . . .	70 bis 75				
Porosität . . .	löchrig	feinporig bis dicht			löchrig
Gefüge: Größe der Karbidkörner	0,5—2 mm	10···50 μ	5···20 μ	2···20 μ	2···5 μ
Grundmasse	spröde η-Phase	feinkörnig eutektisch, keine η-Phase			
Verwendung: .	spanabhebende (bohrende) Arbeitsweise, geringe Warm-härte	Warmhart, korrosionsbeständig, zunder-fest, widerstandsfähig gegen gleitende Reibung			

Die neu entwickelten Legierungen können auch in Form von stab-förmigen Elektroden hergestellt und das Auftragen nach dem Auftropf-verfahren vorgenommen werden.

An Stelle von Wasserglaslösungen zur Befestigung der Körner können auch organische Kunstleime benutzt werden, jedoch bietet die Ver-wendung von Wasserglas, dem zur Erhöhung der Oxydlösefähigkeit noch Zusätze von Borax oder anderen Flußmitteln zugesetzt werden können, den Vorteil einer schlackenfreieren Schmelzführung.

Literatur: 19.

V. Zusammenhänge zwischen Schnittkräften, Schnittemperaturen, Gefüge und Werkzeugabnutzung.

Eine Ableitung der Werkzeugabnutzung aus mechanischen und phy-sikalischen Grundeigenschaften von Werkstoff und Werkzeug ist noch nicht möglich. Eine solche Ableitung würde die noch zu wenig erforsch-ten Zusammenhänge zwischen dem Realbau vielkristalliner Gefüge in

---

[1] 25% Cr_3C_2 + 55% WC + 10% Ni + 10% Co.

[2] Kein makroskopischer Unterschied in der Härte zwischen Korn und Bindung, die Chromkarbidphase tritt in zwei Modifikationen auf, die Wolf-ramkarbidphase enthält nur sehr geringe Mengen an Chrom gelöst. Im Nickelanteil sind eutektische Ausscheidungen nachweisbar.

ihrer Auswirkung auf Abscher-, Reibungs- und Verschweißungskräfte sowie auf Ermüdungserscheinungen voraussetzen. Im folgenden werden diejenigen Erfahrungssätze zusammengestellt, die bisher für das Verständnis der Vorgänge bei der Abnutzung spanabhebender Werkzeuge abgeleitet worden sind und die sich insbesondere auf Untersuchungen von H. Schallbroch und seinen Schülern, K. J. Trigger (Universität Illinois) und seinen Mitarbeitern sowie eigenen Meßergebnissen aufbauen. Sie sind im wesentlichen aus Untersuchungen an Stahl und Grauguß abgeleitet worden.

Ursachen der Werkzeugabnutzung. Die Abnutzung der Werkzeuge wird durch die Schnittkräfte und die durch die Reibung des Werkstoffes und des Spanes am Werkzeug hervorgerufene Temperatur bestimmt. Bei der Stahlbearbeitung und in geringerem Grade auch bei Grauguß wird der Verschleiß im wesentlichen durch die unter Druck- und Temperatureinwirkung eintretende Verschweißung der Stahlspäne mit dem Werkzeug (Tab. 2), durch Kriechfestigkeitserscheinungen (Tab. 8) und nach Trigger auch durch Oxydationseinwirkungen des Luftsauerstoffes bestimmt.

Tabelle 8. *Kriechfestigkeitsverhalten der Legierung S 1, gemessen durch die Eindringtiefe. (Rockwellkegel, 60 kg Belastung.)*

Dauer der Druck- einwirkung	Temperatur		
	20° C	500° C	800° C
20 min	16 μ	17 μ	21 μ
40 ,,	16 μ	17 μ	21 μ
60 ,,	16 μ	18 μ	22 μ
80 ,,	16 μ	18 μ	22 μ
100 ,,	16 μ	18 μ	23 μ
120 ,,	16 μ	19 μ	24 μ

Andere Werkstoffe führen zur Abnutzung des Werkzeuges durch Ermüdungserscheinungen unter dem schwingend wirkenden Schnittdruck, der zur Abtrennung einzelner Gefügekörner oder Korngruppen Anlaß gibt. Es ist daher verständlich, daß durch unvorsichtiges Schleifen der Werkzeuge entstandene Korngrenzenanrisse im Gefüge die Abnutzung der Werkzeuge erheblich beschleunigen können.

Die Schnittkräfte hängen in erster Linie von der Art des Werkstoffes ab, aus dem das zu bearbeitende Werkstück besteht (Tab. A 9). Sie nehmen:

a) oberhalb einer Grenze mit steigender Schnittgeschwindigkeit ab (Abb. 70),

b) mit steigendem Vorschub zu, jedoch weniger als proportional (Tab. A 9),

c) mit steigender Spantiefe proportional zu, wie sich aus den Untersuchungen von Kienzle und Plagens ergeben hat.

Die Schnittemperatur a) steigt schon bei kleinen Schnittgeschwindigkeiten schnell an und nimmt mit weiter steigender Schnittgeschwindigkeit nur noch langsam zu; mit wachsendem Vorschub vergrößert sie sich verhältnismäßig wenig, wie sich aus folgenden eigenen Messungen an Stahl von 70 kg/mm^2 Festigkeit bei einer Spantiefe von 2 mm und einem Spanwinkel von 10° ergibt:

Tabelle 9. *Schnittgeschwindigkeit und Schnittemperatur.*

Schnitt- geschwindigkeit	°C	°C	°C
30 m/min . . .	610	660	690
50 ,, . . .	650	700	720
100 ,, . . .	670	720	750
150 ,, . . .	710	750	790
Vorschub mm/U	0,25	0,50	1,0

b) Mit der Spantiefe nimmt die Schnittemperatur nur sehr wenig zu, bei kleiner werdendem Einstellwinkel nimmt sie entsprechend der geringeren Belastung der Schneide je mm Schneidenlänge ab.

c) Schon nach einer Schnittdauer von etwa 1 Minute stellt sich eine Schnittemperatur ein, die mit der Zeit nur wenig ansteigt, so lange das Werkzeug scharf bleibt. Erst bei Stumpfungswerten oberhalb 0,5 mm an der Freiwinkelfläche und beim Ausbrechen der Wetterkante macht sich ein stärkerer Temperaturanstieg bemerkbar.

Die Wärmeentwicklung. a) wird durch Abscherung des Spanes und seine Reibung auf der Spanablauffläche und die Reibung des Werkstückes an der Freiwinkelfläche hervorgerufen.

b) sie verteilt sich zu etwa 15% auf das Werkstück und zu etwa 85% auf den Span und das Werkzeug.

c) verlagert sich mit steigender Schnittgeschwindigkeit immer mehr auf die Spanablauffläche.

Der Aufbau der Späne. Die Späne bei der Metallbearbeitung bestehen bei niedrigen Schnittgeschwindigkeiten aus unregelmäßig abgescherten Werkstoffteilen. Bei hohen Schnittgeschwindigkeiten, also bei hoher Verformungsgeschwindigkeit des Werkstoffes, bilden sich regelmäßig gestaltete Spanlamellen aus, die durch Reibungswärme an der Spanablauffläche verschweißen und rekristallisieren können (Abb. 68a bis d).

Wir konnten in den Kristalliten der Spanlamellen Gleitlinien nachweisen, deren Abstand mit steigender Schnittgeschwindigkeit kleiner wird, so daß sie bei Schnittgeschwindigkeiten oberhalb 200 m/min nicht mehr erkennbar sind.

Die Schweißfestigkeit der Spanlamellen, die bei Stahl von 80 kg/mm² Festigkeit bei einer Schnittgeschwindigkeit von 150 m/min bei zwei verschiedenen Vorschüben ermittelt wurde, ergab:

Tabelle 10. *Festigkeit von Stahlspänen.*

Vorschub	Schnitt-druck	Anteil der rekristallisierten Spanfläche	Spanreißfestigkeit	
			Einzelwerte	Mittelwerte
0,1 mm/U	350 kg/mm²	60%	6···22 kg/mm²	12 kg/mm²
1,0 ,,	220 ,,	25%	1···12 ,,	5 ,,

($\alpha = 5°$; $\gamma = 10°$; $\lambda = 0°$; Spanbreite 2,8 mm)

Die Festigkeit der Spanlamellen nimmt also mit steigendem Vorschub ab, vermutlich im Zusammenhang mit dem abnehmenden Anteil an rekristallisierter Fläche im Spanquerschnitt.

Die nachträglich gemessene Rekristallisationstemperatur von bei niedriger Schnittgeschwindigkeit abgetrennten Spänen stimmt mit den im Schnitt gemessenen Temperaturen überein, bei denen ein Span mit rekristallisiertem Anteil im Spanquerschnitt entsteht.

Das Spandickenverhältnis, gemessen durch den Quotienten aus Vorschub und der zu ermittelnden mittleren Spandicke, nimmt mit wachsender Schnittgeschwindigkeit und wachsendem Vorschub zu. Es liegt bei den üblichen Schnittbedingungen zwischen 0,25 und 0,5.

Die Größe der Kontaktfläche zwischen Span und Spanablauffläche nimmt mit steigender Schnittgeschwindigkeit ab.

Bei niedriger Schnittgeschwindigkeit, bei der ein Riß- oder Scherspan entsteht, ist durch die Untersuchungen von F. Schwerd nachgewiesen worden, daß der Span vom Werkstück nicht unmittelbar vor der Meißelschneide abgetrennt wird, sondern daß der Meißelschneide ein Anriß im Werkstück voraneilt. Dieser Anriß zeigt nicht regelmäßigen Verlauf, so daß hierdurch die rauhe Oberfläche bei geringer Schnittgeschwindigkeit zu erklären ist.

Mit steigender Schnittgeschwindigkeit wird der der Meißelspitze voraneilende Anriß kürzer und gleichzeitig tritt Fließspanbildung auf. Auf die Verringerung des voreilenden Risses ist die Verbesserung der Oberflächengüte des Werkstückes mit steigender Schnittgeschwindigkeit zurückzuführen.

Messungen der Mikrohärte über den Querschnitt des Spanes haben ergeben, daß auf der Seite der Spanstauchung wesentlich größere Mikrohärtewerte erhalten werden als auf der Spanseite, die auf der Spanablauffläche abgelaufen und oberhalb einer gewissen Schnittgeschwindigkeit rekristallisiert (S. 106) ist. Die Dicke des härteren Spanquerschnittes nimmt mit dem Vorschub nur wenig zu. Auch hierin kann eine Ursache für die mit steigendem Vorschub weniger als proportional ansteigenden spezifischen Schnittdrucke gesehen werden.

Der Einfluß des Werkstoffgefüges. Über Zusammenhänge zwischen Schnittkräften und Schnittemperaturen einerseits und dem Gefüge der zu bearbeitenden Werkstoffe andererseits ist über die Untersuchungen von Schallbroch an Automatenstahl, dem Einfluß von Blei- und Schwefelzusätzen zur Erleichterung der Zerspanbarkeit, die von Trigger gefundene Abnahme der Schnittkräfte bei kugeligem Gefüge und dem von uns nachgewiesenen Zusammenhang zwischen Werkzeugabnutzung an Sintereisenringen und Herstellungsart der diesen Sintereisenringen zugrunde liegenden Eisenpulver hinaus wenig bekannt geworden. Aus Untersuchungen, die wir über die Bearbeitbarkeit von Grauguß und Stahl durchgeführt haben, hat sich ergeben, daß nicht nur die verschiedenen Gefügebestandteile einen verschieden großen Verschleiß des Werkzeuges hervorrufen, sondern daß auch ihre Korngröße und die Form der Kristallite von erheblichem Einfluß sind.

In grundsätzlicher Übereinstimmung mit amerikanischen Untersuchungen kann der Einfluß der Gefügebestandteile durch die v 60-Schnittgeschwindigkeitszahl charakterisiert werden, also die Geschwindigkeit, bei der das Werkzeug eine Standzeit von 60 min aufweist.

	Schnitt- geschwindigkeit v_{60}
Feinkörniger Perlit. . . .	70 m/min
Grobkörniger Perlit . . .	85 ,,
Ferrit	300 ,,
Kugelförmiger Graphit	
bei 2% Dehnung . . .	65 ,,
bei 15% Dehnung . . .	110 ,,

Es kann keinem Zweifel unterliegen, daß durch eine Zusammenarbeit zwischen Hüttenwerken, Werkzeughersteller und Bearbeitungsbetrieben erhebliche Fortschritte in der Bearbeitbarkeit der Werkstoffe erzielt werden können. Da der Zerspanungsvorgang mit verhältnismäßig großer Geschwindigkeit und bei nur wenig überhöhten Temperaturen im Werkstück abläuft, ist zu erwarten, daß die Reißlinien im wesentlichen durch die Kristallite selbst und nicht längs der Korngrenzen verlaufen. Bei den Untersuchungen ist daher der Festigkeit der Einzelkristalle im Werkstoff besondere Beachtung zu schenken. Damit stimmt überein, daß wir an schwach legiertem Grauguß eine deutliche Abhängigkeit der Zerspanbarkeit von der Mikrohärte (Tab. 11) nicht aber von der Makrohärte finden konnten. Dabei waren nach der Temperung noch erhebliche Unterschiede in der Mikrohärte einzelner Kristallite erkennbar, so daß bei weiterer Egalisierung der Mikrohärte noch eine Verbesserung der Zerspanbarkeit zu erwarten sein würde. Der Forschung eröffnet sich hier noch ein interessantes Arbeitsfeld.

Tabelle 11. *Zusammenhang zwischen Mikrohärte von schwach chromlegiertem Grauguß und seiner Bearbeitbarkeit.*

Grauguß	Brinellhärte kg/mm²	Mikrohärte[1] kg/mm²	Bearbeitbarkeit[2] cm³ Span bis zur Stumpfung von 0,3 mm an der Freifläche
Ausgangszustand . .	250	350	1920
Anlassen bei 300°:			
30 min	250	320	2250
60 ,, ...	240	300	2500
120 ,, ...	240	280	3980

Auch die weniger als proportionale Zunahme der Schnittkraft mit dem Vorschub kann neben äußeren Bedingungen von dem Gefügezustand der Oberflächenschichten des zu bearbeitenden Werkstoffes oder durch die Auswirkung von Oberflächenspannungen, wie sie sich beispielsweise in der zunehmenden Festigkeit bei abnehmendem Drahtdurchmesser auswirken, bestimmt werden. Wird als ,,Vorschub-Druckverhältnis" das Verhältnis der Schnittdrucke unter sonst gleichen Arbeitsbedingungen bei 0,2 und 1,0 mm/U bezeichnet, so ergeben sich an einer vorher abgedrehten Stahlwelle von 70 kg/mm² Festigkeit folgende Werte in Abhängigkeit vom Oberflächenzustand:

Tabelle 12. *Schnittdruck und Oberflächenbeschaffenheit.*

Werkstück	Vorschub mm/U	Spezifische Schnittkraft kg/mm²	Vorschub-Druck-verhältnis
Abgedrehte Stahlwelle .	0,2	350	1,56
	1,0	225	
Abgedrehte Stahlwelle, danach 2 mm elektrolytisch von der Oberfläche abgetragen . .	0,2	285	1,22
	1,0	235	

Durch die elektrolytische Abtragung ist die durch das vorangehende Drehen verformte Oberflächenschicht (Tab. 46) abgetragen worden, eine Erscheinung, die auch durch die Verminderung des mit einem Geiger-

---

[1] Berechnet aus der Eindruckskraft für 20 μ Eindruck; die Werte haben nur relative Bedeutung.

[2] $v = 80$ m/min; $s = 0,8$ mm/U; $a = 2$ mm.

Müller-Zählrohr gemessenen Elektronenstromes auf etwa ein Drittel bestätigt werden konnte. Damit ist ein weiterer Hinweis auf Zusammenhänge zwischen Werkstoffgefüge und Bearbeitungsbedingungen gewonnen worden. Die Ergebnisse können bei der verwickelten Natur der Zerspanungsvorgänge nur als Anhaltspunkte für weitere Forschungen dienen, sie lassen aber ebenfalls die Bedeutung der Erforschung des Zusammenhanges zwischen Werkstoffgefüge und dem Verhalten der Werkzeuge klar erkennen.

Die Bedeutung des Werkzeuggefüges. Nach dem augenblicklichen Stand unserer Kenntnisse ist der große Abnutzungswiderstand der Hartmetalle darauf zurückzuführen, daß bis zu Kobaltgehalten von etwa 12% der gesinterte Hartmetallkörper aus einem Gerüst aus Wolframkarbid- oder Wolframkarbid-Titankarbid-Körnern besteht, in deren Hohlräumen Kobalt eingelagert ist. Das Gerüst entsteht während der Sinterung dadurch, daß das in einer Atomlage auf den Wolframkarbidkörnern verankerte Kobalt infolge seiner in der Nähe seines Schmelzpunktes sich auswirkenden Oberflächenspannung die Wolframkarbidkörner schnell zusammenzieht und zur Verschweißung bringt. Die Eigenschaften der zur Zerspanung benutzten Hartmetalle sind daher im wesentlichen durch das Gerüst aus den Karbidkörnern und deren Form und Größe bestimmt. Der Zusammenhang zwischen dem Gefügeaufbau und den Anwendungsgebieten ergibt sich aus den Tab. 19 und A 1.

Eingehende Untersuchungen über die Ermüdungsfestigkeit der Hartmetalle sind über die in Tab. 3 hinaus angegebenen Werte der Wechselfestigkeit noch nicht bekannt geworden. Es wurde lediglich beobachtet, daß bei einer die Elastizitätsgrenze überschreitenden Beanspruchung spröder Bruch eintritt, ohne daß Gleitlinien in den Wolframkarbidkristallen bei Zimmertemperatur nachgewiesen werden konnten; auch die beim Wachstum von Wolframkarbidkristallen auftretenden Trennlinien dürften nicht als Zwillingsbildung, sondern als Trennlinien zwischen verschiedenartig orientiert zusammengewachsenen Einzelkristallen anzusehen sein. Dementsprechend konnte mit den bisher verwendeten Mitteln auch keine bleibende Verformung an Sinterkörpern aus reinem Wolframkarbid nachgewiesen werden.

Das Kriechverhalten bei höheren Temperaturen (Tab. 8) deutet jedoch darauf hin, daß bei höheren Temperaturen bleibende Verformungen im Wolframkarbidgefüge erwartet werden können.

Bemerkenswert ist ferner die Feststellung, daß die Rockwellhärte nicht mit der Biegefestigkeit parallel läuft (Tab. 13). Da der Widerstand der in der Tabelle angeführten Legierungen gegen Abnutzung mit der steigenden Rockwellhärte zunimmt, ist anzunehmen, daß die für die Abnutzung maßgebende Festigkeit bei der Biegefestigkeitsprüfung nicht erfaßt wird, und daß die bei der Rockwellprüfung eintretende Zerstörung der Korneinbindung der Abnutzung beim Drehen näherkommt.

Tabelle 13. *Vergleich von Härte und Biegefestigkeit.*

Hartmetallsorte	Biegefestigkeit kg/mm²	Rockwellhärte A
G 1	160	90,5
H 1	150	92,0
H 2	115	92,7

Für das Drehen unter Bedingungen, bei denen hohe Temperaturen und hohe Drucke auftreten, wie bei der Stahlbearbeitung, müssen die Legierungen oxydationsbeständig sein und möglichst geringe Neigung zum Verschweißen mit dem bearbeiteten Werkstoff haben. Beides wird durch Zusätze von Titan- oder Tantalkarbid zum Wolframkarbid erreicht.

Literatur: 24, 25, 26, 48, 75.

VI. Abnahmebedingungen für Hartmetallplatten.

Die Kontrolle von Hartmetallplatten kann sich auf Einhaltung der Winkel und der Abmessungen, störende Poren, das spezifische Gewicht, die Härte, das Gefüge und die Schneidleistung erstrecken.

Toleranzen der Längenmaße sind in Tab. 14 zusammengestellt, für die Winkel wurde bisher noch kein Toleranzbereich festgelegt, jedoch kann bei den Normenplatten eine zulässige Toleranz der Winkel von $\pm 2°$ vorgeschlagen werden.

Die Platten sind ferner mit einer Lupe mit 10facher Vergrößerung oder einem Binokular auf Risse oder größere *Hohlräume* (Poren) zu prüfen. Größere Poren, die bei der Verwendung als Drehwerkzeuge stören, können auf den Flächen mit der Lupe erkannt werden, wenn die Platten vorher mit einer Siliciumkarbidscheibe vor- und feingeschliffen werden. In Anbetracht der Herstellungsweise der Hartmetalle sind vereinzelte größere Poren in einer Platte nicht immer auszuschließen, sie beeinträchtigen auch die Wirtschaftlichkeit nicht. Im Mittel soll die Zahl der größeren Hohlräume im Durchmesserbereich 0,03 bis 0,2 mm zwei pro cm² betrachteter Fläche nicht wesentlich überschreiten. Bei Hartmetallformkörpern für Ziehwerkzeuge müssen strengere Bedingungen gestellt werden.

Ferner sind die Platten auf **Einziehen** und auf **Balligkeit** zu prüfen. Beim Anlegen eines Haarlineals soll über die ganze Fläche gleichmäßig

Tabelle 14. *Toleranzen von Hartmetallplatten*

Abmessungen	Toleranz
1··· 5 mm	+ 0,3 mm
5···10 ,,	+ 0,4 ,,
10···25 ,,	+ 0,5 ,,
25···50 ,,	+ 1,0 ,,

punktförmige Berührung mit dem Lineal erfolgen. Berührt das Lineal nur die Kanten (eingezogene Flächen) oder nur die Mitte (ballige Platten), so soll die Abweichung pro cm Länge nicht mehr als 0,05 mm betragen. Größere Abweichungen laufen im allgemeinen mit mechanischen Spannungen in der Hartmetallplatte parallel, die Beträge bis zu 40 kg/mm² erreichen können und die Platten löt- und schleifempfindlicher und weniger widerstandsfähig gegen Schlagbeanspruchung machen.

Das spezifische Gewicht der Platten wird nach dem archimedischen Prinzip durch Wägung an Luft und unter Wasser (bei kleinen Platten unter Toluol) auf eine Genauigkeit von 0,2 mg ermittelt. Richtwerte für das spezifische Gewicht sind in Tab. A 1 zu finden. Das spez. Gewicht kann nur zur Kontrolle der Gleichmäßigkeit der Lieferungen eines Herstellers verwendet werden. Lieferungen verschiedener Herkunft können Unterschiede im spez. Gewicht infolge Abweichungen in der Zusammensetzung, z. B. im Kobalt- oder Titangehalt haben, ohne daß damit die Güte des Hartmetalles in Zusammenhang stehen muß. Bei gleichem Hersteller ist für das spez. Gewicht einer Hartmetallsorte eine Toleranz von $\pm$ 0,2 zuzulassen.

Die Härte der Hartmetalle wird allgemein nach der Rockwell-A-Skala bei 60 kg Belastung angegeben, wobei ein Diamantkegel von 120° Spitzenwinkel und 0,3 mm Spitzenradius verwendet wird. Die Genauigkeit der Messung beträgt $\pm$ 0,2 Einheiten. Bei Benutzung einer Diamantpyramide kann die Belastung auf 100 kg gesteigert werden, wodurch der Meßbereich erweitert und die Streuung der Einzelmessungen auf $\pm$ 0,1 Einheiten herabgesetzt wird. Zwischen den Ablesungen mit dem Diamantkegel und der Pyramide besteht nach Bestimmungen von R. Wyss eine empirisch gefundene Beziehung (Tab. 15).

Tabelle 15. *Vergleich der Härtezahlen bei der Messung mit Diamantkegel und -Pyramide.*

Diamantkegel (60 kg Last)	Diamantpyramide (100 kg Last)
90,2	86
91,0	87
91,7	88
92,5	89
93,3	90

Eine Zusammenstellung empirisch ermittelter Beziehungen zwischen der Rockwell-*A*-, Rockwell-*C*- und der Vickers-Härte ergibt sich aus Tab. A 11.

Für die Genauigkeit und Reproduzierbarkeit der Härtemessungen ist es von ausschlaggebender Wichtigkeit, die Auflagefläche und die Meßflächen eben, genau parallel zueinander und genau senkrecht zur Druckrichtung des Diamanten zu schleifen.

Es ist wichtig, die Härte nicht nur an der Oberfläche sondern auch im Kern der Platten zu ermitteln.

Richtwerte und zulässige Toleranzen ergeben sich aus Tab. 16. Da die Prüfdiamanten in ihrer Form nicht genügend gleichmäßig gehalten

Tabelle 16. *Richtwerte für die Rockwellhärte A.*

Hart-metall-sorte	Härte Richtwert	Toleranz	Hart-metall-sorte	Härte Richtwert	Toleranz
G 1	90,5	⎱ + 0,5	S 1	92,4	± 0,4*
G 2	89,5	⎰ − 0,2	S 2	92,0	± 0,4*
G 3	89,0		S 3	91,0	+ 0,2 − 0,3
G 4	88,0		F 1	92,8	± 0,3*
G 5	86,0	± 0,5	H 1	92,0	± 0,3
G 6	85,0		H 2	92,7	± 0,3*

werden können, ist es erforderlich, ein Vergleichshartmetallstück zur Eichung der Diamantkegel zu verwenden.

Bei grobporigem Hartmetall werden zu niedrige Härtewerte vorgetäuscht, wenn die Diamantspitze auf eine Pore trifft.

Wird die Härte mit Hilfe der Vickers-Pyramide bestimmt, so sind die in Tab. 17 angeführten Richtzahlen zum Vergleich heranzuziehen.

Von besonderer Bedeutung für die zur Stahlbearbeitung bestimmten Sorten ist die Warmhärte, für deren Bestimmung jedoch eine besondere Apparatur erforderlich ist.

Die Bestimmung der Biegefestigkeit erfordert besondere Prüfkörper (6 mm Durchmesser, 70 mm Länge), sie eignet sich daher nicht als Abnahmeprüfung.

Tabelle 17. *Zusammenhang zwischen Vickers-Härte und Biegefestigkeit.*

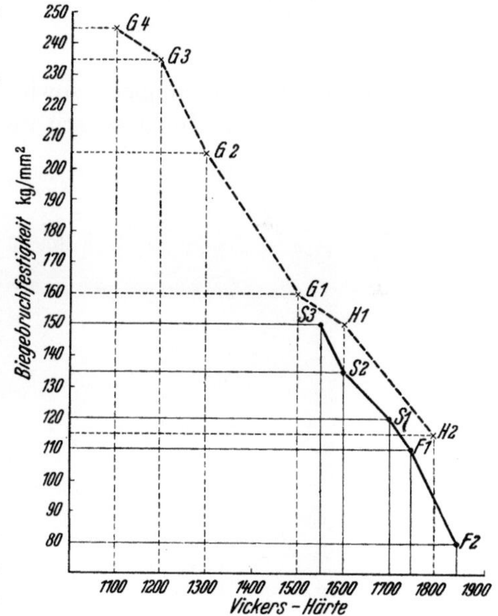

Die Ermittlung des Gefüges der Hartmetalle ergibt eine gute Beurteilungsmöglichkeit. Die Herstellung der Schliffe verlangt eine besondere Technik und ein Mikroskop mit mindestens 1500facher Vergrößerung. Derartige Untersuchungen gehen über den Rahmen der Abnahme-

---

* Die Härte des Kernes soll nicht mehr als 0,4 Einheiten unter der der Oberfläche liegen.

prüfung hinaus, ebenso wie röntgenographische Untersuchungen über die Ausbildung des Wolframkarbid-Titankarbidmischkristalles und die

Tabelle 18. *Gefügebestandteile im Hartmetall.*

Gefüge-bezeichnung	Zusammensetzung, Aufbau und Eigenschaften
α_1	Wolframkarbid (WC) in feinstkörniger Form, durch die Sinterung nicht verändert. Verschleißfesteste Form.
α_2	Bei der Sinterung umkristallisiertes Wolframkarbid (WC), grobkörnig. Zähe, weniger verschleißfest als α_1.
β	Kobalt mit WC in fester Lösung, maßgebend für die Zähigkeit.
γ	Titankarbid-Wolframkarbid-Mischkristall, weniger zähe als Wolframkarbid, verhindert die Auskolkung bei der Stahlbearbeitung.
η	Sehr spröde Kobalt-Wolfram-Kohlenstoff-Verbindung, die bei Kohlenstoffmangel auftritt und deren Entstehung unbedingt vermieden werden muß.
ε	Zerfallserscheinung des Wolframkarbides bei Überschreitung der Sintertemperatur, die Bildung dieser Gefügeart muß vermieden werden.

Größe mechanischer Spannungen sowie magnetische Untersuchungen zum Nachweis spröder Kobaltphasen im Gefüge.

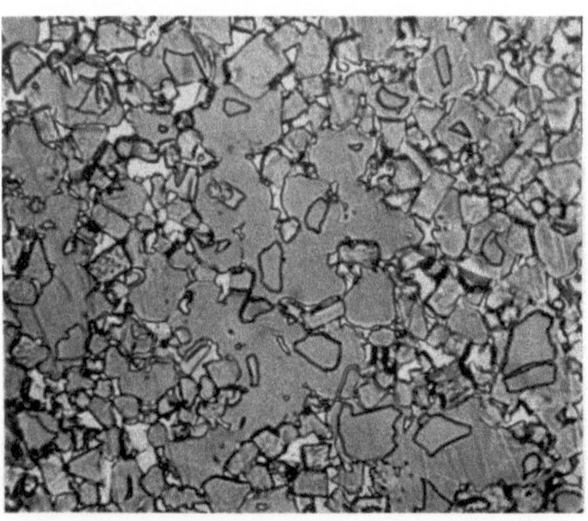

Abb. 4. Titan-Wolframkarbid-Mischkristall in gegliederter Form. (6% Kobalt, 2 Stunden 1500° C gesintert.) V × 1500.

Ein Überblick über den Zusammenhang zwischen Gefüge der Hartmetalle und ihrem erfahrungsgemäß ermittelten Korngrößenaufbau ergibt sich aus Tab. 18 und 19. Neben den bei etwa 60facher Vergrößerung im polierten Schliff meist durch unbeabsichtigte Verunreinigungen hervorgerufenen Hohlräumen sind in mehr oder weniger großer Zahl feine Punkte, häufig in nesterartiger Form, zu beobachten. Bei dieser Erscheinung handelt es sich um Kohlenstoff, der sich aus dem Kobalt beim Abkühlen abgeschieden hat. Seine Anwesenheit schon in geringen Mengen gibt die Gewähr dafür, daß die versprödend wirkenden kohlenstoffärmeren Gefügearten (η) ausgeschlossen sind.

Bei Fehlen von Titankarbid treten Tantalkarbidzusätze über 1 Gew.-% als selbständige Phase im Gefüge auf. Bei Titankarbidgehalten, die gewichtsmäßig mehr als das 3fache des Tantalkarbides betragen, wird das Tantalkarbid vom γ-Mischkristall gelöst.

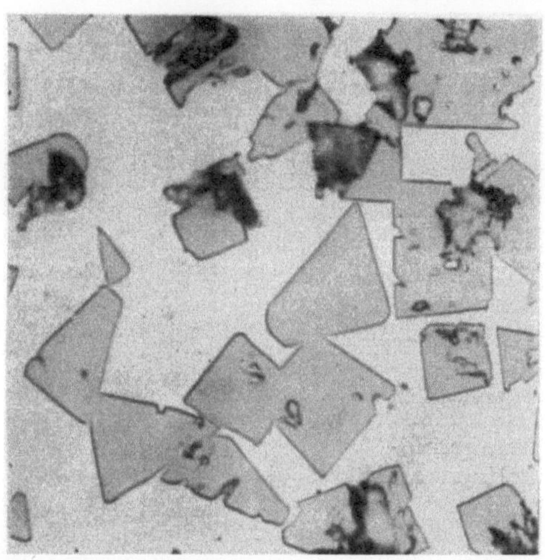

Abb. 5. Titan-Wolframkarbid-Mischkristall in kantiger Form. (50% Nickel, 6% Nickelsulfid, 1 Std. bei 1700° geschmolzen, 144 Std. bei 1500° C getempert.) V × 1500.

Der Abnutzungswiderstand titankarbidhaltiger Legierungen hängt sehr stark von der Ausbildungsform der Titankarbid- und Wolframkarbid-Mischkristallphase (γ) ab, die in abgerundeter oder kettenartig zusammenhängender Form (Abb. 4) und in kantig ausgebildeter Kristallform (Abb. 5) auftreten kann.

Anhaltspunkte für den Gefügezustand gibt auch die Betrachtung einer frischen **Bruchfläche** mit einer Lupe in 10facher Vergrößerung. Scharf abgegrenzte Zonen, die mit Auf- oder Entkohlung zusammenhängen, sollen fehlen, ebenso gröbere Poren im eingangs genannten Maßstab. Das Gefüge der H 1- und H 2-Legierungen soll samtartig fein und schwach glänzend aussehen und auch bei 10facher Vergrößerung sollen keine oder nur wenige auf größere Einzelkristallite deutende glänzende Körner erkennbar sein. Bei den G- und S-Hartmetallen sollte das Gefüge einen gröberen Eindruck machen, das heißt, daß mit der Lupe Einzelkristalle in größerer Zahl beobachtbar sein sollen.

Tabelle 19. *Gefügeaufbau einzelner Hartmetallsorten.*

Hart-metall-sorte	Gefügebestandteile und Korngröße		Bemerkungen
G 1 und G 2	Wolframkarbid α_1:	unter 1 μ	α_2-Kristalle 20···50%.
	Wolframkarbid α_2:	2··· 6 μ	
	Kobalt β :	1 μ	
H 1	Wolframkarbid α_1:	unter 1 μ	α_2-Kristalle sollen nur zu etwa 10% vorhanden sein.
	Wolframkarbid α_2:	bis 2 μ	
	Kobalt β :	0,5 μ	
H 2	Wolframkarbid α_1:	0,5 μ	α_2 soll fehlen.
	Kobalt β :	0,5 μ	
G 3 bis G 6	Wolframkarbid α_2:	2··· 8 μ	α_1-Anteil soll unter 20% liegen.
	Kobalt β :	2··· 5 μ	
S 1 und S 2	Wolframkarbid α_2:	2···10 μ	Sehr wenig α_1; γ in Ketten angeordnet, keine Rundkristalle.
	Titankarbid-Wolframkarbid γ :	4···20 μ	
	Kobalt β :	1··· 3 μ	
S 3	Wolframkarbid α_2:	2···10 μ	Sehr wenig α_1.
	Titankarbid-Wolframkarbid γ :	2··· 5 μ	
	Kobalt β :	1··· 3 μ	
F 1	Wolframkarbid α_2:	2··· 6 μ	Etwa 10% α_2 sollen vorhanden sein, γ-Kristalle in Ketten, nicht in Rundkristallen.
	Titankarbid-Wolframkarbid γ :	5···20 μ	
	Kobalt β :	1··· 3 μ	

Der Kurzdrehversuch. Die den praktischen Anforderungen am nächsten kommende Prüfung ist der Kurzdrehversuch, bei dem die Schnittgeschwindigkeit so weit erhöht wird, daß bereits nach etwa 15 Minuten Drehdauer ein meßbarer Verschleiß an der Freiwinkel- und Spanablauffläche eintritt. Die zu prüfenden Platten sind auf Stahlschäfte aufzulöten, dabei werden gleichzeitig Löt- und Schleifverhalten und die Schneidengüte beurteilt.

Die Kurzprüfung wird an Grauguß von etwa 200 kg/mm² Brinellhärte (G 1), an Hartguß von 400···500 kg/mm² Brinellhärte (H 1, H 2) und an Chromnickelstahl von 90···100 kg/mm² Festigkeit (S 1, S 2 und S 3) vorgenommen. Die Versuchswellen sollen möglichst großen Durchmesser (300 mm) haben, die Gleichmäßigkeit ihrer Eigenschaften muß häufig kontrolliert werden (Poldi-Hammer). Die Versuchsdrehbank soll eine stufenlose Regelung der Umdrehungszahl ermöglichen, damit die Schnittgeschwindigkeiten auf mindestens $\pm$ 1 m/min eingestellt werden können, die Leistung der Drehbank muß wenigstens 30 kW betragen.

Der Vergleichsstahl, auf den die Prüfungsergebnisse bezogen werden, und die zu prüfenden Hartmetallwerkzeuge müssen sowohl in bezug auf die Winkel als auch die Schneidengüte so genau als möglich gleich hergestellt sein. Mit Hilfe der Vergleichsstähle wird für jede Welle die Schnittgeschwindigkeit ermittelt, die notwendig ist, um in etwa 15 Minuten einen meßbaren Verschleiß hervorzurufen. Dieser Verschleiß soll bei der Prüfung an Gußeisen und Stahl an der Freiwinkelfläche einer Stumpfungsbreite von mindestens 0,3 mm und im Falle der Stahlbearbeitung einer Kolkungsbreite von mindestens 1 mm entsprechen. Bei der Stahlbearbeitung sollte auch die Tiefe der Kolkung und die Breite der sogenannten Wetterkante, der Abstand zwischen Beginn der Kolkung und Schneidkante, zur Beurteilung herangezogen werden.

Die Versuchsschnittgeschwindigkeiten liegen für Grauguß richtungsmäßig bei 80 m/min, für Hartguß bei 15 m/min und für S 1 bei Stahl der angegebenen Festigkeit bei etwa 140 m/min, für S 2 und S 3 werden 30% bzw. 50% geringere Schnittgeschwindigkeiten angewandt.

Zweckmäßig ist es, die Versuche in einen Schlichtschnitt (Vorschub 0,2 mm/U) und einen Schruppschnitt (Vorschub 1 mm/U) zu unterteilen. Für schlagfeste Hartmetallsorten (S 3) können auch genutete Wellen zur Ermittlung des Einflusses von Schnittunterbrechungen benutzt werden.

Wenn auch nicht vergessen werden darf, daß eine Überschneidung von Standzeitkurven eintreten kann, wenn Hartmetalle sehr verschiedener Eigenschaften miteinander verglichen werden, so stellt doch die Kurzprüfung zur laufenden Überwachung der Leistung gleichartiger Hartmetalle ein sehr wertvolles Hilfsmittel dar.

Für die Versuche wird am besten ein rechter gerader Schruppstahl nach DIN 4971 (Tab. B 9) mit einer Hartmetallplatte A 20 verwendet. Folgende Schnittwinkel haben sich nach unseren Erfahrungen am besten bewährt (Tab. 20).

Vom Verein Deutscher Eisenhüttenleute sind für Zerspanungsversuche eine Anzahl Prüfblätter (1160, 1161, 1162, 1164, 1166, 1168 und 1178) herausgegeben worden, in denen Vorschläge für die Zerspanungsversuche gemacht werden. Nach unseren Erfahrungen ist die Ermittlung der Standzeiten mit einer Stumpfung der Schneide an der Freiwinkelfläche (Verschleißmarkenbreite) von rund 0,2 mm zu gering. In der Praxis hat es sich bewährt, den Stumpfungsverlauf während der Drehzeit durch Unterbrechung des Schneidversuches nach verschiedenen Drehzeiten zu ermitteln und den Drehversuch so lange fortzusetzen, bis eine Stumpfung von 0,4 mm erreicht ist.

Tabelle 20. *Schnittbedingungen für den Kurzdrehversuch bei Grauguß und Stahl.*

	Schlichtschnitt	Schruppschnitt
Vorschub mm/U	0,25	0,8···1
Freiwinkel	5°	5°
Spanwinkel.	5°	5°
Spitzenwinkel	90°	90°
Einstellwinkel.	45°	45°
Spitzenradius	1 mm	2 mm
Schneidengüte (S. 72) . . .	2···5 μ	5···10 μ
Spanstufe (nur bei Stahlbearbeitung; vgl. S. 36) .	0,5×1 mm	0,5×4 mm

Die Durchführung der Kurzversuche bei verschiedenen Schnittgeschwindigkeiten ist nur bei der Prüfung einer betriebsmäßig noch nicht eingeführten Hartmetallsorte erforderlich, da sich gezeigt hat, daß die Standzeitkurven bei Hartmetallen verschiedener Herkunft zur Schnittgeschwindigkeitsachse verschieden große Neigung haben können. Bei der Abnahmeprüfung von Hartmetallen gleicher Herkunft genügt im allgemeinen die Prüfung bei einer Schnittgeschwindigkeit. Werden die Hartmetallplatten für Serienarbeiten großen Umfanges benutzt, so empfiehlt es sich, die Bedingungen des Abnahmeversuches den praktischen Arbeitsbedingungen möglichst anzupassen.

Eine gute Beurteilung der Abnutzung der Hartmetallplatten beim Drehen von Stahl ergibt sich aus der Form der abrollenden Späne. Mit zunehmender Auskolkung werden die Späne kürzer und mit zunehmender Abstumpfung treten durch die stärkere Erwärmung höhere Anlauffarben bis zu dunkelblau und violett und schließlich weißgrau auf. Im Kurzversuch an Stahl sollte deshalb auch die Zeit festgestellt werden, während der Rollspäne, d. h. lange gleichmäßige Spanlocken, auftreten. Der Zeitpunkt des Auftretens von Spanlocken geringeren Durchmessers und der Änderung der Anlaßfarbe ist daher bei der Auswertung der Versuche ebenfalls zu berücksichtigen.

B. Die Werkzeuggestaltung.

I. Abmessungen von Schaft und Hartmetallplatte.

Die Gestaltung des Werkzeuges wird bestimmt durch:

a) Art und Festigkeit des zu bearbeitenden Werkstoffes,

b) Vorschub und Spantiefe und die Ausladung des Werkzeuges über die Auflagekante am Support.

c) Form des Werkstückes.

Durch den Werkstoff, den Spanquerschnitt und die Schnittgeschwindigkeit ist die erforderliche Antriebsleistung festgelegt.

Im praktischen Falle werden diese die Schaftabmessungen und die Maße für die Hartmetallplatte bestimmenden Größen in verschiedener Weise gegeben sein.

Hartmetallwerkzeuge zum Drehen sind in den deutschen Normen DIN 4971···4981 (Tab. B 9···B 18) in ihren Abmessungen festgelegt worden, denen die französischen Normen NEF 301, 305 und 311···324 entsprechen.

Erforderliche Antriebsleistung. Für die Vorkalkulation und die Wahl der Werkzeugmaschine für eine bestimmte Arbeit ist eine annähernde Berechnung der Antriebsleistung für einen bestimmten Spanquerschnitt erforderlich. Die der Berechnung zugrunde zu legende Schnittkraft ist von dem zu bearbeitenden Werkstoff, von der Spantiefe und dem Vorschub abhängig. Demgegenüber kann der Einfluß der Schnittgeschwindigkeit auf die Schnittkraft für praktische Fälle vernachlässigt werden, zumindestens im Bereich der für Hartmetalle üblichen Geschwindigkeiten.

Die Antriebsleistung einer Drehbank berechnet sich aus der Formel:

$$KW = \frac{\text{Spanquerschnitt} \cdot \text{Schnittdruck} \cdot \text{Schnittgeschwindigkeit}}{60 \cdot 102 \cdot \eta},$$

wobei der Wirkungsgrad zu $\eta = 0{,}75$ angenommen werden kann und der Spanquerschnitt in mm², der Schnittdruck in kg/mm² und die Schnittgeschwindigkeit in m/min auszudrücken ist. In Tab. 21 sind zur schnellen Gewinnung eines Überblickes die Antriebsleistungen für Stahl und Grauguß in Abhängigkeit vom Spanquerschnitt zusammengestellt.

Tabelle 21. *Richtwerte für die Antriebsleistung bei Stahl- und Graugußbearbeitung in Abhängigkeit vom Spanquerschnitt und der Schnittgeschwindigkeit.*

Spanquer-schnitt	Schnittgeschwindigkeit m/min			
	20	50	100	150
0,2 mm²	0,3 PS	0,5 PS	1,2 PS	2,5 PS
0,5 ,,	0,75 ,,	1,5 ,,	3 ,,	6 ,,
1 ,,	1,5 ,,	3 ,,	6 ,,	12 ,,
2 ,,	3 ,,	6 ,,	12 ,,	24 ,,
4 ,,	6 ,,	12 ,,	24 ,,	48 ,,

Die vorstehend genannte Formel für die Berechnung der Antriebsleistung kann nur zu einer überschlägigen Berechnung benutzt werden, wenn der Spanquerschnitt aus Vorschub und Spantiefe und der Schnittdruck als Mittelwert z. B. aus Tab. 1 entnommen wird. Der Schnittdruck oder die spezifische Schnittkraft ist, wie Messungen ergeben haben, keine Stoffkonstante, er nimmt vielmehr mit steigender Schnittgeschwindigkeit und besonders ausgeprägt mit steigendem Vorschub ab

(Tab. A 9). Wie O. Kienzle gezeigt hat, ist es daher notwendig, den Schnittdruck auf eine bestimmt zusammengesetzte Spanfläche, und zwar zweckmäßig auf eine Spanbreite und eine Spandicke von je 1 mm zu beziehen.

Meistens ist jedoch die Drehbank mit ihrer Leistung gegeben, so daß es für den Vorkalkulator und den Meister wichtiger ist, feststellen zu können, welcher Spanquerschnitt bei einem bestimmten Werkstoff und einer zu bestimmenden Schnittgeschwindigkeit von einer vorhandenen Drehbank abgenommen werden kann. Aus diesem Grunde sind von uns insbesondere für die Bedürfnisse der Werkstatt die im Anhang zusammengefaßten Tab. A 26 bis A 40 aufgestellt worden.

Wenn die Schnittiefe festgelegt oder wegen der verlangten Werkstückoberfläche nur ein bestimmter Vorschub pro Umdrehung in Betracht kommt, ergibt sich aus der Rubrik der betreffenden kW-Größe (z. B. 10 kW) und dem Vorschub (z. B. 0,8 mm/U) die Schnittgeschwindigkeit, die bei der gewünschten Spantiefe erreicht werden kann. Umgekehrt kann aber auch bei bestimmter Spantiefe abgeleitet werden, welcher Vorschub pro Umdrehung und welche Schnittgeschwindigkeit der Drehbank zugetraut werden können. Aus den Tabellen kann auch ersehen werden, welche maximale Schnittgeschwindigkeit sich mit einer bestimmten Drehbank bei gewissen Vorschüben und Spantiefen erreichen läßt, wobei diese Schnittgeschwindigkeit mit der zu verwendenden Hartmetallsorte in Einklang zu bringen ist (Tab. A 6 bis A 8).

Die Tabellen gelten für einen Einstellwinkel von 45°, für Werkstücktemperaturen von 18° C, ohne Verwendung eines Kühlmittels, setzen jedoch die geeigneten Schnittwinkel und die den Arbeitsbedingungen entsprechende Hartmetallsorte voraus.

Verändert man eine der Bedingungen, so verschiebt sich die in den Tabellen angegebene Leistung folgendermaßen:

1. Wird der *Einstellwinkel* von 45° (wie in der Tabelle zugrunde gelegt) auf 60° vergrößert (z. B. bei geradem Schruppstahl), so läßt sich eine 10 bis 12% größere Spantiefe oder ein entsprechend größerer Vorschub erreichen. Bei einem Messerstahl mit 90° Einstellwinkel würde sich Vorschub oder Spantiefe um etwa 20% vergrößern lassen, allerdings bei entsprechender Minderung der Standzeit.

2. Die Anwendung eines negativen Spanwinkels, wie es bei schweren Schrupparbeiten erforderlich ist, führt zu einer Steigerung der Maschinenleistung um 15 bis 25%.

3. Wird die *Werkstücktemperatur* von 18° auf 800° bis 900° C erhöht, so vermindert sich die Antriebsleistung um etwa 50%.

4. Wird das Drehen unter Verwendung von Kühlmitteln durchgeführt, so können die Schnittgeschwindigkeiten um etwa 35% erhöht werden.

Als *Werkstoff für die Schäfte* sind von den Stahlwerken besonders geeignete Stähle entwickelt worden, die unter Spezialbezeichnungen geliefert werden. Das Schaftmaterial soll ein zäher Kohlenstoffstahl mit einer Festigkeit von 70 bis 80 kg/mm² sein. Für normale Werkzeuge soll ein chromfreier Stahl oder ein Stahl, der höchstens 0,5% Chrom enthält, verwendet werden, da bei höheren Chromgehalten die Ausbildung einer einwandfreien Lötnaht Schwierigkeiten bereitet (vgl. S. 61).

In manchen Fällen ist es erforderlich, legierte Stähle als Schaftwerkstoff zu verwenden, zum Beispiel bei der Herstellung kleiner Bohrer, für die Schnellstahl benutzt wird, um der Torsionsbeanspruchung genügend Widerstand entgegenzusetzen.

Abmessungen der Hartmetallplatten. Die Abmessungen der Hartmetallplatten sind in erster Linie durch die aufzunehmenden Schnittkräfte und in zweiter durch die Verlagerung der Schneidkantenspitze durch die Nachschliffe bestimmt.

Untersuchungen von Dawihl und Hinnüber haben gezeigt, daß bei normaler Abnutzung der Hartmetallplatten die Schneidspitze in Richtung einer Raumdiagonale wandert, deren Winkellage im wesentlichen durch die Art des bearbeiteten Werkstoffes bestimmt wird (Abb. 6).

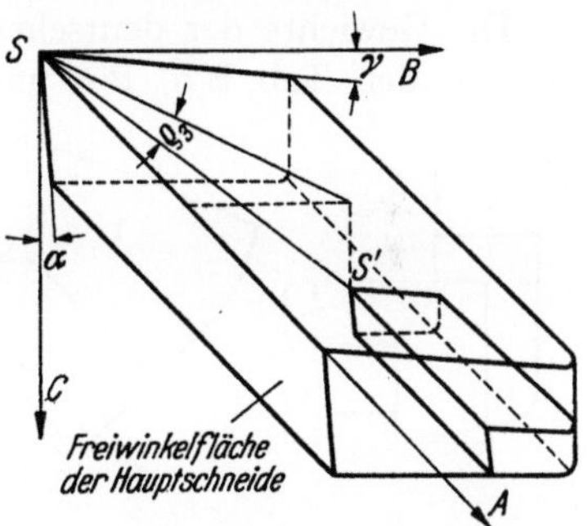

Abb. 6. Wanderung der Schneidkantenspitze durch Nachschliff.

A Abschliffrichtung von der Nebenschneide, *B* Abschliffrichtung von der Freiwinkelfläche, *C* Abschliffrichtung von der Spanablauffläche, $S — S'$ Weg der Schneidspitze, ϱ Raumwinkel des Schneidspitzenweges (beim Schruppen von Stahl rund 20°, beim Schruppen von Grauguß rund 10°).

Auf Grund dieser Beobachtungen ist es gelungen, ein sogenanntes „Verschleißraumplättchen" zu konstruieren, das den Mindestaufwand darstellt, der an Hartmetall gegeben sein muß, um eine Hartmetallplatte mit gleich bleibender Spantiefe völlig zu verbrauchen und bei dem der den Spandruck tragende Querschnitt etwa konstant bleibt. Praktisch hat sich gezeigt, daß sich diese Minimalform wegen der nicht vermeidbaren Ausbrüche nicht verwirklichen läßt. Dagegen hat sich ergeben, daß sich die Abwinklung der nicht für eine festzusetzende maximale Spantiefe in Betracht kommenden Hauptschneide, die also die Nachschliffreserve darstellt, mit wirtschaftlichem Vorteil verwirklichen läßt. Dadurch kann bei gleicher Zerspanungsleistung 10% am Plattengewicht und damit am Preis gespart werden (Abb. 7).

Die deutschen Hartmetallplatten sind in den Normblättern DIN 4966 (Ausgabe 1940 und 1943; Tab. B 1 und B 2) genormt, die Abmessungen französischer genormter Platten ergeben sich aus Tab. B 7.

Tabelle 22. *Bemessung der Plattendicke in Abhängigkeit von Vorschub und Spantiefe bei der Stahl- und Graugußbearbeitung.*

Spantiefe in mm	Vorschub mm/U			
	bis 0,1	0,1···0,2	0,2···0,5	0,5···1
bis 1	3	3	3	6
1···2	3	4	5	8
2···3	3	4	6	10
3···5	—	—	8	11
5···8	—	—	8	12

Dle Gewichte der deutschen und französischen genormten Platten sind in den Tab. B 5, B 6 und B 8 zusammengestellt, die Gewichte schwanken etwas, da die spezifischen Gewichte gleich bezeichneter Sorten von verschiedenen Herstellern nicht immer übereinstimmen.

Die in Tab. 22 gegebene Zusammenstellung für die Abmessungen der Plattendicke in Abhängigkeit von Vorschub und Spantiefe ist für die Stahlbearbeitung gültig. Die Werte schließen eine erhebliche Sicherheit ein. Für die Bearbeitung von Werkstoffen mit geringen Spandrucken, wie Nichteisenmetallen und Kunstwerkstoffen, kann die Plattendicke um etwa 20% niedriger gewählt werden.

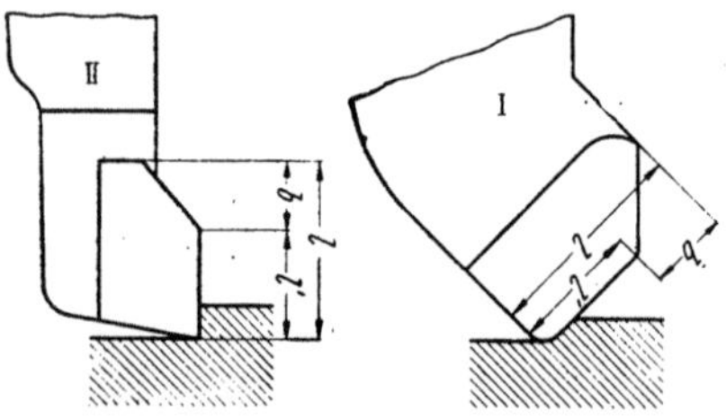

Abb. 7. Abwinklung der Schneidkante. (*I* rechter Schruppstahl; *II* rechter Seitenstahl.) 1′ Schneidkante für maximale Spantiefe. *b* Schneidkante, die erst durch den Nachschliff zur Erzielung der gleichen maximalen Spantiefe in den Schnitt kommt.

Querschnitt des Schaftes. Maßgebend für die Bemessung des Schaftquerschnittes ist die Forderung, daß während der Dreharbeit eine möglichst geringe Durchbiegung des Werkzeuges auftreten soll. Dabei ist vor allem die Ausladung des Werkzeuges über die Auflagekante des Supports maßgeblich. Das Werkzeug soll daher so kurz als möglich über Supportunterkante eingespannt werden. Anhaltspunkte für die Bemessung des Schaftquerschnittes in Abhängigkeit von der Ausladung,

Tabelle 23. *Bemessung des Schaftquerschnittes für Stahl- und Graugußbearbeitung in Abhängigkeit von Vorschub und Ausladung des Werkzeuges.*

Ausladung in mm	Vorschub mm/U			
	bis 0,1	0,1··0,2	0,2···0,5	0,5···1
10	10 mm ⊡	12 mm ⊡	·15 mm ⊡	20 mm ⊡
30	15 ,, ,,	15 ,, ,,	25 ,, ,,	30 ,, ,,
80	20 ,, ,,	25 ,, ,,	32 ,, ,,	40 ,, ,,

der Spantiefe und dem Vorschub sind für Stahl- und Graugußbearbeitung in Tab. 23 zusammengestellt, wobei für die Bearbeitung von Nichteisenmetallen und Kunstwerkstoffen die Schaftquerschnitte um etwa 20% geringer bemessen werden können. Die Dicke des unter der Hartmetallplatte befindlichen Schaftmaterials soll mindestens 2,5 bis 3 mal so groß sein wie die Dicke der Hartmetallplatte.

Vorschlag für die Ausarbeitung von Richtlinien über zulässige Schaftdurchbiegungen. Messungen über die Durchbiegung des über die Supportunterkante herausragenden Teiles des Drehwerkzeuges unter dem Schnittdruck sind bisher noch nicht so weit ausgebaut worden, daß Richtwerte für nicht zu überschreitende maximale Durchbiegungen in Abhängigkeit von Ausladung und Schaftquerschnitt angegeben werden können. Bei einer von uns durchgeführten Versuchsreihe wurde festgestellt, daß für einen quadratischen Schaftquerschnitt von 32 mm Kantenlänge bei einer Ausladung von 50 mm und einer Schaftdurchbiegung von 0,02 mm keine Rißbildung in der Lötfuge beobachtet werden konnte. Wurde die Schaftausladung auf 85 mm erhöht, so konnte in 4 von 10 geprüften Werkzeugen Rißbildung in der Lötfuge einwandfrei nachgewiesen werden. Die maximale Durchbiegung des Schaftes betrug dabei 0,08 mm.

Literatur: 60, 75.

II. Die Schnittwinkel und der Spitzenradius.

Hartmetallplatten werden mit rechteckigem Querschnitt geliefert beim Ausfräsen des Sitzes muß also der Neigungs- und Spanwinkel berücksichtigt werden.

Der Einfluß der Schnittwinkel (Abb. 8) auf den Bearbeitungsverlauf ergibt sich aus folgenden Überlegungen:

Einstellwinkel ($\varkappa$). Wenn der Einstellwinkel beispielsweise nicht durch einen anzudrehenden Bund gegeben ist, so richtet er sich im wesentlichen nach dem Verhältnis von Durchmesser zur Länge des zu bearbeitenden Werkstückes. Bei langen dünnen Wellen wird mit einem Einstellwinkel von 75 bis 80°

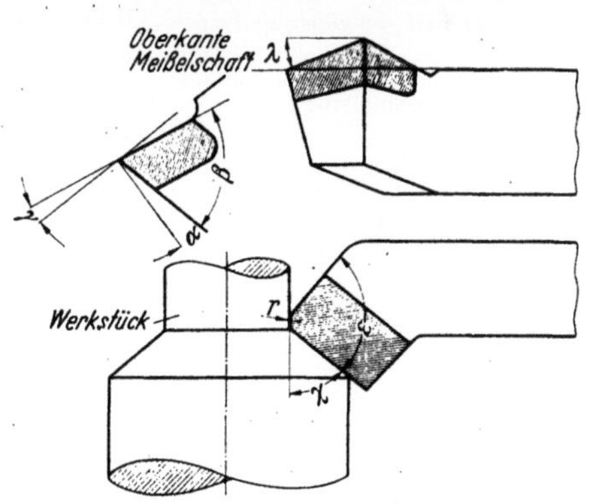

Abb. 8. Bezeichnung der Schnittwinkel.

α Freiwinkel,	ε Spitzenwinkel,
β Keilwinkel,	$\varkappa$ Einstellwinkel,
γ Spanwinkel,	λ Neigungswinkel.

gearbeitet, um eine Durchbiegung der Welle möglichst zu vermeiden. Da ein großer Einstellwinkel jedoch eine höhere Schneidenbelastung und dadurch eine geringere Lebensdauer des Werkzeuges zur Folge hat, wird in den Fällen, in denen eine Durchbiegung der Welle nicht zu befürchten ist, mit einem Einstellwinkel von 45° gearbeitet (Abb. 9).

Die Zunahme der Standzeit mit abnehmendem Einstellwinkel hängt nach von uns durchgeführten Messungen der Schneidentemperatur vielleicht mit der bei kleinerem Einstellwinkel zunehmenden Spanoberfläche und der dadurch bedingten größeren Wärmeausstrahlung zusammen.

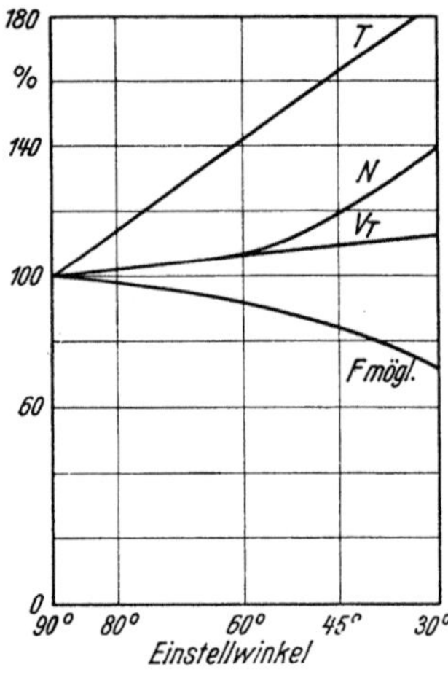

Abb. 9. Einfluß des Einstellwinkels auf Standzeit und Maschinenleistung nach Burmester. T Standzeit, N erforderliche Maschinenleistung, V_T Schnittgeschwindigkeit bei gleichbleibender Standzeit, $F_{mögl.}$ möglicher Spanquerschnitt bei konstanter Maschinenleistung.

Die Entlastung der Schneidkante durch Vergrößerung des Einstellwinkels ergibt sich für einen bestimmten Fall aus folgender Berechnung. Bei der Bearbeitung von Stahl St 60,11 mit $s = 0,5$ mm/U Vorschub und $a = 3$ mm Spantiefe mit einem Einstellwinkel von 90° ergibt sich aus Tab. A 9 der Schnittdruck zu 225 kg/mm², die Schnittkraft also zu 340 kg. Wird der Einstellwinkel auf 45° verkleinert, so verlängert sich die im Schnitt stehende Schneidkantenlänge (Spanbreite b) auf $b = a/\sin 45°$, das heißt auf 4,3 mm, und der Vorschub (Spandicke h) verringert sich auf $h = s \cdot \sin 45°$, das heißt auf 0,35 mm. Durch die Verringerung des Vorschubes auf 0,35 mm steigt der Schnittdruck auf 250 kg/mm². Bezeichnet man nach O. Kienzle als Schneidenbelastung die Schnittkraft je mm Schneidenbreite, die im Schnitt steht, so ergibt sich für die beiden gewählten Einstellwinkel und der aus dem Schnittdruck von 250 kg/mm² errechneten Schnittkraft von 380 kg folgender Vergleich:

Einstellwinkel 90°, Schneidenbelastung   340/3 = 110 kg/mm

Einstellwinkel 45°, Schneidenbelastung 380/4,3 = 88 kg/mm.

Der durch den kleineren Einstellwinkel vergrößerte Schnittdruck wird also durch die Wirkung der verlängerten Schneidkantenlänge mehr als ausgeglichen.

Der Freiwinkel (α) und die Einstellung zur Achse des Werkstückes. Zu kleine Freiwinkel vergrößern die Reibung zwischen Werkstück und Werkzeug und führen deshalb zur schnelleren Werkzeugabnützung. Mit größer werdendem Freiwinkel wird die Schneide weniger unterstützt und bricht deshalb bei größeren Spandrucken leichter aus.

Am Hartmetallwerkzeug sind 3 Freiwinkel zu unterscheiden (Abb. 10):

1. Der Freiwinkel α unmittelbar an der Schneide, der nur in einer Breite von 1 bis 2 mm angeschliffen wird und der für den Schnitt maßgebend ist.

2. Der Freiwinkel α_1 am übrigen Teil des Hartmetalles, der um 1 bis 2° größer sein soll als der Freiwinkel α an der Schneide.

3. Der Freiwinkel α_2 am Schaft, der um 2° größer sein soll als der Winkel α_1 und der verhindern soll, daß beim Schleifen des Hartmetalles der Stahlschaft die Schleifscheibe berührt.

Abb. 10. Unterscheidung der 3 Freiwinkel.

α Freiwinkel als 1 bis 2 mm breite Phase am Hartmetall, α' Freiwinkel am Hartmetall, α'' Freiwinkel am Schaft.

Empfohlen werden folgende Freiwinkel (α) an der Schneidkante:

Richtlinien für Freiwinkel α.

Stahl, legierten Stahl, Stahlguß, Grauguß, Hartguß . 4 bis 5°
Nichteisenmetalle . . . . 7°
Glas, keramische Stoffe . . . . 5°
Kunstharzwerkstoffe . . . . 7°
Langfaseriges Holz . . . . 8°
Kunstharzgehärtetes Holz . . . . 5°

Der angegebene Freiwinkel wird vergrößert, wenn die Werkzeugspitze im Vergleich zu einer horizontalen Ebene durch die Achse des zu bearbeitenden Werkstückes unter Mitte steht. In diesem Fall neigt das Werkzeug auch zum Rattern.

Das Werkzeug soll deshalb etwas über Mitte, und zwar 1% vom Werkstückdurchmesser stehen, bei Bohrarbeiten auf der Drehbank genau auf Mitte.

Es muß besonders beachtet werden, daß nachgeschliffene Werkzeuge, bei denen die Werkzeugspitze infolge des Nachschliffes im Vergleich zur Werkzeugauflage etwas abgesunken ist, entsprechend höher eingespannt werden müssen. Hierzu wird an jeder Drehbank eine Anzahl Unterlagbleche abgestuft nach $^1/_{10}$ mm Dicke vorrätig gehalten. Die richtige Höhe der Werkzeugspitze wird mittels einer geeigneten Lehre mit den untergelegten Blechen eingestellt (Abb. 11).

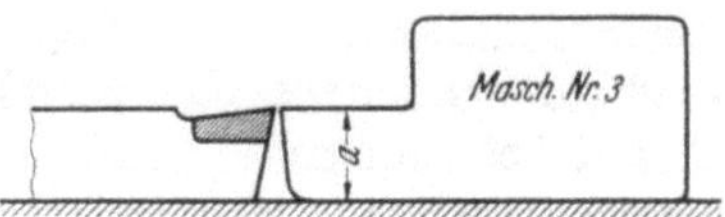

Abb. 11. Hartmetall-Einstellehre für Drehstahl.

a vorgeschriebene Entfernung der Schneidenspitze von der Supportauflage.

Spanwinkel (γ). Mit steigendem Spanwinkel nimmt der Schnittdruck ab, jedoch wird gleichzeitig die Schneidkante stärker durch Biegekräfte beansprucht, die nicht vom Material des Hartmetalles aufgenommen werden. Fernerhin entstehen bei der Stahlbearbeitung und bei zu großem Spanwinkel sehr lange Locken und Wirrspäne, die das Arbeiten an der Maschine unmöglich machen können. Mit kleiner werdendem Spanwinkel steigt zwar der Schnittdruck an, dieser Nachteil wird aber durch die größere Widerstandsfähigkeit der Schneide gegen Zug- und Biegebeanspruchungen, gegen Schlag und die kürzeren Späne bei der Stahlbearbeitung wieder aufgewogen.

Tabelle 24. *Spezifische Schnittkraft und Drehzeit in Abhängigkeit vom Spanwinkel nach Pahlitzsch.*
(Stahl von 70 kg/mm², $a \times s = 4,5 \times 0,47$.)

Spanwinkel	Spezifische Schnittkraft	Drehdauer ($v = 140\,\mathrm{m/min}$) bei einem Freiflächenverschleiß von 0,1 mm
$-30°$	380 kg/mm²	5 min
$-15°$	320 ,,	20 ,,
$0°$	280 ,,	16 ,,
$+15°$	200 ,,	8 ,,

Die Breite der negativ angeschliffenen Spanablauffläche soll etwa gleich dem Vorschub in mm sein.

Eingehende Untersuchungen von Pahlitzsch über den Zusammenhang zwischen der Größe des Spanwinkels, der spezifischen Schnittkraft und der Standzeit haben ergeben, daß bei der Bearbeitung von Stahl ein negativer Spanwinkel von 10 bis 15° bessere Standzeiten ergibt als positive Spanwinkel (Tab. 24). Die Ursache dürfte im wesentlichen darin liegen, daß die Hartmetallplatte bei Spanwinkeln von etwa —10° die Resultante der Schnittkräfte ganz als Druck aufnimmt, während bei anderen Spanwinkeln stärkere Biege- und Zugbeanspruchungen auftreten. Dementsprechend konnte auch beobachtet werden, daß bei einem negativen Spanwinkel von etwa —10° das Ausbröckeln der Scheide wesentlich geringer war.

Es hat sich weiterhin gezeigt, daß die Breite der negativen Phase etwa den gleichen Wert haben soll wie der Wert des Vorschubes in mm. Bei zu breiten Phasen tritt eine unnötig starke Stauchung der Späne und dadurch eine unnötige Erhöhung der Schnittkraft auf.

Es sind also zwei Spanwinkel an der Hartmetallplatte zu unterscheiden:

1. die an der Schneidkante unmittelbar anliegende Spanablauffläche von 1 bis 2 mm Breite mit dem für die Spanbildung maßgebenden Spanwinkel γ,

2. die dahinter liegende Spanablauffläche mit einem um 2 bis 3° größeren Spanwinkel γ'.

Wir empfehlen richtunggebend folgende Spanwinkel:

Richtlinien für Spanwinkel γ.

Bearbeitung von Stahl bis 60 kg/mm² Festigkeit . . .	$-10°$ bis	$+10°$
Stahl höherer Festigkeit, legierte Stähle	$-10°$,,	$+5°$
Stahlguß aller Festigkeiten	$-10°$,,	$+2°$
Grauguß	$+5°$,,	$+10°$
Hartguß.	$0°$,,	$+3°$
Messing, Bronze	$+5°$,,	$+8°$
Kupfer, Leichtmetalle	$+10°$,,	$+15°$
Glas, keramische Werkstoffe	$-5°$,,	$+5°$
Kunstharzwerkstoffe	$+10°$,,	$+30°$
Langfaseriges Holz.	$+20°$,,	$+30°$
Kunstharzgehärtetes Holz.	$+5°$,,	$+10°$

In allen Fällen, in denen Schlag- oder Stoßbeanspruchung auftritt, z. B. bei genuteten Wellen, gelochten Blechen und Paketen verschiedenartiger Werkstoffe, wie auch bei groben Schrupparbeiten oberhalb 1 mm/U Vorschub empfiehlt sich auf jeden Fall ein negativer Spanwinkel.

Der Vorteil der Abstufung der Frei- und Spanwinkel. Dadurch, daß die unmittelbar an der Schneidkante liegenden Frei- und Spanwinkelflächen kleinere Winkel als die dahinter liegenden Flächen, die bei dem Zerspanungsvorgang nicht im Eingriff stehen, erhalten, wird erreicht, daß nur eine höchstens 2 mm breite Fläche der Hartmetallplatte feinstgeschliffen bzw. geläppt zu werden braucht; außerdem wird der Spanablauf bei der Stahlbearbeitung erleichtert.

Spitzenwinkel (ε). Im allgemeinen wird der Spitzenwinkel zu 90° gewählt. Für sehr grobe Schrupparbeiten mit Vorschüben von über 1 mm/U kann die Abstützung der Schneidenspitze durch eine Erhöhung des Spitzenwinkels auf 100 bis 105°, beim Hobeln bis auf 130° verbessert werden. Die Größe des Spitzenwinkels ist durch den Einstellwinkel gegeben. Der Spitzenwinkel kann maximal so groß gewählt werden, daß die Nebenschneide nur noch bis zu 8° von der bearbeiteten Werkstückfläche absteht. Insbesondere gilt diese Maßnahme für das Plandrehen, für Arbeiten auf Karusseldrehbänken und für Hobelwerkzeuge (vgl. Abb. 122).

Neigungswinkel (λ). Ein positiver Neigungswinkel schützt die Schneidkantenspitze vor Schlag und Stoß. Bei leichten Arbeiten empfiehlt sich ein Neigungswinkel von 3 bis 5°. Es hat sich jedoch ergeben, daß in Bearbeitungsfällen, bei denen Stoß und Schlag auftritt oder bei denen das Werkzeug immer wieder erneut in den Schnitt eintritt, wie beim Hobeln, Neigungswinkel von 10 bis 20° vorteilhaft sein können (Abb. 12).

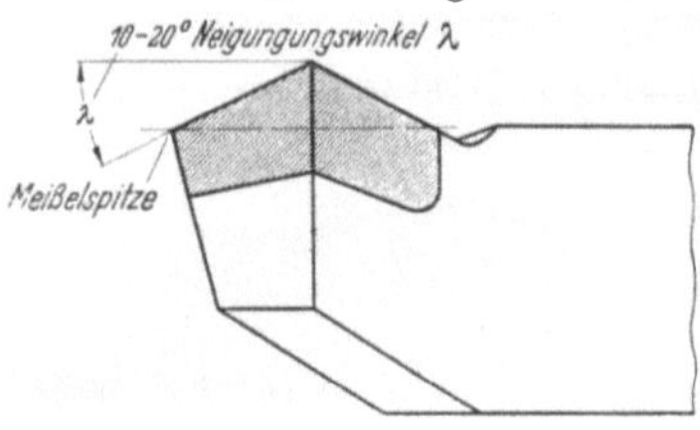

Abb. 12. Großer Neigungswinkel beim Bearbeiten von Werkstücken mit Schnittunterbrechung.

Der Neigungswinkel wird als positiv bezeichnet, wenn, vom Werkzeugschaft aus gesehen, die Schneide zur Schneidspitze abfällt, die Schneidspitze also der tiefste Punkt der Schneide ist, im anderen Falle ist er negativ (DIN 768).

In Amerika ist die gegenteilige Kennzeichung der Lage des Neigungswinkels üblich.

Spitzenradius. Durch zu große Spitzenradien wird unnötig lange Berührung zwischen der bearbeiteten Werkstückoberfläche und der Schneidkantenspitze hervorgerufen, außerdem wird durch zu großen Spitzenradius das Rattern begünstigt. Es ist im allgemeinen vorteilhaft, den Spitzenradius für Vorschübe bis 0,7 mm/U mit 1 mm zu bemessen. Oberhalb 0,7 mm/U Vorschub soll der Radius gleich dem Vorschubwert gehalten werden.

Kennzeichnung der Werkzeugwinkel. Um in Berichten und Anweisungen eine abgekürzte Form in der Angabe der Schneidwinkel und des Spitzenradius festzulegen, wird vorgeschlagen, diese Angaben in folgender Reihenfolge vorzunehmen:

Freiwinkel, Spanwinkel, Spitzenwinkel, Einstellwinkel, Neigungswinkel, Spitzenradius.

Winkel ohne weitere Kennzeichnung sind positiv, negative Winkel sind durch die vorgesetzten Buchstaben „neg" zu beschreiben. Ein Werkzeug mit dem Freiwinkel 5°, dem Spanwinkel — 3°, dem Spitzenwinkel 90°, dem Einstellwinkel 45°, dem Neigungswinkel 5° und dem Spitzenradius 2 mm ist durch folgende Zahlenreihe festgelegt:

$$5\text{—}neg3\text{—}90\text{—}45\text{—}5\text{—}2.$$

Der Vorschlag lehnt sich an die von Trigger gewählte Bezeichnungsweise an.

III. Das Brechen der Späne bei der Stahlbearbeitung.

Die beim Drehen von Stahl auftretenden Späne müssen so geformt und abgeführt werden, daß sie den die Maschine bedienenden Arbeiter nicht gefährden und sich leicht beseitigen lassen. Keinesfalls darf am Hartmetallwerkzeug zur Formung der Späne wie beim Schnellstahl eine

Hohlkehle eingeschliffen werden, da hierdurch die Schneidkante zu stark geschwächt wird. Für das Brechen der Späne stehen 3 Möglichkeiten zur Verfügung:

Verringerung des Spanwinkels. Im allgemeinen werden die Späne um so kleinlockiger, je kleiner der Spanwinkel gewählt wird. Wenn die Leistung der Maschine und die sonstigen Zerspanungsbedingungen es gestatten, lassen sich kurz gerollte oder sogar kurz gebrochene Späne erzielen, wenn der Spanwinkel auf Null Grad oder bei weicheren Stählen auf —10° angeschliffen wird. Diese Möglichkeit ist im allgemeinen nur bei Schrupparbeiten gegeben.

Aufgesetzter Spanbrecher. Auf das Hartmetallwerkzeug wird ein Spanbrecher aufgeschraubt, der möglichst in 2 Langlöchern geführt ist, damit er eine genaue Einstellung zum Abstand von der Schneidkante

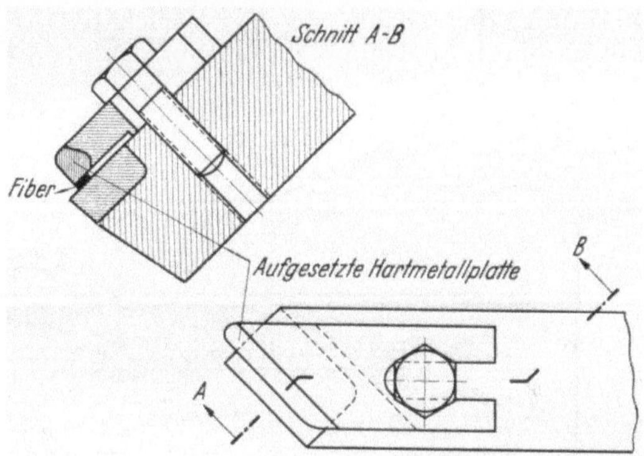

Abb. 13. Aufgeschraubter Spanbrecher.

auch am nachgeschliffenen Werkzeug ermöglicht. Der Spanbrecher muß auf dem Hartmetallplättchen voll aufliegen, soll aber auch nicht zu stark anpressen. Es ist empfehlenswert, ein Stückchen Fiber zwischen die Vorderkante des Spanbrechers und die Hartmetallplatte zu legen. Wenn die Vorderkante des Spanbrechers nicht fest aufliegt, besteht die Gefahr, daß der Span sich zwischen Hartmetallplatte und Spanbrecher einklemmt, wodurch Beschädigungen der Schneidkante auftreten können (Abb. 13).

Eingeschliffene Spanbrechstufe. Die Spanbrechstufe stellt das beste Mittel dar, um kurz gelockte oder gebrochene Späne zu erhalten. Die Tiefe der Spanbrechstufe sollte in allen Fällen auf 0,5 mm eingestellt werden, ihre Breite ändert sich mit dem Vorschub und der Art des zu bearbeitenden Werkstoffes (Abb. 14).

Tab. 25 ergibt Anhaltspunkte für die Breite der Spanstufe in Abhängigkeit von Vorschub und Spantiefe. Als Anhaltspunkt kann dienen, daß bei 0,5 mm Tiefe der Spanstufe ihre Breite etwa 5mal so groß wie

Tabelle 25. *Spanstufeneinschliff für langspanende Werkstoffe.*

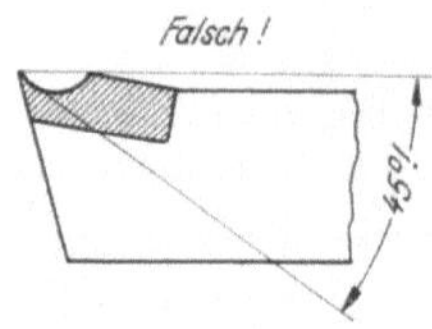

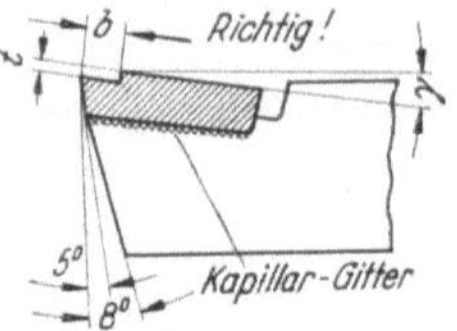

Normale Abmessungen von Spanstufen:

Werkstoff	Tiefe t	Breite b	Abrundungs-radius
Stahl, 50···70 kg/mm²	1,0 mm	6× Vorschub	0,5 mm
Stahl, 85···110 kg/mm²	0,8 mm	5× Vorschub	0,5 mm
Stahl, 110···140 kg/mm²	0,6 mm	4× Vorschub	0,5 mm

Engl.-Amerikanische Spanstufen-Tabelle für Stahl 60 kg/mm² Festigkeit. $t = 1,0$ mm.

Vorschub per Umdreh. in mm	0,3	0,4	0,5	0,65	0,8
Schnitt-Tiefe (Spanbreite)	Breite b der Spanstufe in mm:				
0,4···1,5	1,5	2	.2,5	2,8	3,5
1,6···7	2,5	3,2	4	4,5	5
7,5···12	3,3	4	5	5,5	5,8
13···20	4	5	5,5	6	6,5

Spanstufen-Formen

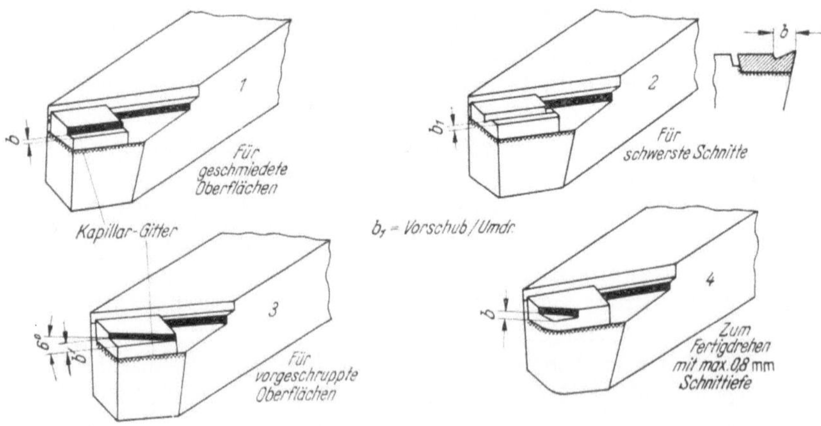

der Vorschub sein soll. Beim Schleifen der Spanbrecherstufe muß unbedingt Wert darauf gelegt werden, daß die Fläche der Spanstufe genau im richtigen Spanwinkel angeschliffen wird und daß sie genau eben ist.

Außerdem empfiehlt es sich, die Spanbrechstufe nicht genau parallel zur Schneidkante zu legen, sondern sie in einem Winkel von etwa 8° (Abb. 14) zu führen, um dadurch das Werkstück vor Berührung mit dem Span zu schützen. Die Lage der Rückenkante im Sinne der Vergrößerung des Einstellwinkels führt den Span vom Werkstück weg, ergibt also eine bessere Werkstückoberfläche. Diese als positiv bezeichnete Lage kommt daher besonders beim Schlichten in Betracht. Der Span wird beim Schruppen besser gebrochen, wenn er gegen das Werkstück läuft. Zu diesem Zweck wird der Spanleitwinkel so angeschliffen,

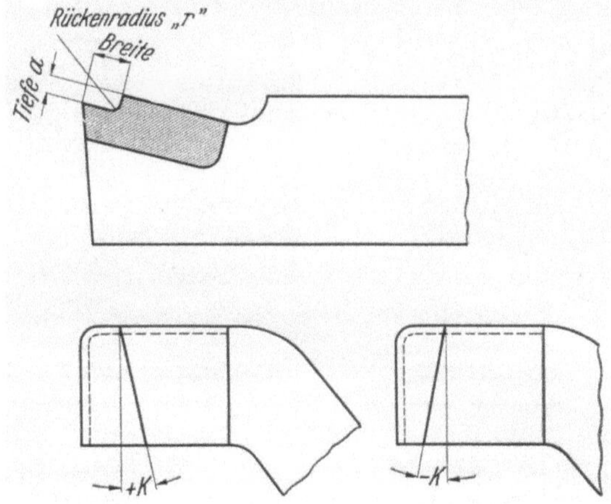

Abb. 14. Form der Spanstufe. k Spanleitwinkel.
a) positiv. Span wird vom Werkstück fortgeführt (Schlichten).
b) negativ. Span wird am Werkstück gebrochen (Schruppen).

daß er den Einstellwinkel verkleinert, man bezeichnet ihn dann als negativ. Für Schrupparbeiten ist im allgemeinen ein Spanleitwinkel von −8° einzuschleifen. Zur Bearbeitung geschmiedeter Oberflächen ist es zweckmäßig, den Anschliff der Stufe parallel zur Schneidkante, also mit einem Spanleitwinkel von 0° vorzunehmen (Abb. 14).

IV. Schulterfrei aufgesetzte Hartmetallplatten.

Im allgemeinen werden die Schäfte von Hartmetalldrehmeißeln mit einer Einfräsung versehen, die genau der Form des Hartmetallplättchens angepaßt ist, wobei die Hartmetallplatte bis auf die Schneidenkantenflächen vom Stahl umgeben ist. Wie bereits erwähnt, ist der Wärmeausdehnungskoeffizient des Stahles mehr als doppelt so groß wie der des Hartmetalles. Nach dem Löten steht das Hartmetall um so mehr unter Spannungen, je mehr es von dem Stahlschaft umschlossen ist. Während des Drehvorganges kommen weitere mechanische Beanspruchungen durch den Schnittdruck und insbesondere durch Druckschwankungen und stoßartige Belastung der Schneide hinzu. Da die Hartmetallplatte nur etwa $^1/_3$ der Elastizität des Stahles hat, so kann sie den Biegungen bzw. Schwingungen des Stahlschaftes nicht entsprechend folgen, zumal, wenn diese Platte außer an der Grundfläche noch am Rücken und an den Seitenflächen mit dem Schaft verbunden ist. Eine Verminderung der durch die Lötung hervorgerufenen Spannungen läßt sich erreichen, wenn die Hartmetallplatte an ihrem Rücken nicht festgehalten wird. Um eine Anschlagfläche beim Löten zu schaffen, emp-

a) Werkzeug nach DIN 4972,   b) Werkzeug nach DIN 4978.
Abb. 15. Schulterfrei aufgelötete Hartmetallplatten.

fiehlt es sich, die Einfräsung stufenförmig zu gestalten, so daß die Hartmetallplatte eine Rückenanlage von 1 mm Höhe bekommt, während die Rückenfuge mindestens 2 mm breit sein soll. Bei der Herstellung des Plattensitzes wird die Breite der Hartmetallplatte einschließlich der Rückenfuge bis auf die Tiefe der Rückenanlage ausgefräst und dann der eigentliche Plattensitz noch etwa 1 mm tiefer ausgearbeitet. Ausführungsformen derartig gelöteter Werkzeuge sind in Abb. 15 dargestellt. Dabei ergibt sich auch eine Vereinfachung der Lagerhaltung, da in den meisten Fällen — insbesondere mit Ausnahme der Schlicht- und Nutenmeißel — Platten der Form *A* und *B* durch gerade Platten der Form *C* ersetzt werden können.

Verminderung der Lötspannungen durch Schaftschlitze. Nach Untersuchungen von D. Kauffmann können die Lötspannungen durch in den Schaft eingesägte Schlitze von etwa 1 mm Breite und 1,5 mm Tiefe erheblich vermindert werden (Abb. 16). Wird die Hartmetallplatte dabei durch eine Kleinstschulter getragen, so kann sie auch an der Stirnseite des Schaftes angelötet werden, wodurch die Biegebeanspruchungen durch den Spandruck vermindert werden. Eine derartige

Anordnung soll sich besonders bei Stechstählen bewährt haben. Bei Schablonenwerkzeugen wendet man das „Hinterschneiden" an, um die

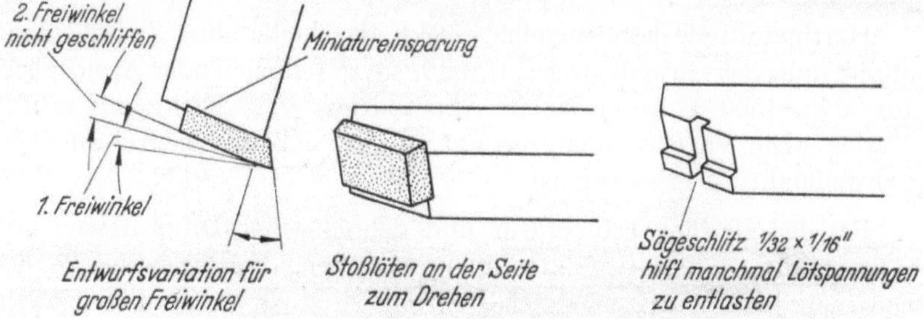

Abb. 16. Stoßlöten des Hartmetalles an der Stirnseite des Schaftes.

Spannungen an der schwächsten Stelle der Formplatten herabzusetzen (Abb. 17).

In den Fällen, wo die Konstruktion des Werkzeuges gleiche Höhe des Stahlschaftes mit der Hartmetallplatte verlangt, wird eine Glimmerfolie an der Schulter der Hartmetallplatte eingelegt, so daß die Hart-

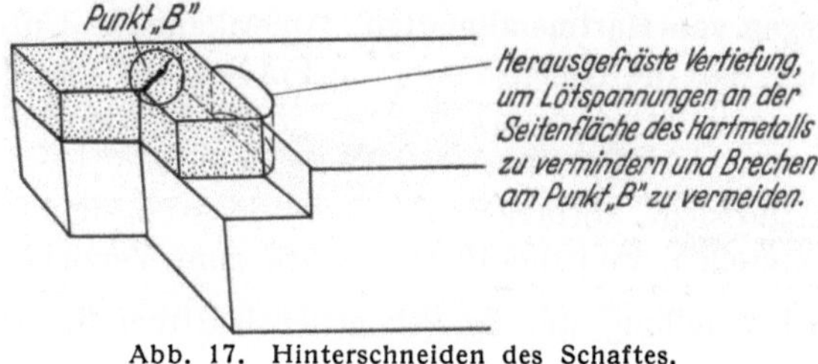

Abb. 17. Hinterschneiden des Schaftes.

metallplatte tatsächlich nur an der Grundfläche gelötet wird. Statt der Glimmerfolie kann auch eine keramische Schutzschicht auf den Teil des Schaftes aufgetragen werden, der nicht löten soll.

V. Biegen und Schweißen von Hartmetallteilen — Spiralbiegen von Hartmetallplatten.

Gesinterte Hartmetallteile lassen sich bei Erhitzung mit dem Azethylenbrenner oder bei induktiver Erhitzung biegen und verwinden, wenn dies auch bei den kobaltarmen und den titankarbidhaltigen Sorten nur in beschränktem Umfang der Fall ist. Während des Biegens soll die Flamme nicht entfernt werden, außerdem empfiehlt es sich, die erhitzte Stelle durch einen Schutzgasstrom zu schützen, um die Oxydation zu unterdrücken. Die Flamme bzw. die Temperatur muß so vorsichtig reguliert werden, daß auch oberflächliches Schmelzen vermieden wird. Als Biegekerne und Dorne können Graphitteile verwendet werden, das Verformen muß langsam und mit geringem Druck vorgenommen werden.

Hartmetallteile können auch direkt, das heißt ohne Zwischenlage, miteinander verschweißt werden, wenn sie in reduzierender Atmosphäre auf etwa 1500° C unter einem Anpreßdruck von 200 kg/cm^2 erhitzt werden. Die Verschweißung erfolgt so gut, daß im Querschliff keine Schweißnaht zu erkennen ist.

Bei der gleichen Temperatur und dem gleichen Druck lassen sich Hartmetalle auch in Graphitformen verformen. Beispielsweise können Hartmetall-Ziehmatrizen, deren Bohrung zu stark aufgeweitet ist, auf einen Graphitdorn kleineren Durchmessers gepreßt werden, so daß die Matrize für den gleichen Verwendungszweck wieder eingesetzt werden kann. Dieses Umpressen läßt sich so lange durchführen, als die beim Umpressen eintretende Höhenabnahme der Matrize sich nicht nachteilig auswirkt. In diesem Fall besteht die Möglichkeit, beim Umformvorgang eine Schicht frischen Hartmetallpulvers aufzusintern und dadurch den Höhenverlust auszugleichen.

Spiralbiegen von Hartmetallplatten. Amerikanische Untersuchungen haben gezeigt, daß die Lebensdauer von Fräsern mit spiralförmig gebogenen Hartmetallplatten etwa 3 mal so groß ist, wie die von Fräsern mit geraden Hartmetallplatten. Spiralartig gebogene Hartmetallplatten lassen sich auf dem normalen Wege des Pressens und Sinterns nur schwierig herstellen, weil die Platten stark zum Verziehen neigen.

Für die Herstellung spiralig gebogener Hartmetallplatten hat sich das Biegen fertiggesinterter gerader Platten gut bewährt.

Zu diesem Zweck werden die Platten an ihren Enden zwischen Klauen gefaßt und der zu biegende Teil am besten einer Hochfrequenzheizung unter Schutzgasdurchspülung auf 1300 bis 1400° C unterworfen.

Nach Erreichung der Temperatur werden die Klauen um den gewünschten Winkel, der gewöhnlich 15 bis 20° beträgt, gedreht. Das Drehen erfolgt von Hand mit einer Geschwindigkeit, die sich der Verformung der Hartmetallplatte anpaßt.

Die Sinterung unter Druck. Hartmetallpulver können auch unter gleichzeitiger Einwirkung von mechanischem Druck gesintert werden. Die Erhitzung erfolgt hierbei in Graphitformen, die so profiliert sein können, daß Formkörper der gewünschten Art erhalten werden. Die Formen lassen sich durch direkten Stromdurchgang oder auch indirekt in einem Ofen oder schließlich auch durch Hochfrequenz erhitzen. Graphitformen können bis zu 1600° C mit Drucken von 500 kg/cm^2

belastet werden, Drucke, die ausreichend sind, um den Reibungswiderstand der Pulverkörner so weit zu überwinden, daß ein fast porenfreier Sinterkörper entsteht. Die Profilgenauigkeit beträgt dabei 0,03 mm, Bohrungen können mit eingepreßt werden und das bei der Sinterung ohne Druck häufig eintretende Verziehen wird völlig vermieden. Das Verfahren kommt insbesondere zur Herstellung von Ziehringen in Betracht.

VI. Beschriften von Hartmetall.

In manchen Fällen ist es wünschenswert, Hartmetallteile mit einer unverwischbaren Kennzeichnung zu versehen. Die bekannten Stempelfarben haften nur verhältnismäßig schlecht, während ein Einbrennen mit Signierstiften eine gewisse Kerbwirkung zur Folge zu haben scheint. Grundsätzlich ist es natürlich möglich, jede gewünschte Bezeichnung vor der Sinterung in den gepreßten Körper einzuarbeiten oder mit einzupressen. Auf diesem Wege können also bestimmte von den Verbrauchern gewünschte Kennzeichen in die Hartmetallplatte unentfernbar eingearbeitet werden, um beispielsweise Verwechslungen oder unberechtigte Entnahme zu verhindern.

Nachträglich kann eine solche Kennzeichnung durch elektrolytische Ätzung in der gleichen Weise, in der das Ätzen für die mikroskopische Gefügeunterscheidung erfolgt, angebracht werden. Zur Ausführung dieser Ätzung wird der zu beschriftende Teil mit einem fettfreien Lacküberzug bedeckt und in diese Schicht die Beschriftung mit einem Stichel eingearbeitet. Danach werden die Teile in eine 10%ige Lösung von Kaliumhydroxyd getaucht und der Hartmetallteil mit dem Pluspol einer 4 Volt Gleichstromquelle verbunden. Es genügt, wenn das Hartmetall mit einem als positive Elektrode dienenden angespitzten Kupferstab berührt wird. Der Minuspol der Stromquelle wird mit einem Kupferblech von 0,2 mm Stärke verbunden, die Abmessungen des Kupferbleches sind so zu wählen, daß das Blech etwa ebenso breit ist, wie die Schriftzüge hoch sind. Das mit dem negativen Pol verbundene Kupferblech wird nun in etwa 3 mm Entfernung langsam über die Schriftzüge hin und hergeführt, so daß eine gleichmäßige Gasentwicklung an den Schriftzeichen eintritt. Innerhalb von 20 Sekunden ist die anodische Oxydation so weit fortgeschritten, daß die Schrift nach Entfernung der Deckschicht einwandfrei lesbar ist. Vor der Auftragung der Deckschicht müssen die Platten mit Trichloräthylen entfettet werden. Auf diese Weise lassen sich auch Schmuckgravierungen in polierte Hartmetallteile einarbeiten, die sich wegen der Luftbeständigkeit der Hartmetalle unverändert erhalten.

C. Formen der Drehwerkzeuge.

I. Genormte Werkzeuge.

Die Ausbildung der Drehstähle richtet sich nach den auszuführenden Dreharbeiten, deren Vielseitigkeit eine größere Anzahl von Drehstahlformen bedingt, von denen 10 der hauptsächlich verwendeten genormt worden sind (Tab. B 9 bis B 18), und zwar:

Gerader Schruppstahl	DIN E 4971
gebogener Schruppstahl	,, ,, 4972
Innenschruppstahl (Bohrschruppstahl).	,, ,, 4973
Innenseitenstahl (Eckbohrstahl)	,, ,, 4974
gerader Schlichtstahl	,, ,, 4975
Breitschlichtstahl (Kopfstahl)	,, ,, 4976
gebogener Schlichtstahl (Eckstahl)	,, ,, 4978
gebogener Seitenstahl (Seitenschruppstahl) . .	,, ,, 4979
abgesetzter Seitenstahl (Messerstahl)	,, ,, 4980
gerader Stechstahl (Durchstechstahl)	,, ,, 4981

Bei den geraden und gebogenen Schruppstählen, bei dem gebogenen Schlichtstahl und gebogenen Seitenstahl, sowie beim abgesetzten Seitenstahl (Messerstahl) und dem geraden Stechstahl werden rechte und linke Ausführung unterschieden. Vom Schaft aus gesehen sind rechte Stähle nach links gekröpft und linke Stähle haben ihre Hauptschneide auf der rechten Seite. Rechte Werkzeuge arbeiten an der Drehbank von rechts nach links.

Die genormten Werkzeuge dienen zum Schruppen und Schlichten bei folgenden Arbeitsgängen:

1. Lang- und Plandrehen.
2. Ein- und Abstechen.
3. Ausbohren.

Bei der Benutzung sind folgende Richtlinien zu beachten:

Schruppen. Zum Schruppen beim Langdrehen sollte möglichst *der gerade Schruppstahl* (DIN 4971) Verwendung finden. Er ist stabil, arbeitet schwingungsfreier und ergibt deshalb eine längere Standzeit als die gebogenen Werkzeuge. Der gerade Schruppstahl wird normalerweise mit einem Einstellwinkel von 60° angefertigt. In zwei Fällen läßt sich der gerade Schruppstahl nur schwer verwenden, und zwar beim Drehen langer, dünner Werkstücke, die einen Einstellwinkel von mindestens 80° verlangen, und beim Ausdrehen rechtwinkliger Ecken. In solchen Fällen ist der abgesetzte Seitenstahl (Messerstahl DIN 4980) einzusetzen.

Der abgesetzte Messerstahl (DIN 4980) hat einen Einstellwinkel von 90°, er gestattet, die Ecken scharfkantig auszuarbeiten. Da seine Standzeit infolge des großen Einstellwinkels nahezu 30% geringer ist, sollte er nur dort angewendet werden, wo er unbedingt erforderlich ist.

Der gebogene Schruppstahl (DIN 4972) wird leider aus alter Gewohnheit an Stellen verwendet, an denen genau so gut der viel stabilere gerade Schruppstahl eingesetzt werden kann. Er ist nur deswegen so beliebt, weil der Dreher ihn gleichzeitig zum Plandrehen verwenden kann. Da in diesem Fall die Schneidspitze benutzt wird, die höher als die Schneidkante liegt, tritt die Schneidspitze zuerst in den Werkstoff ein. Hierdurch wird leicht ein Ausbrechen der Schneidkante hervorgerufen.

Zum *Plandrehen* sollte deshalb *der gebogene Seitenstahl* (DIN 4979) benutzt werden, oder dort, wo es sich um scharfe Ecken handelt, der Messerstahl (DIN 4980). Da es sich jedoch beim Plandrehen um ein „Hobeln im Kreis" handelt, sollte nach Möglichkeit der auf S. 122 beschriebene Hobelstahl mit etwas geringerem Neigungswinkel verwendet werden.

Schlichten. *Der gerade Schlichtstahl* (DIN 4975) wird verwendet, um Oberflächen, die mit den geraden Schruppstählen vorgearbeitet sind, zu schlichten. Die Spitze des Schlichtstahles ist abzurunden. Durch Schrägstellung beim Einspannen kann das Werkzeug in gewissem Grade sowohl für rechte als auch für linke Arbeiten benutzt werden. Wenn große Schrägstellung erforderlich ist oder Planflächen zu schlichten sind, wird *der gebogene Schlichtstahl* (DIN 4978) eingesetzt.

Der Breitschlichtstahl (DIN 4976) kann verschiedenen Zwecken dienen: Zum Schlichten wird er einige wenige Grade schräg gestellt und ergibt dann, besonders wenn er leicht ballig geschliffen ist, auf langen Wellen feinste Oberflächen. Er kann jedoch auch als Kopfstahl Anwendung finden, wenn er seitlich genügend frei geschliffen wird, um bei der Arbeit nicht zu klemmen.

Ein- und Abstechen. Zum Einstechen dient *der gerade Stechstahl* (DIN 4981). Die Einstecharbeit erfordert besondere Aufmerksamkeit, da die schmalen Hartmetallplatten bei diesem Arbeitsgang besonders stark beansprucht werden. Der Schneidkopf muß nach dem Schaft zu und der Auflagefläche hin verjüngt sein, damit die Schneide frei läuft und sich nicht durch Reibung unnötig erwärmt. Die Ecken der Schneide sollen scharfwinklig und höchstens mit dem Handläpper gebrochen sein, da eine Abrundung starke Reibungen verursacht. Das Werkzeug muß kurz eingespannt werden und genau senkrecht zur Werkstückachse stehen, um ein seitliches Wegdrücken zu verhindern. Schnittgeschwindigkeit und Vorschub dürfen nicht zu hoch gewählt werden. Mit dem gleichen Werkzeug lassen sich Abstecharbeiten durchführen. Um das Werkzeug beim Durchstich nicht momentan zu entlasten, kann die Schneidkante einfach oder dachförmig abgeschrägt werden.

Bohren auf der Drehbank. *Das Bohrwerkzeug* (DIN 4973) dient zur Herstellung von durchgehenden Bohrungen auf der Drehbank. Der Stahl wird sowohl mit rechteckigem als auch mit rundem Querschnitt gebraucht, je nachdem ob er direkt in den Support oder in ein Prisma eingespannt wird. Die Größe des Schneidkopfes richtet sich nach dem Lochdurchmesser. In dem Normenblatt ist der *kleinste* Bohrdurchmesser, der jeweils mit dem betreffenden Bohrstahl aufgebohrt werden kann, angegeben.

Der Innenseitenstahl (DIN 4974) zum Drehen von nicht durchgehenden Bohrungen hat eine um 2° zurückgeschliffene Nebenschneide, so daß mit ihm auch Ausdrehungen in einem Sackloch oder einem Bohrungsabsatz ausgeführt werden können. Für tiefere Bohrungen reicht die Stabilität des Innendrehstahles nicht mehr aus, deshalb werden in diesem Falle Bohrstangen verwendet, in welche die Bohrstähle eingesetzt werden.

II. Nichtgenormte Werkzeuge.

Die **Feinbohrstähle** werden bei kleineren Durchmessern massiv aus Hartmetall hergestellt. Für Bohrlochdurchmesser ab 35 mm erhalten sie eine aufgelötete Hartmetallplatte (Tab. B 20). Eine besonders genaue Einstellung der Feinbohrstähle wird durch die Winter-Spreizfassung ermöglicht.

Sind im Inneren einer Bohrung Einstiche vorzunehmen, so wird hierzu ein Hakenstahl verwendet (Tab. B 22).

Die Gewindestähle erhalten einen dem Flankenwinkel des Gewindes entsprechenden Spitzenwinkel, und zwar:

Für metrisches Gewinde . . 60°
Whitworth-Gewinde . . 55°
Trapez-Gewinde . . . . 30°
Sägen und Rundgewinde 30°

Bei Innengewindestählen (Tab. B 23) ist die Form A bei durchgehenden Bohrungen und die Form B für Gewindesacklöcher anzuwenden. Der Freiwinkel ist dem Bohrungsdurchmesser anzupassen. Gewindewerkzeuge müssen mit Borkarbid oder einer Diamantscheibe geläppt bzw. feinstgeschliffen werden.

Arbeitsregeln.

1. Die Bezugsfläche ist zur Bohrung im Winkel hochzuziehen.

2. Die Bohrung muß nach innen eingeschrägt werden.

3. Die Hartmetallschneide ist genau auf Spitzenhöhe zu stellen und nach Gewinde-Einstellehre auszurichten. Ein Spanwinkel ist zu vermeiden, da sonst das Gewindeprofil verzerrt wird. Die Gewinde müssen im allgemeinen vor- und nachgedreht werden.

4. Der Schaft des Gewindestahles ist so stark wie möglich zu halten.

5. Die Verwendung eines Kühlmittels ist unbedingt anzuraten.

Der **Außengewindestahl** (Tab. B 21) wird mit symmetrisch und mit einseitig eingesetzter Hartmetallplatte geliefert.

Der **Nutenstahl** (Tab. B 24 und B 25) verlangt besonders lange und schmale Hartmetallplatten. Die Schneide wird auf die Länge des Einstiches auf beiden Seiten um 1° freigeschliffen. In Anbetracht der großen Belastung der schmalen Schneide ist ein sehr hohes rechteckiges Schaftprofil erforderlich. Je nach der Zahl der Nuten, die in ein Werkstück einzudrehen sind, werden die Nutenstähle in dem Stahlhalterkasten zusammengefaßt. Der richtige Abstand wird durch das Einlegen von geschliffenen Zwischenstücken erreicht, während die Einstechtiefe durch Druckschrauben justiert wird. Der Keilriemennutenstahl ist als Folge der Normung der Keilriemennuten zu einem Standard-Werkzeug entwickelt worden, bei dem die Länge der Hartmetallplatte so festgelegt wurde, daß trotz des keilförmigen Profiles eine 10- bis 20fache Nachschliffmöglichkeit besteht.

Unter den Begriff der Nutenstähle fällt im gewissen Sinne auch der **Riffelstahl** (Tab. B 26). Er dient zum Riffeln von Hartgußwalzen für die Zerkleinerungstechnik, aber auch für gewisse Zwecke in der Papp- und Kunststoffindustrie.

Automatenstähle für die Uhrmacherindustrie. Es hat sich gezeigt, daß zur Herstellung von kleinen Teilen für die Uhrmacherindustrie sowie für den Instrumentenbau besondere Hartmetalldrehstähle erforderlich sind, die feinst geläppt und hochglanzpoliert sein müssen. Nur mit solchen feinstgeschliffenen Werkzeugen ist es möglich, die gewünschte Oberflächengüte an den oft nur 1 mm großen Werkzeugteilen zu erreichen (Tab. B 27).

Bei diesen Sonderstählen läßt man die Hartmetallplatte z. B. beim Einstechwerkzeug allseitig über das Schaftmaterial vorstehen. Die Hartmetallflanken sind feinstzuschleifen.

Besondere **breite Kopfstähle** werden zum Abdrehen von Hartgußwalzen verwendet. Durch den bei ihnen möglichen sehr kleinen Einstellwinkel wird die Schnittkraft auf eine große Schneidenlänge verteilt, so daß sich eine geringere Schneidenbelastung pro mm ergibt. Auf diese Weise wird die Standzeit bei einem Einstellwinkel von 30°, gegenüber Schruppstählen mit einem Einstellwinkel von 60°, um etwa 30% erhöht.

Bei den **Tangentialstählen** werden, wenn die Voraussetzungen für ihre Anwendung gegeben sind, die durch die Ausladung eines waagerecht eingespannten Drehstahles entstehenden Schwingungen vermieden. Die Hauptschnittkraft wird von dem fast senkrecht stehenden Schaft überwiegend als Druckspannung aufgenommen. Tangentialstähle mit geklemmten Hartmetalleinsätzen haben sich nach amerikanischen Erfahrungen besonders bewährt.

Eine zweckmäßige Ausführungsform für die tangential eingesetzten Hartmetallplatten ergibt sich aus Abb. 18.

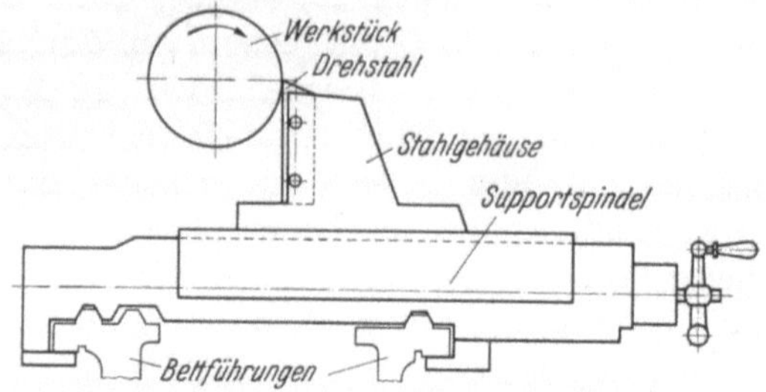

Abb. 18. Nachstellbarer Tangentialstahlhalter.

Zur Herstellung von **Profilen** können entweder Kopierwerkzeuge, wie Drehpilze, die ein Profil durch entsprechende Steuerung des Längs- und Querganges erzeugen, oder profilierte Drehwerkzeuge, Rundformstähle oder zusammengesetzte Profilstähle verwendet werden (Abb. 19).

Schälwerkzeuge. Das Schälen ist ein

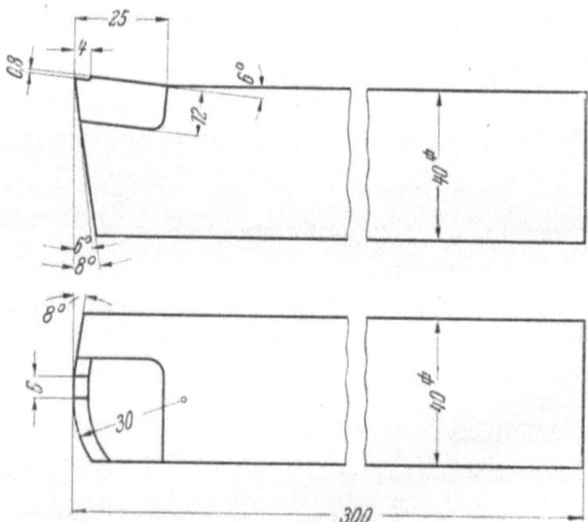

Abb. 19.
Formdrehwerkzeug.

Abb. 20. Breitschlichtstahl mit Hartmetall $S\,1$ zum Schlichten und Schälen von Wellen.

Schlichtvorgang, bei dem ein Drehwerkzeug mit einer in Form eines großen Radius ausgebildeten Schneidkante benutzt wird, der in eine kürzere zum Werkzeug parallele Schneide übergeht (Abb. 20).

Die beim Schälen entstehenden Wendelspäne müssen durch eine Spanbrechstufe gebrochen werden.

III. Werkzeuge mit aufgeklemmter oder aufgeschraubter Hartmetallplatte.

Aufgeklemmte bzw. aufgeschraubte Hartmetallplatten. Durch eine mechanische Befestigung der Hartmetallplatten am Schaft werden die Lötspannungen völlig vermieden, ein Vorteil, der besonders für auf Schlag beanspruchte Werkzeuge wie Hobelwerkzeuge und bei schweren Schnitten von Bedeutung ist. Zu Breitschlicht- bzw. Kopfdreharbeiten wird eine Konstruktion angewendet, bei der die Hartmetallplatte durch eine mit Raster versehene Rückenplatte je nach Abnutzung nach vorn geschoben werden kann. Durch einen breiten starken Bügel wird die Platte gegen Abhub festgehalten (Abb. 21). Einen Klemmhalter für zylindrische und dreieckige Hartmetallkörper zeigt Abb. 22. Diese Werkzeuge bieten folgende Vorteile:

1. Zylindrische Profile können 5- bis 6fach-, rechteckige 4mal und dreieckige 3mal umgesetzt werden, ehe das Hartmetallstück zum Nachschleifen in die Werkzeugmacherei gebracht werden muß. Durch Verwendung der unteren Seite des Hartmetallbolzens wird die Zahl sogar noch verdoppelt.

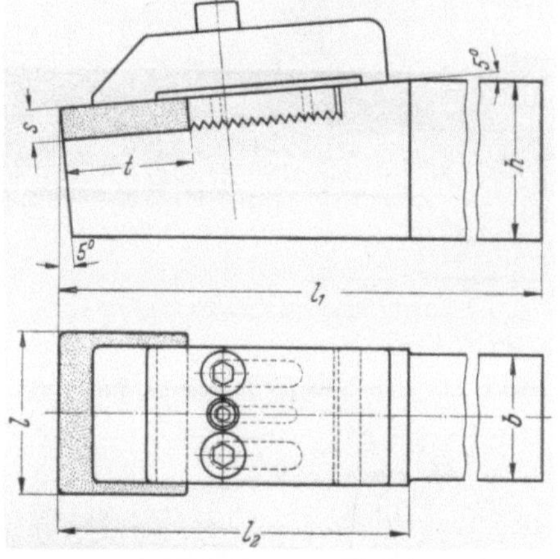

Kopfstahl				Schneidplatte		
l	f_1	l_2	$b \cdot h$	l	t	s
mm	mm	mm	mm	mm	mm	mm
32	315	130	32×50	32	40	10
40	400	130	40×50	40	40	10
50	400	110	45×50	50	40	10
63	400	110	58×50	63	40	10
80	400	110	58×50	80	40	10
100	400	110	58×50	100	40	10

Abb. 21. Breitschlichtstahl mit geklemmter Hartmetallplatte. (Nach F. Krupp.)

2. Da diese Halter meist für sehr schwere und unterbrochene Schnitte benötigt werden, kommen negative Spanwinkel in Betracht, die bei den geklemmten Hartmetallkörpern infolge ihrer Lage von Anfang an vorhanden sind.

3. Die Nachschleifzeiten sind gering.

4. Der hochkant gestellte und völlig spannungsfreie Hartmetallkörper ist außerordentlich schlagfest.

5. Bei besonders großen und schweren Dreh- und Hobelwerkzeugen gestatten die aufgeklemmten Hartmetallplatten, daß das Werkzeug in der Maschine eingespannt bleiben kann, während die Hartmetallplatte nachgeschliffen wird.

Bei dieser Konstruktion bleibt jedoch stets etwa $^1/_3$ des Hartmetall-stückes übrig. Aus diesem Grunde sind neuerdings Hartmetall-Einsatz-

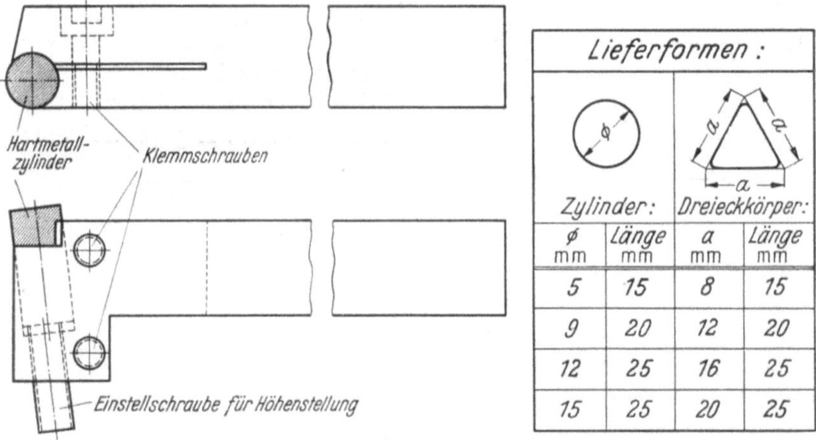

Zylinder:		Dreieckkörper:	
⌀ mm	Länge mm	a mm	Länge mm
5	15	8	15
9	20	12	20
12	25	16	25
15	25	20	25

Abb. 22. Klemmhalter für runde und dreieckige Hartmetallkörper. (Nach F. Krupp.)

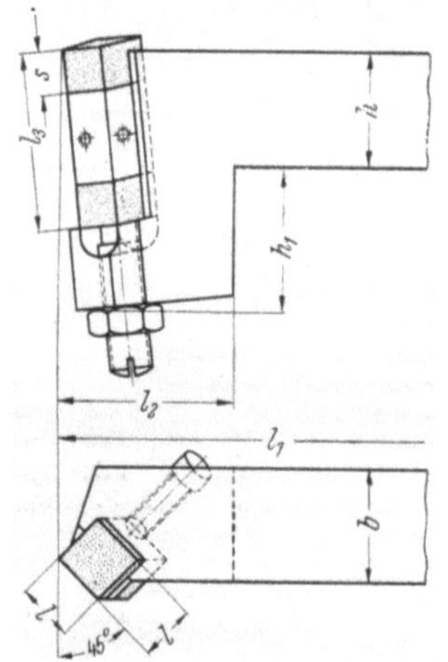

stücke hergestellt worden, bei denen auf einem viereckigen Stahlklotz beiderseits eine hohe vierkantige Hartmetall-platte aufgelötet ist. Bei der großen Dicke der Hartmetall-stücke wirken sich die Löt-spannungen weniger aus, so daß derartige Klemmwerk-

Halter				Schneideinsatz		
$b \cdot h$ mm	l_1 mm	l_2 mm	h_1 mm	l mm	l_3 mm	s mm
20×20	180	35	30	10	40	10
25×25	220	40	35	12	42	10
37×32	250	50	40	16	50	12

Abb. 23. Klemmwerkzeug mit doppelseitig auf-gelötetem Hartmetallstück. (Nach F. Krupp.)

Abb. 24. Klemmwerkzeug ent-sprechend DIN 4971. (Nach F. Krupp.)

zeuge bereits erhebliche Vorteile bieten (Abb. 23). Ein Klemmwerk-zeug nach DIN 4971 zeigt Abb. 24.

Die Firma Kennametal legt besonderen Wert auf eine feste und absolut plane Auflagefläche der Hartmetallplatten. Wie Abb. 25 und 26 zeigen, wird auf den Stahlschaft eine gehärtete Stahlplatte aufgeschraubt, deren Oberfläche auf Hochglanz geschliffen ist, so daß das ebenfalls auf der Unterfläche geschliffene Hartmetallstück saugend fest auf der Stahlplatte aufliegt. Durch die Stahlschraube an der Schulter der Hartmetallplatte ist ein Nachstellen je nach Abnutzung und Abschliff möglich. Da jedoch das Nachrücken der Hartmetallplatte unter Umständen nach zwei Richtungen zu erfolgen hat, hat die Firth Sterling Co. die in Abb. 27 dargestellte Konstruktion vorgeschlagen. Hier wird die Hartmetallplatte einmal in Längsrichtung verschoben, zum anderen ist die Klemmplatte mit einem Raster ausgerüstet, so daß das Hartmetallstück auch in der Querrichtung verschoben werden kann. Auch diese Firma verwendet zur schwingungsfreien Auflage des Hart-

Abb. 25. Nachstellbares Auflagewerkzeug. (Kennametal Inc.)

Abb. 26. Einzelteile des nachstellbaren Auflagewerkzeuges. (Nach Kennametal Inc.)

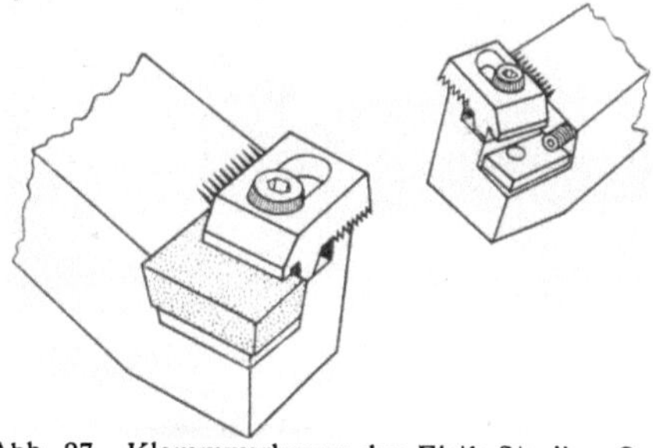

Abb. 27. Klemmwerkzeug der Firth-Sterling Co. mit 2-seitiger Verschiebung.

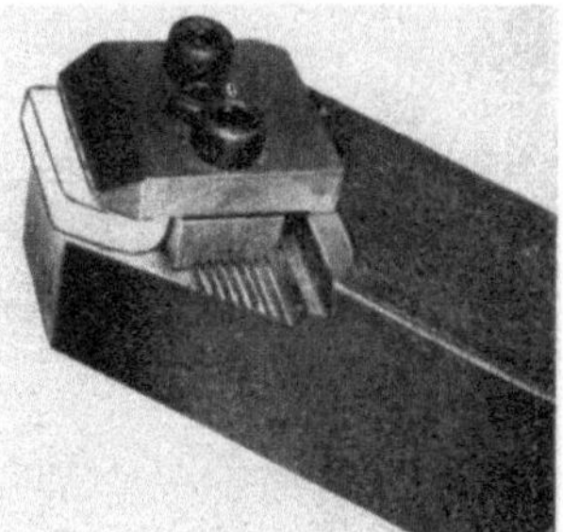

Abb. 28. Klemmwerkzeug mit zweiseitiger Verschiebung. (Gewerkschaft Wallram.)

metalles eine besonders gehärtete auf Hochglanz geschliffene Stahlplatte.

Eine etwas andere Lösung der zweiseitigen Verschiebung von Hartmetallplatten der Firma Wallram zeigt Abb. 28.

Aufgeschraubte Hartmetallplatten. Eine spannungsfreie Verbindung kann auch durch Aufschrauben der Hartmetallplatte erreicht werden. Die Firma Kennametal hat Standard-Hartmetallplatten herausgebracht, bei denen das Schraubenloch für die Imbusschraube fertig eingesintert ist. Einige Beispiele von derartigen Hartmetallplatten, sowie eine Plattenskizze zeigt Abb. 29 und 30. Diese Konstruktion verlangt einen gehärteten Stahlschaft mit absolut planer Auflage und sehr gutem Schraubgewinde. Die geringste Ungenauigkeit führt zu Schwingungen und hebt alsdann den Vorteil einer guten spannungsfreien Befestigung wieder auf.

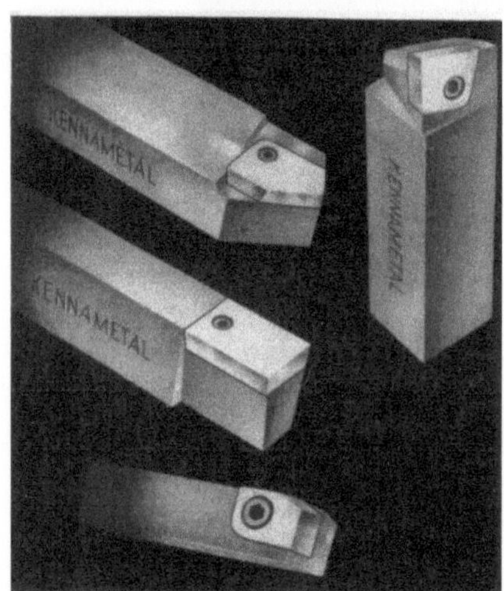

Abb. 29. Aufgeschraubte Hartmetallplatte. (Nach Kennametal Inc.)

Aufgelegte Hartmetallplatten. Drehversuche, bei denen die plangeschliffenen, saugend auf den Sitz im Schaft passenden, in Richtung der Resultante des Schnittdruckes aufgelegten Platten zum Schneiden benutzt wurden, zeigten, daß auch unter diesen Umständen ein einwandfreier Dreh-

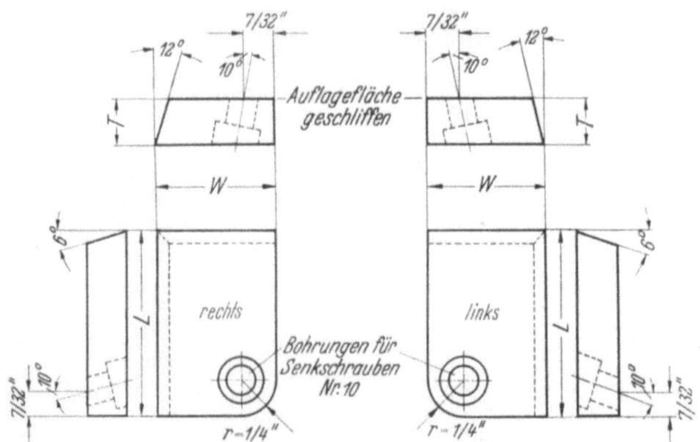

Abb. 30. Maßskizze für aufgeschraubte Hartmetallplatten. (Nach Kennametal Inc.)

vorgang möglich ist. Die Untersuchungen sind noch in der Entwicklung.

Werkzeuge aus Vollhartmetall. Bei Schneidenlängen von wenigen Millimetern und kurzen Schäften ist es häufig empfehlenswert, das Werkzeug voll aus Hartmetall herzustellen. Dieser Fall trifft besonders für

kleine Feinbohrwerkzeuge, Einzahnlanglochfräser, für Gewindeschneid-
werkzeuge von wenigen Millimetern Durchmesser, Oberfräser zur Holzbearbeitung, die bis zu 10 mm Durchmesser aus Vollhartmetall hergestellt werden, zu.

Eine Kombination von einem Vollhartmetall-Schneidkopf und einem
Stahlschaft stellen die Nutenfräser für hochtourige Maschinen dar
(Abb. 31). Die Fräsköpfe werden in Durchmessern von 10 bis 100 mm
und für Schlitzbreiten zwischen 0,12 und 5 mm hergestellt. Die Schnittgeschwindigkeiten liegen für Stahl bei 50 bis 150, für Grauguß bei
40 bis 100 und für Kunststoffe bei 100 bis 300 m/min. Die Fräser

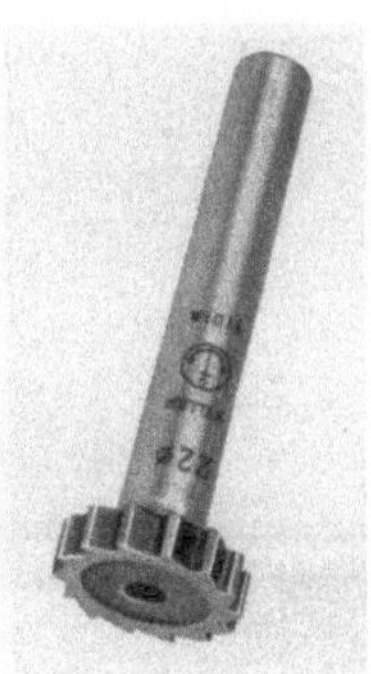

Abb. 31. Nutenfräser.

Abb. 32. Hartmetallsäge mit besonders
feiner Verzahnung.

müssen zwischen sorgfältig geschliffene Scheiben bzw. Fräsdornringe
gespannt werden, ihre Rundlaufgenauigkeit soll einen Schlag von
0,01 bis 0,02 mm nicht überschreiten.

Eine ähnliche Kombination stellen auch feinverzahnte Hartmetall-
sägen dar, die bis zu 350 mm Durchmesser hergestellt werden und die
aus einem mit eingesinterter Verzahnung versehenen Hartmetallring
bestehen, der zwischen Stahlscheiben gespannt ist. Verzahnungen in
dieser Feinheit lassen sich mit eingelöteten Hartmetallplatten nicht
herstellen. Derartige Werkzeuge werden mit besonderem Vorteil zum
Sägen leicht splitternder Werkstoffe benutzt (Abb. 32).

In ähnlicher Weise lassen sich auch Kreisschneidwerkzeuge von 100
bis 200 mm Durchmesser herstellen, die bei Tourenzahlen von 3000 bis
5000 U/min zum Trennen von Glasröhren verwendet werden, wie sich
aus Erfahrungen mit derartigen vom Widiabetrieb entwickelten
Messern ergeben hat.

Formfräser mit eingesetzten Hartmetallrundkörpern. In Fällen, in
denen stark verschleißwirkende Werkstoffe zu bearbeiten sind, wie z. B.

abgenutzte Eisenbahnradsätze, sind auch bei Verwendung von Hartmetallwerkzeugen nur verhältnismäßig kleine Schnittgeschwindigkeiten
möglich (vgl. S. 129). Die dabei erforderlichen großen Hartmetallplatten
werden zudem sehr stark mechanisch beansprucht, so daß sie oft vorzeitig ausgewechselt werden müssen.

Um diesem Nachteil zu begegnen, sind von amerikanischer Seite
Werkzeuge entwickelt worden, bei denen nach Art von Umfangsfräsern
auf eingesetzten Stahlleisten Hartmetallzylinderkörper durch konische
Klemmung befestigt sind (Abb. 33). Die Stahlleisten sind dabei so
gegeneinander versetzt, daß sich die Hartmetallzylinder in ihren Schneidkanten überdecken, wodurch eine für einen Schruppschnitt ausreichend

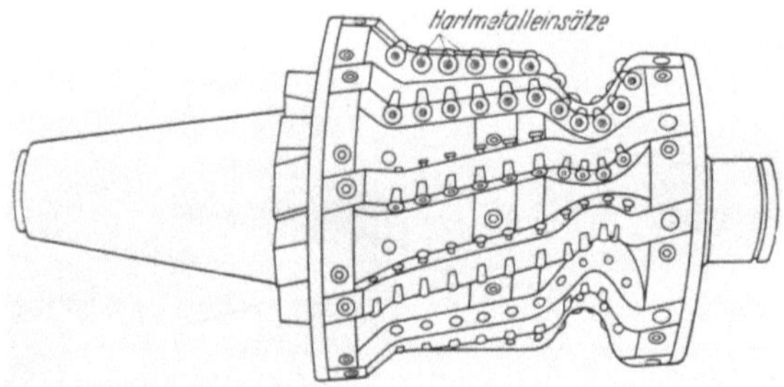

Abb. 33. Formfräser mit eingeklemmten Hartmetallzylinderkörpern zur Bearbeitung von
Eisenbahnradsätzen. (Nach einer Entwicklung der Illinois Tool Works.)

gradlinige Abtragung des Werkstoffes erreicht wird. Nach Abstumpfung
des im Schnitt stehenden Teiles der Schneidkante und Lösung des
Zylinderkörpers mittels Druckschraube, können die Hartmetallzylinder
gedreht und ein noch nicht beanspruchter Teil der Schneidkante zum
Einsatz gebracht werden. Nach bisher vorliegenden Erfahrungen können
die Hartmetallzylinder bis zu 16mal gedreht werden, ehe sie ganz ausgewechselt werden müssen.

Die spannungsfreie Befestigung der Hartmetallzylinder und ihre
günstigere Form gegenüber plattenförmigen Hartmetallkörpern gibt
ihnen größere Unempfindlichkeit gegen Stoß und Biegespannungen.

Toleranzen für mechanisch befestigte Hartmetallkörper. Da eine enge
Passung der Hartmetallteile im Werkzeugschaft Voraussetzung für
einwandfreies Arbeiten ist, müssen die einzuklemmenden Hartmetallkörper auf folgende Toleranzen bearbeitet werden:

1. Durchmesser bzw. bei Dreieckkörpern Abstand einer Fläche von
der gegenüberliegenden Kante $\pm 0{,}025$ mm.

2. Winkelabweichung bei Dreieckkörpern ± 5 min.

In Spezialfällen können Toleranzen von $6\,\mu$ eingehalten werden.

Für die Länge kann eine Toleranz zwischen 0,5 und 1 mm zugelassen
werden.

D. Das Löten von Hartmetallwerkzeugen.

I. Die Lötmittel und die Lötöfen.

Für die Verbindung einer Hartmetallplatte mit einer Stahlunterlage ist zu berücksichtigen, daß der Ausdehnungskoeffizient der Hartmetallegierungen nur etwa halb so groß ist wie die Ausdehnung der Stähle. Die bei der Abkühlung auftretenden Spannungen müssen also von der Hartmetallplatte und dem Stahlschaft aufgenommen werden. Die Spannungen werden um so größer, je höher die Schmelztemperatur des Lötmittels ist, sie wirken sich auch stärker an langen dünnen Hartmetallplatten aus und machen sich besonders bemerkbar, wenn die Hartmetallplatten von dem Stahlschaft fast ganz umschlossen sind.

Das zum Löten verwendete Metall soll hohe Dehnung bei guter Festigkeit aufweisen, um selbst einen Teil der Spannungen aufzunehmen. Empfehlenswert sind deshalb als Lötmittel:

Kupfer-Nickellote	Schmelzpunkt	1150° C
Reines Kupfer	,,	1080° C
Silberlote	,,	650 bis 700° C
Weichlote (für nicht temperaturbeanspruchte Hartmetall-Stahlverbindungen)	,,	180 bis 250° C

Zum Löten von Werkzeugen, die sehr hohen Temperaturen ausgesetzt sind, wie zum Beispiel beim Drehen oder Hobeln von Blöcken bei Rotglut, können Kupfer-Nickel-Lote mit etwa 80% Kupfer, 10% Nickel und 10% Mangan verwendet werden. Die Löttemperatur liegt bei diesen Loten bei 1200° C. Für die Lötung von Hartmetallplatten geeignete Silberlote enthalten etwa 50% Silber. Die Zugfestigkeit derartiger Legierungen beträgt etwa 45 kg/mm² bei 30 bis 40% Dehnung.

Richtlinien für das Löten mit Silberloten. Bei der Verwendung von Silberloten mit Fluoriden als Flußmittel sind folgende Punkte zu beachten:

1. *Einhaltung der richtigen Löttemperatur.* Die Löttemperatur soll 700° C nicht übersteigen. Das Flußmittel soll bläulich und verglast aussehen, es löst sich dann leicht in Wasser.

Ist das Flußmittel bräunlich geworden, so löst es sich nur noch schwer in Wasser und kann auch nur schwer abgebürstet werden. In diesem Falle ist die Löttemperatur zu hoch gewesen.

2. *Ausbreitung des Lötmittels.* Silberlote benetzen insbesondere die titankarbidhaltigen Hartmetalle weniger leicht als Kupfer. Es ist deshalb erforderlich, die Hartmetallplatte nach dem Schmelzen des Lötmittels leicht hin und her zu bewegen.

Schwer benetzbare Hartlegierungen können elektrolytisch oder durch Verkupfern im Hochvakuum (unter 10^{-5} mm Quecksilbersäule) bei 1150° C mit einer festhaftenden Kupferschicht überzogen werden, die ihrerseits die Verbindung mit anderen Metallen durch Silberlote gestattet. Enthält die Legierung edlere Metalle als Kupfer, so kann auch durch Reiben der Lötfläche auf einer mit Salzsäure angefeuchteten Kupferplatte ein Kupferniederschlag erzeugt werden, der eine Überbrückung bilden kann.

3. *Überziehen mit Silberlot.* Wenn besonders gute Lötung verlangt wird, empfiehlt es sich, die Hartmetallplatte vorher mit etwas Silberlot zu überziehen. Zu diesem Zweck wird die Hartmetallplatte im Ofen mit etwas Flußmittel auf 650 bis 700° C erhitzt und mit einem Stab aus Silberlot leicht berührt.

Nach den vorliegenden Erfahrungen scheinen Silberlote die mechanischen Spannungen zwischen Hartmetall und Stahlschaft weniger gut aufzunehmen als Kupfer, deshalb ist die Verwendung von Zwischenfolien besonders empfehlenswert.

Das Schmelzverhalten der Flußmittel muß der Schmelztemperatur des Lötmittels angepaßt sein. Während für Kupferlötungen Borax sich als geeignetes Flußmittel bewährt hat, kommen für Silberlote fluorhaltige Flußmittel mit entsprechend niedrigerem Erweichungsverhalten in Betracht.

Bei sehr langen dünnen Platten, die keiner besonderen Temperaturbeanspruchung ausgesetzt werden, kann auch mit Weichlot gelötet werden, wenn die Hartmetallplatte vorher verkupfert worden ist. In manchen Fällen ist auch ein Aufkitten mit Kunstharz möglich.

Messing ist als Lötmittel den Silberloten unterlegen und sollte deshalb vermieden werden. In Verbindung mit Kapillargitterfolien (vgl. S. 65) läßt sich auch mit Messing ein guter Spannungsausgleich hervorrufen, so daß unter diesen Umständen der niedrige Schmelzpunkt des Messings auswertbar ist.

Bewährt haben sich auch als Lötmittel Preßkörper aus Kupferpulver mit pulverförmigen Lötmitteln wie Borax oder Fluoride. Derartige Lötmittel kommen in Form gepreßter rechteckiger Platten in den Handel. Die Verwendung von Kupfer-Borax- oder Kupfer-Fluorid-Tabletten bringt den Vorteil mit sich, daß erheblich an Borax gespart wird, der zudem die Ofenwandungen angreift und unnötigen Aufwand beim Abschleifen des überschüssigen Borax hervorruft.

Untersuchungen über eine erhöhte Schutzwirkung gegen Oxydation beim Löten mit einem Gebläsebrenner dadurch, daß der Gebläseluft Flußmittelpulver, wie Borax oder Natriumfluorid, in feiner Verstaubung beigemischt werden, haben bisher noch nicht zu einem betriebsmäßig brauchbaren Verfahren geführt. Es ist jedoch anzunehmen, daß sich das Verfahren nach entsprechender Entwicklung in die Betriebspraxis einführen wird.

Die Scherfestigkeit der Lötverbindung zwischen Stahlschaft und Hartmetallplatte in Abhängigkeit von der Dicke der Lötschicht und der Temperatur ergibt sich aus Tab. 26. Es zeigt sich, daß Silberlote besonders bei mittlerer Dicke der Lötfuge auch bei den Temperaturen, die im praktischen Gebrauch an der Lötfuge auftreten können, dem Kupfer als Lötmittel durchaus gleichkommen.

Besonderer Wert ist darauf zu legen, daß die Lötmittel durch desoxydierendes Schmelzen hergestellt worden sind, da schon geringe Sauerstoffmengen in der Größenordnung von 0,005 bis 0,01% die Scherfestigkeit erheblich herabsetzen.

Tabelle 26. *Scherfestigkeit der Lötverbindung von Stahl mit Hartmetall unter Verwendung von Kupfer und Silberlot.*

Dicke der Lötschicht	Prüftemperatur					
	20° C		300° C		500° C	
	Kupfer kg/mm^2	Silberlot kg/mm^2	Kupfer kg/mm^2	Silberlot kg/mm^2	Kupfer kg/mm^2	Silberlot kg/mm^2
mm						
0,5	12	15	6	10	—	—
0,3	18	20	10	12	9	3
0,1	25	20	12	15	—	—

Es ist auch zu berücksichtigen, daß während der Lötung Diffusionserscheinungen auftreten, bei denen das Lötmittel sowohl Kobalt aus dem Hartmetall als auch Bestandteile aus dem Schaftwerkstoff aufnehmen kann, wodurch seine Härte erhöht, aber sein Verformungsvermögen verringert wird. Um die Verformungsfähigkeit des Lötmittels nicht zu verringern, ist es also notwendig, die gesamte Lötdauer gering zu halten. Dieser Forderung kommt das Löten mit Mittelfrequenz am besten entgegen.

Die Lötverbindung verlangt in allen Fällen:

1. Plangeschliffene Flächen der Hartmetallplatte und plan bearbeitete Flächen des Sitzes im Stahlschaft. Der Stahlschaft kann allseitig etwa 1 mm vorstehen.

2. Entfernung von Fettresten durch Lösungsmittel wie Tetrachlorkohlenstoff oder Trichloräthylen.

3. Verwendung eines Flußmittels, wie z. B. entwässerter Borax, Borsäure oder Fluoride, die während des Erhitzens entstehende Oxyde am Stahl und Hartmetall lösen und die in geschmolzenem Zustand nachträgliche Oxydation verhindern.

4. In allen Fällen ist, nachdem das Lötmittel geflossen ist, die Hartmetallplatte mit einem spitzen Stahlstab anzupressen, um eine möglichst dünne Lötfuge zu erzielen. Die Dicke der Lötfuge hat auf die

durch die Scherfestigkeit gemessenen Lötverbindungen einen entscheidenden Einfluß.

5. Beim Einlöten von Hartmetallschneidplatten ist besonders darauf zu achten, daß der untere Rückenradius der Schneidplatte größer als der entsprechende Radius im Schaftsitz ist (Abb. 34).

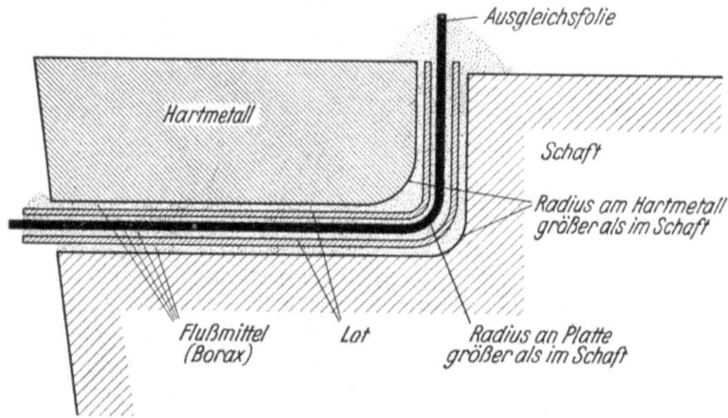

Abb. 34. Schematischer Aufbau der Lötung mit Ausgleichsfolie.

Das Löten kann in folgender Weise erfolgen:

1. *Mit dem Schweißbrenner.* Das Löten mit dem Schweißbrenner ist insbesondere für die niedrigschmelzenden Silberlote zu empfehlen. Die Erhitzung muß so erfolgen, daß der Werkzeugschaft bis etwa $1/3$ seiner Länge mit dem inneren bläulichen reduzierend wirkenden Kegel der Schweißflamme von unten her bis zum Schmelzen des Lotes erhitzt wird, ohne daß das Hartmetallplättchen direkt von der Flamme getroffen wird. Borax oder andere Flußmittel sind in reichlicher Menge zu verwenden.

2. *Löten in gasgeheizten Öfen.* Hierfür eignen sich insbesondere Muffelöfen, bei denen die direkte Einwirkung der Gasflamme auf die zu lötenden Werkzeuge durch dazwischen gestellte Schamottesteine abgehalten wird. Der Lötofen soll, sobald der Ofen die nötige Temperatur erreicht hat und das Löten beginnt, schwach reduzierende Atmosphäre aufweisen. Um den Arbeiter vor der strahlenden Hitze zu schützen, kann vor dem Ausgang des Lötofens ein Luftschleier derartig angebracht werden, daß die heiße Luft nach oben abgeführt wird.

Beim Löten mit Kupfer muß der Ofen auf eine Temperatur von 1120° C, beim Löten mit Silberlot auf etwa 700° C gehalten werden. Der Ofen sollte daher mit einem Thermoelement ausgerüstet werden. Für eine Heizkammer von $200 \times 200 \times 160$ mm werden 8 bis 10 m³/Std. Gas von 1400 mm WS und 2- bis 3mal soviel Luft verbraucht. Der

Ofen leistet durchschnittlich 20 Werkzeuge pro Stunde, wobei 3 Arbeiter zwei Öfen bedienen.

3. *Im elektrisch geheizten Ofen in Schutzgas.* Bei Verwendung von Wasserstoff, Wasserstoff-Stickstoffgemischen oder auch von halb verbranntem Leuchtgas erhält man Lötungen, bei denen der Schaft so gut wie gar nicht verzundert. Diese Lötart läßt sich also dann besonders vorteilhaft anwenden, wenn es sich darum handelt, auf oder in fertige Werkzeugschäfte, wie z. B. Bohrer, nachträglich Hartmetallplatten zu löten, da die auf diese Weise gelöteten Bohrer nur ein sehr geringes Nachschleifen erfordern.

Elektrisch geheizte Öfen werden für die Massenproduktion von Hartmetallwerkzeugen auch in Form von Durchlauföfen hergestellt, bei denen die zu lötenden Werkzeuge auf ein endloses Band aus Chromnickelstahlgliedern aufgelegt werden.

Es empfiehlt sich, in diesem Falle die Hartmetallplatten auf dem Werkzeugschaft mittels Stahl- oder Chromnickeldraht festzubinden, um ein Verschieben während des Transportes der Werkzeuge zu vermeiden. Als Schutzgas wird bei diesem Ofen halbverbranntes Leuchtgas verwendet, das in einer besonderen Anlage hergestellt wird.

Der elektrisch beheizte Ofen mit Schutzgasspülung mit Heizwendeln aus Chromnickeldraht eignet sich besonders zum Löten mit Silberlot. Beim Löten mit Kupfer ist die Lebensdauer der Heizwendeln und auch des im kontinuierlichen Ofen eingebauten Umlaufbandes in Anbetracht der erforderlichen Löttemperatur von 1080° C beschränkt.

4. *Löten mit Mittelfrequenz.* Das Löten mit Mittelfrequenz ist in den letzten Jahren so weit ausgebildet worden, daß es als betriebssicheres Mittel für die Massenproduktion von Hartmetallwerkzeugen angesehen werden kann. Im allgemeinen wird dabei mit Frequenzen von etwa 2000 Hz gearbeitet, um eine Überhitzung der Ecken und Kanten herabzudrücken. Eine Mittelfrequenzanlage mit einer Leistung von 25 kW gestattet, Werkzeugschäfte bis zu 40 mm² Querschnitt zu löten. Das zu lötende Werkzeug wird in eine wassergekühlte Kupferrohrspule eingeschoben (Abb. 35). Der Werkzeugschaft soll bis etwa $^1/_3$ seiner Länge miterhitzt werden. Durch die dabei aufgenommene Wärmemenge wird erreicht, daß das Abkühlen nicht zu schnell erfolgt.

5. *Löten mit direkter Widerstandserhitzung.* Insbesondere zum Einlöten von Bohrerplättchen in den geschlitzten Schaft und von Hartmetallzähnen in Sägen kann die Erhitzung auch durch direkten Stromdurchgang vom Schaft durch das Plättchen verursacht werden, wobei die Stromzufuhr durch einen Niederspannungstransformator erfolgt. Für das Einlöten von Bohrerplättchen von 2 bis 8 mm Durchmesser genügt ein Leistungsaufwand von 3 kW.

Bei Drehwerkzeugen muß die Erhitzung vom Schaft ausgehen, der zwischen die ballig geformten Elektroden gedrückt wird. Für Schaftquerschnitte bis 20 mm² genügt eine Leistung von 5 kW bei einer Sekundärspannung von ungefähr 2 Volt.

Um die Werkzeuge vor Oxydation zu schützen, kann die Lötung in einem Schutzgasschleier erfolgen. Zweckmäßig wird das Schutzgas,

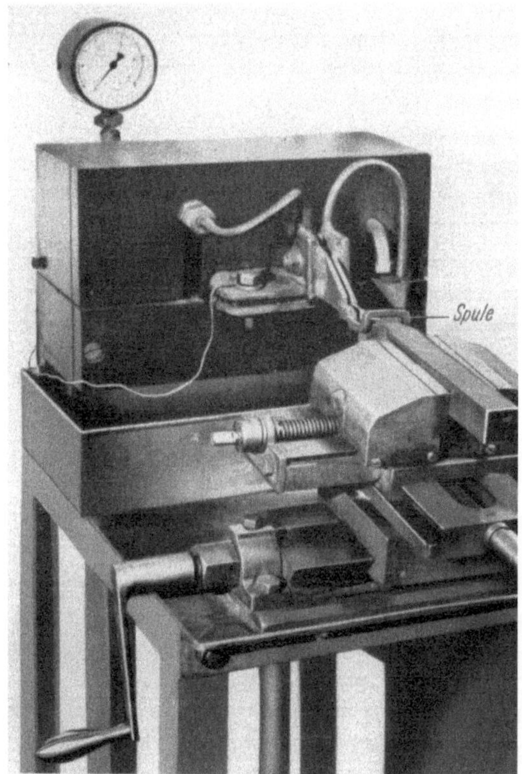

Abb. 35. Löten von Hartmetallwerkzeugen mit einer Mittelfrequenzspule.

z. B. Leuchtgas, in einer gabelförmigen Rohrzuleitung derart zugeführt, daß die Lötstelle auf beiden Seiten vom Schutzgas umspült wird. Das Ventil für die Schutzgaszuführung kann als Fußventil ausgebildet werden. Es wird in dem Augenblick geöffnet, in dem das Werkzeug zum Glühen kommt.

Für größere Werkzeuge ist jedoch das Verfahren den anderen unterlegen.

Die für das Löten aufzuwendenden Arbeitszeiten ergeben sich aus Tab. 27.

Welcher Lötofen kommt in Betracht? Für Kleinbetriebe wird auch heute noch der Schweißbrenner und der gasgeheizte Muffelofen das wirtschaftlichste Mittel sein, um Hartmetalldrehwerkzeuge herzustellen, während für die Massenproduktion der elektrische Durchlaufofen und die Mittelfrequenzlötung wirtschaftlicher sind.

Elektrisch geheizte Lötöfen mit Einzeleinsatz von Werkzeugen dürften nur bei komplizierten Werkzeugen, wie mehrschneidigen rundlaufenden Werkzeugen, wirtschaftlich sein.

Tabelle 27. *Vergleich der reinen Lötzeit nach verschiedenen Lötverfahren.*
(Ohne Nebenzeiten.)

Lötverfahren	Schaftquerschnitt in mm²		
	10×10	20×20	30×30
Gasgeheizter Muffelofen	1,5 min	2,0 min	3,5 min
Elektrischgeheizter Stoßofen			
a) mit Heizleitern aus Chrom-Nickeldraht	3,0 ,,	6,0 ,,	12,0 ,,
b) mit Heizleitern aus Molybdänstäben .	1,0 ,,	2,0 ,,	4,0 ,,
Elektrischgeheizter Förderbandofen . . .	2,0 ,,	3,0 ,,	4,0 ,,
Mittelfrequenzheizung .	—	1,5 ,,	2,5 ,,
Widerstandsheizung . .	—	2,5 ,,	3,5 ,,

Das Löten legierter Stähle. Wenn an den Schaftwerkstoff erhöhte Ansprüche an Festigkeit, wie bei Spiralbohrern, oder an Widerstand gegen Abnutzung, wie bei vielen Bergbauwerkzeugen, gestellt werden, müssen legierte Stähle als Schaftmaterial verwendet werden. Bei der Auswahl des Schaftwerkstoffes ist zu berücksichtigen, daß der Werkstoff unter den Bedingungen des Lötvorganges ein zähes Gefüge beibehält. Im allgemeinen wird in den genannten Fällen eine Festigkeit des Werkstoffes von 120 bis 140 kg/mm² angestrebt. Es ist jedoch gelegentlich beobachtet worden, und besonders bei der verhältnismäßig rasch verlaufenden Mittelfrequenzlötung, daß sich in unmittelbarer Nähe der Hartmetallplatte martensitisches Gefüge mit Festigkeiten von 200 kg/mm² und mehr ausbildet, dessen geringe Dehnungsfähigkeit entweder zum Aufreißen der Lötfuge oder zu Rissen im Schaftmaterial führen kann. In diesem Falle ist es erforderlich, durch langsames Abkühlen und durch Anlassen eine Gefügeumwandlung hervorzurufen, um die Festigkeit des Schaftmaterials auch in unmittelbarer Nähe der Hartmetallplatte auf 120 bis 140 kg/mm² zu senken.

Der Einfluß des Chroms auf die Lötfähigkeit, d. h. die Benetzbarkeit durch flüssiges Lot ist noch nicht völlig klargestellt. Nach den

von uns gesammelten Erfahrungen beeinflussen Chromgehalte unter
1% bei sachgemäßer Durchführung der Lötung die Haftfestigkeit des
Lotes nicht. Dagegen konnte beobachtet werden, daß bei Chromgehalten über 1% die Haftfestigkeit absinkt und daß in einer größeren
Zahl von Fällen schlechte Benetzung des Schaftmaterials durch das
Lot eintrat, die so weit ging, daß in vielen Fällen die Hartmetallplatte
mit dem Lot sich von dem Schaft schon mit geringen Kräften (unter
1 kg/mm²) abscheren ließ. Aus den Beobachtungen läßt sich der Schluß
ziehen, daß Chromgehalte oberhalb 1% die Wahrscheinlichkeit für Löt-
fehler erhöhen.

Eine Verbesserung der Lötung ließ sich bei einem Chromgehalt von
1,5% im Schaftmaterial dadurch erreichen, daß die Lötfläche vor dem

Abb. 36. Schnitt durch eine Lötfuge.
Links: Stahl mit 1,4% Chrom. Rechts:
Kupferschicht. Stahl vor der Lötung
vernickelt (oxydische Einlagerungen
fehlen). Ätzung: Salpetersäure. Vergrößerung: 500 fach.

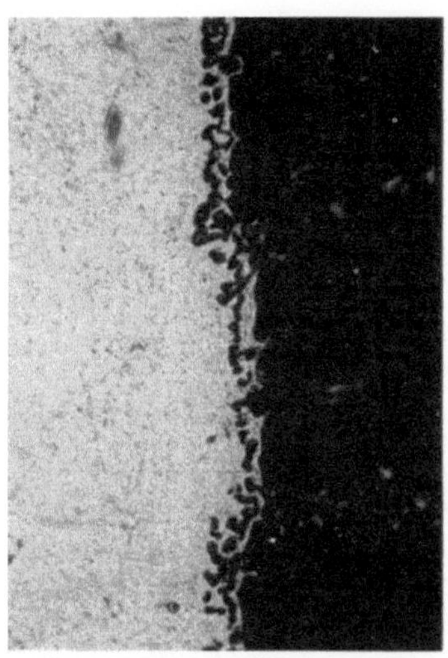

Abb. 37. Schnitt durch eine Lötfuge.
Links: Stahl mit 1,4% Chrom.
Rechts: Kupferschicht (oxydische
Einlagerungen in der Kupferschicht).
Ätzung: Salpetersäure. Vergrößerung:
500 fach.

Löten vernickelt wurde. Die Nickelschicht soll etwa 10 μ stark sein.
Der Einfluß der Nickelschicht läßt sich aus Abb. 36 und Abb. 37 erkennen. Während bei Fehlen der Nickelschicht in der Lötfuge in
unmittelbarer Nachbarschaft des Schaftmaterials sich blasenartige
Hohlräume und wie Zunderteilchen aussehende Einschlüsse beobachten
ließen (Abb. 37), fehlten diese Einschlüsse bei vorheriger Vernickelung
völlig. Die Scherfestigkeit der Lötfuge betrug ohne Vernickelung
3 kg/mm² und mit der Vernickelung 12 kg/mm².

Durch Vernickelung des Plattensitzes läßt sich also der zu fehlerhafter Lötung neigende Einfluß des Chroms im Schaftmaterial wieder aufheben. Die Haftfestigkeit der Vernickelung läßt sich durch Glühen bei 900 bis 1000° in trockenem Wasserstoff erhöhen.

In manchen Fällen hat sich auch gezeigt, daß bessere Lötung chromhaltiger Schäfte mit fluoridhaltigen Flußmitteln erreicht werden kann.

Härten des Werkzeugschaftes beim Löten. Die Verwendung von Lötstäben mit Schmelztemperaturen unter 1000° C ermöglicht auch, daß die Schäfte in den Fällen, in denen von ihnen höhere mechanische Widerstandsfähigkeit und Beständigkeit gegen Abrieb verlangt werden, anschließend an den Lötvorgang gehärtet werden können. Bei der Verwendung von Lötstäben wird dabei so verfahren, daß bei Erhitzung des Schaftes mit einem Schweißbrenner auf die entsprechende Temperatur die Lötfuge mit dem Lötstab berührt wird, bis genügend Lot abgeschmolzen ist, um die Fuge zu füllen. Danach wird die aufgelötete Platte kurz mit einem spitzen Stab festgedrückt und das Werkzeug im Luftstrom abgeschreckt, wobei die Hartmetallplatte nicht von dem Luftstrom getroffen werden soll, Einlegen von Kapillargitter (S. 65) verhindert die Entstehung zusätzlicher Spannungen.

II. Die Durchführung des Lötens.

Die Arbeitsfolge beim Löten von Hartmetallwerkzeugen ergibt sich wie folgt:

1. Arbeitsgang. Prüfen, ob die Hartmetallplatte dem Sitz des Schaftes überall gut anliegt und insbesondere der untere Rückenradius im Schaft kleiner als in der Hartmetallplatte ist, der Stahlschaft kann allseitig 1 mm vorstehen.

2. Arbeitsgang. Entfetten der Hartmetalle und des Werkzeugsitzes mit Tetrachlorkohlenstoff oder Trichloräthylen. Dabei ist darauf zu achten, daß das Trichloräthylen häufig genug gewechselt wird.

3. Arbeitsgang. Einlegen eines Stück Kupfer- oder Silberlotbleches in den Schaftsitz, Auflegen der Hartmetallplatte und reichliches Bestreuen mit Borax oder einem anderen Flußmittel.

4. Arbeitsgang. Erwärmen des so vorbereiteten Werkzeuges bis zum Schmelzen des Lötmittels.

5. Arbeitsgang. Herausnehmen des Werkzeuges aus dem Ofen und Andrücken der Hartmetallplatte mit einem angespitzten Stahlstab.

6. Arbeitsgang. Einlegen des gelöteten Teiles des Werkzeuges in kleinkörnige Holzkohle zur langsamen Abkühlung, da bei rascher Abkühlung Gefahr der Rißbildung gegeben ist. Erst wenn das Werkzeug ganz abgekühlt ist, darf geschliffen werden. Muß ein Werkzeug schnell abgekühlt werden, so kann das nicht mit der Hartmetallplatte bestückte

Ende des Schaftes in kaltes Wasser gesteckt werden, aber auch dies sollte nur in Ausnahmefällen geschehen.

7. *Lötdauer.* Die Zeit, während der das Lot im Fluß gehalten wird, soll mindestens 30 Sekunden, besser 60 Sekunden betragen.

Vermeidung von Lötrissen durch Zwischenfolien. Lötrisse geben sich daran zu erkennen, daß sie parallel zu den Lötflächen im Abstand von 1 bis 2 mm verlaufen. In krassen Fällen kann auch ein Aufplatzen der Hartmetallplatten senkrecht zur Lötfläche auftreten.

Insbesondere bei mehrseitig eingelassenen Hartmetallplatten und bei den spannungsempfir.dlichen Hartmetallsorten S 1, S 2, F 1 und F 2 empfiehlt es sich, die mechanischen Spannungen, die beim Löten auftreten, dadurch zu verringern, daß zwischen Schaft und Hartmetallplatte ein verzinktes Eisendrahtgewebe von 0,3 mm Stärke und etwa 0,5 mm Maschenweite oder ein 0,2 mm starkes Blech einer Nickellegierung (Konstantan mit etwa 54% Kupfer, 45% Nickel und 1% Mangan) eingelegt wird. Durch eine derartige zwischengelegte Folie werden die mechanischen Spannungen in verstärktem Umfange in die Lötfuge verlegt und die Hartmetallplatte selbst weniger stark beansprucht.

Besonders in Amerika wird zur Verringerung der Lötspannungen so verfahren, daß zwischen Hartmetallplatte und Schaft ein Kupferblech von 0,3 mm Stärke und beiderseits eine Silberlotfolie (Schmelzpunkt etwa 650° C) eingelegt wird (Sandwich-Braze), wobei das Kupfer den Spannungsausgleich hervorruft und die niedrige Löttemperatur zur Verminderung der Spannung an sich beiträgt.

In manchen Fällen ist es erforderlich, als Werkstoff für den Trägerkörper der Hartmetallplatten besonders harte und verschleißfeste Stähle, wie beispielsweise chrom- oder wolframhaltige Stähle, zu benutzen. Dies trifft z. B. bei hartmetallbestückten Baggerzähnen oder Zerkleinerungsvorrichtungen zu. Da sich in diesen Fällen leicht Lötspannungen auch wegen der erforderlichen Wärmebehandlung ausbilden, empfiehlt es sich, in solchen Fällen zwischen den Stahlkörper und die Hartmetallplatte eine Zwischenlage aus weichem Stahl oder Eisen von etwa 2 mm Dicke einzuschalten, die einen Teil der mechanischen Spannungen zu übernehmen hat.

Bei großen Hartmetallplatten oder besonderer Stoßbeanspruchung, z. B. Hobeln, kann die Hartmetallplatte ohne seitliche Anlage in den durchgefrästen Sitz eingelötet werden oder der Sitz wird nur etwa 1 mm tief ausgefräst (S. 40).

Vorteilhaft lassen sich Lötspannungen auch durch die sogenannte *Axiom-Folie* vermindern, bei der streifenweise mit etwa 1,5 mm Breite Kupfer- und Eisenlamellen nebeneinanderliegend auf 0,35 mm Stärke zusammengewalzt worden sind. Beim Löten ist die Folie so in den

Sitz im Werkzeugschaft zu legen, daß auch der Rücken von der Folie bedeckt ist und die Folie allseitig etwa 2 mm übersteht. Die völlig mit Kupfer überzogene Seite der Folie soll dabei vorzugsweise der Hartmetallplatte zugekehrt sein. Nach dem Anwärmen des Schaftes mit der aufgelegten Folie und der Hartmetallplatte auf etwa 500° C wird die Hartmetallplatte mit grobkristallisierter Borsäure bedeckt und bis zum Schmelzen des Kupfers erhitzt. Bei Betrachtung mit einem blauen Glas kann das Schmelzen des Kupfers deutlich an den sich bildenden Einkerbungen am Rand der Folie beobachtet werden. Das Werkzeug bleibt nun noch etwa eine halbe Minute im Ofen, dann wird nach dem Herausnehmen die Hartmetallplatte mit einem spitzen Stab angedrückt und das Werkzeug zum langsamen Abkühlen am besten in gemahlene Kohle gesteckt.

Das Entfernen der anhaftenden Borsäureschicht läßt sich durch halbstündiges Einlegen der Werkzeuge in 1- bis 2proz. Schwefelsäure sehr erleichtern.

Die Kapillargitter-Lötung. Die Untersuchung fehlerhafter Lötungen hat ergeben, daß häufig das geschmolzene Kupfer die Lötfuge nicht gleichmäßig ausgefüllt hat, also keine gleichmäßige Unterstützung der Hartmetallplatte erzielt worden ist. Diese überwiegend auf mangelnde kapillare Ansaugekraft zurückzuführende Erscheinung wird bei dem Diatom-Kapillargitter dadurch vermieden, daß ein diagonal gewebtes Metalldrahtgitter, das bei der Löttemperatur nicht schmilzt, verwendet wird, auf dessen Drähte Kupfer elektrolytisch in schwammartiger Form aufgetragen worden ist. Wird ein solches Gitter zwischen Schaft und Hartmetallplatte gelegt und auf eine Temperatur von etwa 1100° C erhitzt, so bildet das Kupfer in jeder Gewebemasche eine kleine

Abb. 38. Löten mit untergelegtem Kapillargitter und aufgelegter Kupferflußmittel-Tablette (besonders für geschlossenen Lötofen).

Säule, die das Hartmetall mit dem Schaft an allen Stellen gleichmäßig verbindet. Dadurch wird eine einwandfreie Verteilung der auf die Hartmetallplatte wirkenden Schnittkräfte erreicht. Das eingelagerte Metallgewebe höheren Schmelzpunktes nimmt die Lötspannungen auf (Abb. 38).

Einen besonderen Vorteil bietet das verkupferte Kapillargitter, wenn mit niedriger schmelzenden Loten, beispielsweise Silberloten, gearbeitet werden soll. In diesem Fall schmilzt das Kupfer nicht, es saugt aber das Silberlot auf, verteilt es gleichmäßig über die ganze Lötfläche und verleiht ihr durch das in das Silberlot eingelagerte Kupfer eine wesentlich größere Fähigkeit zur Aufnahme der Lötspannungen. Die den Silberloten eigene geringere Formbarkeit wird dadurch der des reinen Kupfers weitgehend angenähert. Das Löten mit Silberlot kann entweder durch Auflegen oder durch Zwischenlage eines Stückes Silberlotblech oder besonders bei kleinen Lötfugen dadurch erfolgen, daß das auf Löttemperatur erhitzte Werkstück mit einem Silberlotdraht oder -Stab berührt wird. Silberlotdrähte werden auch mit Flußmittelseele geliefert.

Die Kapillargitter werden in folgenden Stärken geliefert:

Bezeichnung	Stärke	Anwendungsbereich
F	0,10 m/m	Kleine Schlitzlötungen
L	0,25 ,,	Hartmetallplatte bis 4 mm Stärke
S	0,65 ,,	Hartmetallplatte über 4 mm Stärke

Die Zusammensetzung und Belegung des Grundgitters wird der Löttemperatur angepaßt. Kapillargitter sind für folgende Temperaturen erhältlich:

Löt-temperatur	Bezeichnung	Anwendungsbereich
1250° C	Diatom 1250°	Schwerste Schnitte, Warm-drehen und -Hobeln
1100° C	,, 1100°	Grobe Schruppwerkzeuge
850° C	,, 850°	Normale Werkzeuge
650° C	,, 650°	,, ,,
180° C	,, 180°	Sonderwerkzeuge ohne Temperatur- und Druckbeanspruchung

Die besonders für Schlitzlötungen in Betracht kommenden Lötstäbe werden in folgenden Abstufungen geliefert:

HLD 700° für Löttemperaturen von 700° C
HLD 850° ,, ,, ,, 850° C
HLD 950° ,, ,, ,, 950° C

Bei Verwendung der Kapillargitter kann mit Spezial-Silberloten auch eine nachträgliche Vergütung der Lötnaht durch 10 Stunden langes Tempern bei 300° C vorgenommen werden, eine Wirkung, die in besonderen Fällen ausgenutzt werden kann.

Der Kostenaufwand für ein Stück Kapillargitter ist im Vergleich zu dem Wert der Hartmetallwerkzeuge so gering (etwa 0,5 %), daß die erhöhte Sicherheit im Gebrauch des Werkzeuges diesen Aufwand weit überwiegt.

Prüfung auf Lötfestigkeit. Die Ermittlung der Lötfestigkeit selbst kann nur an besonders hergestellten Prüfkörpern etwa durch Messung der Scherfestigkeit erfolgen. Bei guter Lötung zeigt sich dabei, daß das Lot nach der Abscherung sowohl am Schaft als auch am Hartmetall haftet und daß der Bruch zum Teil durch die Hartmetallplatte verläuft derart, daß ein Teil des Hartmetalls am Schaft angelötet bleibt. Eine weitere Methode besteht in der Ermittlung der Ermüdungsfestigkeit, bei der die Lötnaht einer Wechselbiegebeanspruchung ausgesetzt wird. Hierbei zeigte sich, daß Kupfer bis zu 10^6 Lastwechsel bei 5 kg/mm² Belastung bei 18° C aushielt. Bei Silberlot trat Bruch bereits bei 10^5 Lastwechseln und gleicher Belastung ein. Auch hierin prägt sich die geringere Nachgiebigkeit der Silberlote aus, die auch praktisch beobachtet werden konnte. Wurde die Schwingungsfestigkeit an Lötnähten mit Zwischenfolien ermittelt, so stellte sich heraus, daß auch Silberlote eine Lastwechselzahl von 10^6 vertrugen, ohne unter der angegebenen Last Rißbildung aufzuweisen. An Stelle der Biegewechselfestigkeit läßt sich die Beanspruchung auch durch Ultraschallschwingungen erzeugen.

Im Betrieb lassen sich diese Prüfungen in einem gewissen Umfang dadurch nachahmen, daß die betreffenden Werkzeuge in einen Schraubstock fest eingespannt und durch Anschlagen mit einem Hammer in Schwingungen versetzt werden. Die freie Einspannlänge muß dabei mindestens das 4fache der längsten Kante des Querschnitts betragen.

Literatur: 38, 39, 41, 44.

Prüfung der Flußmittel zum Löten. Die Flußmittel sollen Zunderschichten, die sich auf den zu lötenden Flächen bilden, auflösen und sollen gleichzeitig auch durch Bildung eines glasartigen Überzuges den Luftzutritt zu den zu lötenden Flächen verhindern. Außer ihrem Lösevermögen für Zunderschichten müssen sie einen verhältnismäßig niedrigen Schmelzpunkt und eine mit steigender Temperatur nur wenig abnehmende Zähigkeit aufweisen. Die Lösefähigkeit für Zunderschichten ist besonders beim Löten legierter Stähle mit höheren Chromgehalten wichtig. Um die Lösefähigkeit der Flußmittel für Zunderschichten legierter Stähle zu prüfen, kann so verfahren werden, daß aus den betreffenden Stählen Platten von etwa 5 × 5 × 0,5 cm Größe der Ofenatmosphäre unter den Bedingungen des Lötens ausgesetzt werden, um eine Zunderschicht zu erzeugen. Das Ausmaß der Verzunderung wird durch Wägen der Platten vor und nach der Erhitzung bestimmt. Für einen Stahl mit etwa 1% Chrom ist eine 5 Minuten lange Erhitzung auf 900° C erforderlich. Zum Vergleich verschiedener Flußmittel werden gleichartig oxydierte Stahlplatten mit 0,2 g Flußmittel je 1 cm² Oberfläche bedeckt und die mit dem Flußmittel bedeckten Platten gleichzeitig in den auf Löttemperatur erhitzen Ofen geschoben. Nachdem die Platten die Ofentemperatur angenommen haben, werden die Platten noch 5 Minuten der Ofentemperatur ausgesetzt und dann aus dem Ofen herausgezogen. Die Wirkung der Flußmittel wird danach beurteilt, inwieweit die Zunderschicht aufgelöst und eine blank erscheinende Metalloberfläche entstanden ist. Ferner wird die Dicke der auf der waagerechten Oberfläche der Prüfplatten zurückgebliebenen Flußmittelschicht verglichen. Die Dickenmessung erfolgt am besten dadurch, daß die Platten mit der Zunderschicht gewogen, nach dem Aufschmelzen des Flußmittels die über den Rand hinausgetretene Flußmittelmenge am Umfang vorsichtig abgeschliffen und die verbleibende Flußmittelschicht durch die Gewichtszunahme festgestellt und auf 1 cm^2 Oberfläche bezogen wird. Als spez. Gewicht für die Berechnung der Dicke kann ein Durchschnittswert von 2,0 angenommen werden. Eine Verbesserung der Empfindlichkeit der Beurteilung der Zähflüssigkeit läßt sich erreichen, wenn die Platten nach beginnendem Aufschmelzen des Flußmittels bis zur Erreichung der Löttemperatur unter einem Winkel von 45° gehalten werden.

E. Das Schleifen der Werkzeuge.

I. Die Einrichtung einer Hartmetallwerkzeug-Schleiferei.

Für eine gut eingerichtete Schleiferei sind folgende Schleifmaschinen erforderlich (Abb. 44):

1. Eine Schleifmaschine für Umfangscheiben bis 600 mm Durch-

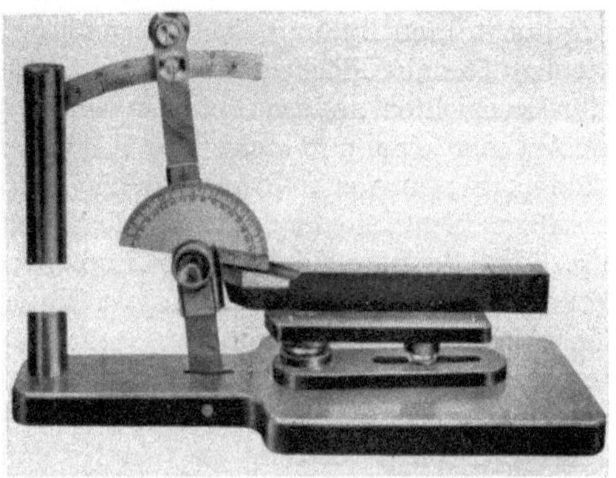

Abb. 39. Messen des Frei- und Keilwinkels.

messer mit einer Korundscheibe zum Schaftvorschliff und mit einer Siliciumkarbidscheibe für den Hartmetallvorschliff (für Naßschliff eingerichtet).

2. Eine zweite Schleifmaschine für Topfscheiben zum Gradeschleifen der Schaftfreifläche und zum Feinschleifen der Hartmetallschneide (für Naßschliff eingerichtet) mit umschaltbarem Rechts- und Linkslauf.

Abb. 40. Messen des Span- und Neigungswinkels.

3. Eine Schleifmaschine zum mechanischen Einschleifen der Spanbrechstufe (für Trockenschliff eingerichtet).

4. Ein Schleifbock zum Feinstschleifen der Hartmetallwerkzeuge mit einer Siliciumkarbidscheibe oder Diamanttopfscheibe.

Abb. 41. Messen der Winkel an einem Fräser.

5. Ein langsam laufender Schleifbock 2 bis 5 m/sec zum Läppen von Hartmetallwerkzeugen mit losem Diamant- oder Borkarbidkorn.

6. Abrichtapparate mit mechanischer Führung (Abb. 50).

7. Kontrolleinrichtungen [Lupen, Vergrößerung 10fach, Winkelmeßgerät (Abb. 39 bis 41), Winkel- und Einstellehren (Abb. 11 und 42)].

Die Schleifmaschine für Topfschliff soll möglichst für Rechts- und Linkslauf umschaltbar sein, damit linke und rechte Stähle an derselben Topfscheibe geschliffen werden können.

Alle Maschinen sollen einen drehbaren Auflagetisch mit eingefräster Nute zur Aufnahme einer Abrichtvorrichtung haben. Der Auflagetisch

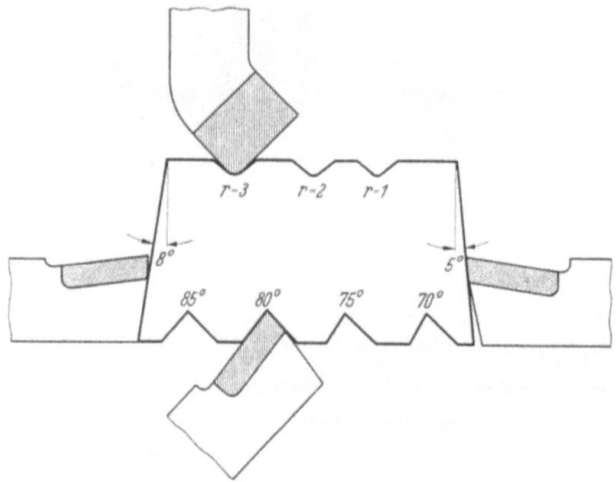

Abb. 42. Schleiflehre.

soll so groß sein, daß wenigstens die Hälfte der Länge des Werkzeuges aufliegt.

Die Naßschleifmaschinen sind meistens mit Abscheidekammer für den Schleifschlamm versehen. Wird trocken geschliffen, so muß eine einwandfreie Staubabsaugung vorgesehen werden. Arbeiten die Schleifmaschinen nicht mit Wasserumlauf, sondern mit stets frisch zulaufendem Wasser, so ist eine Anwärmung anzuraten (S. 80).

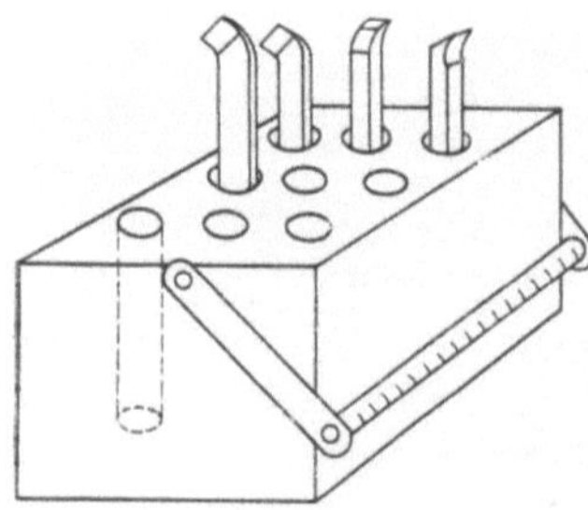

Abb. 43. Tragkasten für Drehwerkzeuge.

Ferner gehört zur Schleiferei, wenn neue Werkzeuge hergestellt werden sollen, eine Kaltsäge, eine Fräsmaschine mit senkrechter Spindel für das Fräsen der Sitze sowie eine Hobelmaschine oder eine Flächenschleifmaschine, um die Schaftauflage plan hobeln oder schleifen zu können.

In der Zentralschleiferei muß für jede im Betrieb befindliche Drehbank eine Lehre vorhanden sein (Abb. 11), die mit der Drehbank-Nummer gekennzeichnet und die den Abstand der Auflagefläche bis zur Werkzeugspitze so festlegt, daß das Werkzeug auf Mitte steht.

Bei nachgeschliffenen Werkzeugen muß dem Dreher angegeben werden, wieviel er unterzulegen hat, um das Werkzeug auf Mitte zu stellen.

Die Aufbewahrung der Werkzeuge sollte in Regalen erfolgen, die mit Holz ausgekleidete Fächer haben, in denen die Werkzeuge nebeneinander, nicht übereinander liegen, damit beim Herausnehmen keine Beschädigung der Schneidkanten auftritt.

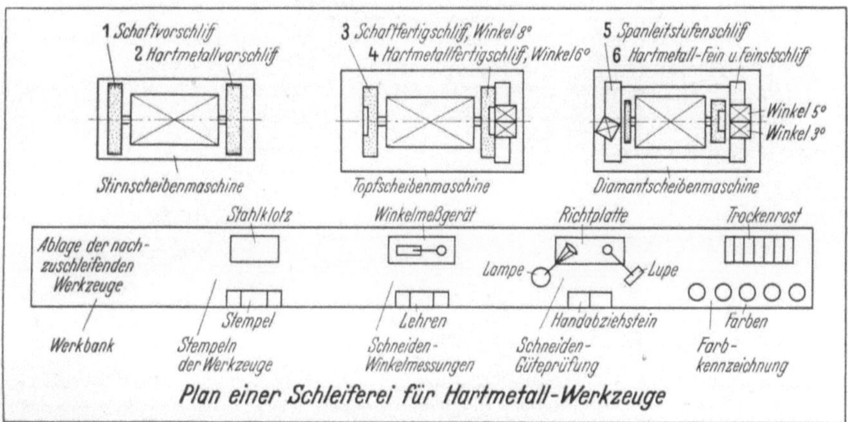

Abb. 44a. Einrichtung einer Hartmetall-Schleiferei.

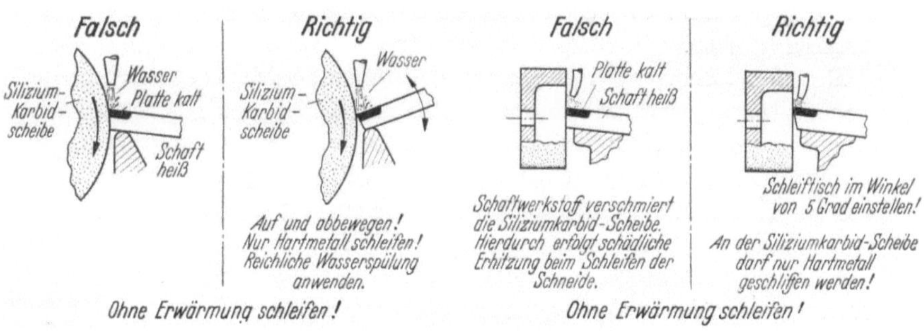

Abb. 44b. Schleifen mit Stirnscheiben und Schleifen mit Topfscheiben.

Zum Transport empfehlen sich Holzkästen mit Bohrungen, in die die Werkzeuge mit der Schneide nach oben gestellt werden (Abb. 43).

Jedes Drehwerkzeug sollte eine in den Schaft geschlagene Nummer erhalten und die Zahl seiner Nachschliffe auf einer Karteikarte oder in einem Werkzeugbuch festgehalten werden.

Richtlinien für die Einrichtung einer Schleiferei ergeben sich aus Abb. 44.

II. Die Messung der Schneidengüte an Hartmetallwerkzeugen.

Die Beurteilung der Schneidengüte an Hartmetallwerkzeugen wird so vorgenommen, daß die Werkzeugschneide unter dem Mikroskop bei 250facher Vergrößerung betrachtet wird. Dabei kann das Werkzeug in folgender Weise eingespannt und beleuchtet werden:

1. Das Licht fällt senkrecht einmal auf die Freiwinkelfläche (Abb. 45a) oder auf die Spanablauffläche (Abb. 45b).

2. Das Hartmetallwerkzeug wird derart eingespannt, daß das Licht symmetrisch auf Freiwinkelfläche und Spanablauffläche (Abb. 45c) auftrifft. In diesem Falle wird das Licht an den genannten beiden Flächen so reflektiert, daß es aus dem Gesichtsfeld entfernt wird, während die

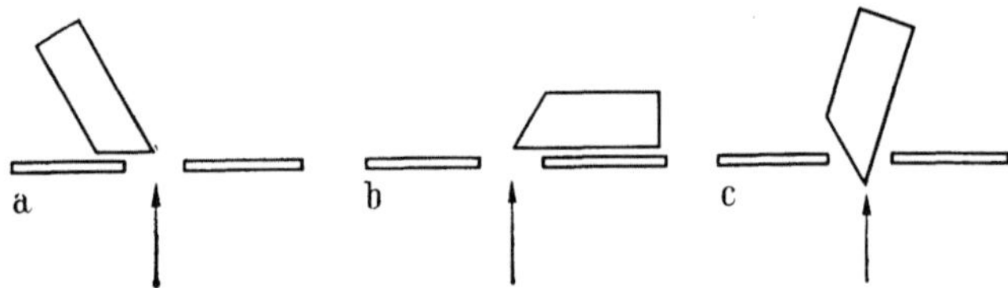

Abb. 45. Messung der Schneidengüte. Messen der „mittleren Rauhigkeit" der Schneidenkante von der Freiwinkel- und der Spanablauffläche her (a + b) Messen der mittleren Abrundung der Schneidenkante (c).

Schneidkante das Licht diffus zerstreut und es dadurch in das Gesichtsfeld gelangen läßt. Die Schneidkante erscheint in diesem Falle hell auf dunklem Grund.

Für eine Beurteilung der Schneidkante sind beide Verfahren anzuwenden, da sie sich, wie sich praktisch gezeigt hat, gut ergänzen. Die Unebenheiten der Schneidkante nach dem Verfahren 1 werden für je 10 mm Schneidkantenlänge an mindestens 20 Stellen ausgemessen, und zwar als Unterschiede zwischen den höchsten und tiefsten Stellen. Die so ermittelten Werte werden angegeben als:

Schneidenschartigkeit = mittlerer Höhenunterschied in μ. Mit anzugeben ist der Keilwinkel und der höchst gefundene Wert.

Die nach dem 2. Verfahren ermittelte Schneidengüte wird als mittlere Abrundung oder als Schneidenbreite bezeichnet. Anzugeben ist:

Schneidenbreite = Mittelwert aus 20 Messungen je 10 mm der Schneidenlänge. Mit anzugeben ist der Keilwinkel sowie die größte gemessene Schneidenbreite.

Das Aussehen von Schneiden verschiedener Güte geht aus Abb. 46 hervor. Zum Vergleich sei angeführt, daß die Schneidenbreite eines Rasiermessers bei etwa 0,5 μ liegt.

Die Schneidengüte kann auch nach dem von Heiß entwickelten Verfahren der Messung mit Hilfe einer Saphirschneide ermittelt werden.

Die erzielbare Schneidengüte hängt außer von der Hartmetallsorte auch von dem Keilwinkel ab. Mit größer werdendem Keilwinkel nimmt

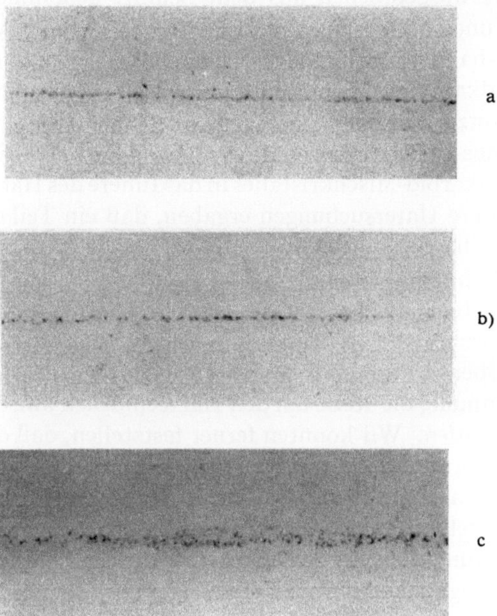

Abb. 46. Abrundung der Schneidkante (Schneidenbreite). Vergrößerung: 250fach. a) Diamantpulver 0,5 μ, mittlere Abrundung: 4 μ. b) Borkarbidpulver 2—4 μ, mittlere Abrundung: 4 μ. c) Siliciumkarbidfeinstschliffscheibe, mittlere Abrundung: 10 μ.

unter sonst gleichen Bedingungen die Schneidengüte zu und bei kleinerem Keilwinkel verringert sie sich. In Tab. 28 sind Faktoren angegeben, mit denen die für 80° Keilwinkel gefundene Schneidenschartigkeit

Tabelle 28. *Schartigkeitsfaktor zur Umrechnung der Schneidengüte bei verschiedenen Keilwinkeln.*

Keilwinkel	Schartigkeitsfaktor
110°	0,80
100°	0,90
90°	0,95
80°	1,00
70°	1,20
60°	1,40
40°	1,90

multipliziert werden muß, um die erzielbare Schneidenschartigkeit für andere Keilwinkel zu erhalten. Die Berechnung hat besonders für Werkzeuge der Kunststoff- und Holzbearbeitung Bedeutung.

Literatur: 35, 40.

III. Das Vor- und Feinschleifen.

Die metallographische Untersuchung einer großen Zahl von als
stumpf oder ausgebrochen aus dem Schnitt genommener Hartmetallwerkzeuge und die Untersuchung nur kurzzeitig im Schnitt gewesener
Werkzeuge hat in vielen Fällen erkennen lassen, daß das Ausbröckeln
der Schneidkante und von ihm ausgehend auch die Stumpfung an
Stellen einsetzte, an denen sich von der Schneidkante aus Risse überwiegend längs der Korngrenzen des Wolframkarbides oder des Wolfram-
karbid-Titankarbid-Mischkristalles in das Innere des Hartmetalles hinein-
zogen. Weitere Untersuchungen ergaben, daß ein Teil der Risse bereits
nach dem Schleifen nachgewiesen werden konnte, daß sie also nicht
unter dem Schnittdruck entstanden waren, obwohl sie sich beim Schnitt
erweitert hatten und neue Risse sichtbar geworden waren. Die Risse
waren durchschnittlich 5 μ lang und verliefen fast immer in der Kobalt-
phase in Übereinstimmung mit der Beobachtung, daß auch bei der
Härtebestimmung die Risse um den Härteeindruck zwischen den Karbidkörnern verlaufen. Wir konnten ferner feststellen, daß die Korngrenzenanrisse sich verminderten, wenn mit Diamantscheiben geschliffen wurde,
und daß sie ganz verschwanden, wenn mit losem Borkarbid oder Diamantpulver geläppt wurde. Aus diesen Beobachtungen ergibt sich die
große Bedeutung, die dem Schleifvorgang für die Lebensdauer der Hartmetallwerkzeuge zukommt und die Folgerung, dem Schleifen mit Siliciumkarbidscheiben ein Schleifen oder Läppen mit Borkarbid oder
Diamant folgen zu lassen, um die entstandenen Korngrenzenanrisse
wieder zu entfernen.

Zu den Vorgängen beim Schleifen sind folgende Gesichtspunkte zu
berücksichtigen. Die Härte des in den Hartmetallen enthaltenen Wolf-
ram- und Titankarbides ist größer als die Härte des Korunds (geschmolzenes Aluminiumoxyd) und sie ist etwa ebenso groß wie die Härte des
Siliciumkarbides (Carborund). Die Karbide des Wolframs und Titans
werden in ihrer Härte von Borkarbid etwas übertroffen. Demgegenüber
ist Diamant noch etwa 100mal härter als Siliciumkarbid oder Borkarbid. Es ist daher erklärlich, daß nur Diamant in der Lage ist, Hartmetalle leicht und zerspanend zu schneiden. Das Borkarbid zeigt als
loses Korn noch eine leicht schneidende Wirkung, während das Siliciumkarbid in den Schleifscheiben nicht mehr zerspanend wirken kann. Die
Untersuchung der beim Schleifen mit Siliciumkarbidscheiben sich ab-
spielenden Vorgänge hat ergeben, daß dem Siliciumkarbid lediglich
durch die schnell laufende Scheibe eine schlagende Wirkung zukommt.
Beim Schleifen von Hartmetallwerkzeugen mit Siliciumkarbidscheiben
tritt also keine schneidende spanbildende Abtragung des Hartmetalles
ein, sondern das Hartmetall wird von den vorstehenden mit erheblicher
Geschwindigkeit auftreffenden Siliziumkarbidkörnern herausgeschlagen.

Aus diesem Grunde ist es auch wesentlich leichter, eine Schneidkante mit Siliciumkarbidscheiben zu schleifen, als etwa eine größere Hartmetallfläche mit einer Siliciumkarbidscheibe plan zu schleifen.

Umgekehrt werden die Siliciumkarbidkörner in der Schleifscheibe durch den Schlag auf die zu bearbeitende Hartmetallfläche gleichfalls rasch zerstört, wodurch die Scheibe glatt wird und ihre Schlagkraft verliert. Wird das Schleifen mit einer solchen glatt gewordenen Scheibe fortgesetzt, so wird kaum noch Hartmetall abgetragen, aber es tritt durch die Reibung erhebliche Erwärmung der Hartmetallplatte ein, ihre Oberfläche wird glänzend und zeigt häufig ein Netz von feinen Oberflächenrissen.

Das gleiche tritt ein, wenn mit derselben Siliciumkarbidscheibe sowohl der Stahlschaft als auch das Hartmetall geschliffen werden. Das weiche Eisen füllt die Poren der Schleifscheibe aus, wodurch die Siliciumkarbidkörner nicht mehr genügend vorstehen, ihre Schlagwirkung läßt nach, die Reibung und in ihrer Folge die Überhitzung können sich durch Schleifrisse bemerkbar machen.

Der Aufbau der Schleifmittel ergibt sich aus Tab. 29, die Körnungsbezeichnungen im Vergleich zu den Siebgeweben aus Tab. A 41.

Tabelle 29. *Aufbau und Anwendung von Schleifscheiben zum Vor- und Feinschleifen des Hartmetalles.*

Arbeitsgang	Körnung	Härte	Schleifgeschwindigkeit m/sec	Schneidengüte
Vorschleifen am Umfang .	36 · · · 60	H bis K	25 Freihand 5 · · · 10 bei mechanischer Zustellung	25 · · · 50 μ
Feinschleifen (Topfscheiben)	80 · · · 120	H bis J	,,	15 · · · 30 μ
Schleifen der Spanstufe . .	120 · · · 180	K bis M	25	—
Abziehen mit SiC-Feile . .	400	M	von Hand	10 μ
Abziehen mit Diamantfeile .	5 · · · 10 μ	—	von Hand	5 μ

(Schleifen des Schaftes mit Korundscheiben Körnung 24 · · · 46; Härte K bis O).

Aus diesen Erkenntnissen ergeben sich folgende allgemeine Hinweise:

Richtlinien für das Vor- und Feinschleifen.

1. Eine Siliciumkarbidscheibe muß eine weiche Bindung haben, damit stumpf gewordene Schleifkörner leicht ausbrechen können und die Scheibe dadurch stets rauh gehalten wird.

2. Beim Schleifen muß mit geringerem Anpreßdruck (1 bis 3 kg/cm²) gearbeitet werden. Wird zu stark angepreßt, so werden die Siliciumkarbidkörner aus der weichen Bindung zu schnell herausgebrochen und die Scheibe nutzt sich zu rasch ab. Außerdem besteht größere Überhitzungsgefahr.

3. An der Siliciumkarbidscheibe darf der Stahlschaft nicht geschliffen werden.

4. Die Hartmetallschleifscheibe soll mit einem nicht zu spitzen Diamanten abgerichtet werden, damit sie beim Abziehen aufgerauht und nicht zu sehr geglättet wird.

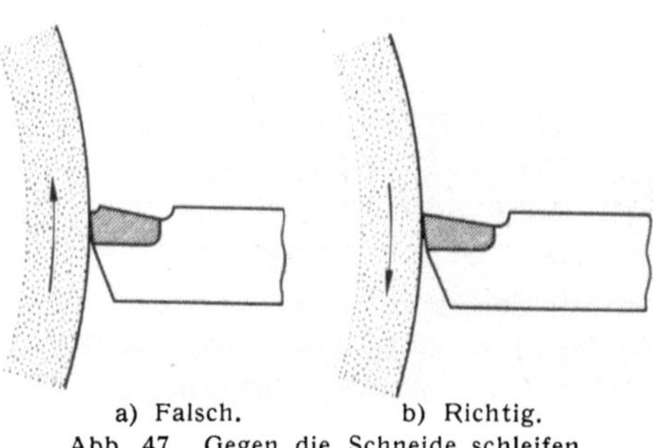

Abb. 47. Gegen die Schneide schleifen.

5. Die Schleifscheibe muß stets auf die zu schleifende Hartmetallkante zulaufen (Abb. 47), da sonst die oben beschriebene Schlagwirkung nicht im erforderlichen Maße eintreten kann.

6. Das Hartmetallwerkzeug ist während des Schleifens fortwährend zu bewegen, damit sich die Scheibe nicht unregelmäßig abnutzt und damit alle Körner zur Schlagwirkung kommen können.

7. Je größer die zu schleifende Hartmetallplatte ist, um so größer also die Berührungsfläche zwischen Hartmetall und Schleifscheibe ist, je größer ist auch die Erwärmung des Hartmetalles und die Gefahr seiner Überhitzung. Es empfiehlt sich, in diesen Fällen die Scheibe leicht ballig abzuziehen, um dadurch die Berührungsfläche zu verkleinern (Abb. 48).

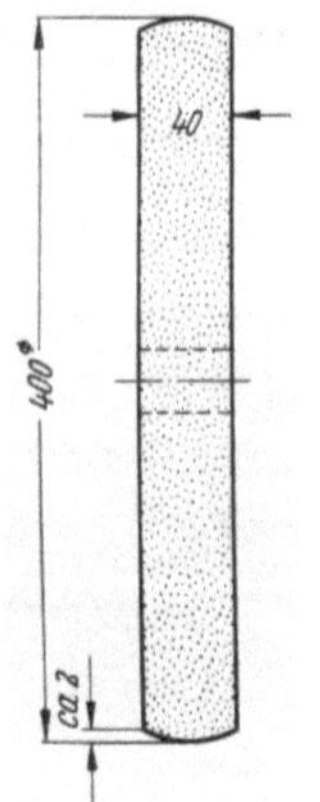

Abb. 48. Ballig abgezogene Schleifscheibe für Schliff an Schruppwerkzeugen mit 30 mm Schäften und größer.

Um mit Sicherheit ein Mitschleifen des Schaftes an der Siliciumkarbidscheibe zu vermeiden, wird der Schaft um 3 bis 5° freier geschliffen als die Hartmetallplatte.

9. Das Vorschleifen sollte durchweg am Schleifscheibenumfang erfolgen. Um rasches rißfreies Abtragen des Hartmetalles zu erzielen, muß der Durchmesser der Scheibe in einem bestimmten Verhältnis zur Größe der zu schleifenden Hartmetallplatte stehen (Tab. 30). Größere Schleifscheiben bieten auch den Vorteil einer geringeren Umdrehungszahl und damit eines ruhigeren Laufes der Maschine.

10. Um ein Hohlschleifen an der Umfangsscheibe zu vermeiden, muß das Werkzeug während des Schleifens dauernd leicht hin und her gekippt werden. Das Fertigschleifen der Werkzeuge soll immer an Topfscheiben erfolgen, um Hohlschleifen auf jeden Fall zu vermeiden.

11. Leistungsfähige Hartmetallschleifscheiben haben nicht an allen Stellen der Schleifscheibe gleichmäßige Härte. Die vorteilhafte Wirkung einer solchen Scheibe erklärt sich durch eine sich infolgedessen ausbildende Schlagwirkung der Scheibe.

12. Das Vorschleifen des Stahlschaftes erfolgt mit Korundscheiben. Die Korundscheiben können nicht für das Schleifen des Hartmetallteiles verwandt werden, da infolge der zu geringen Härte des Korunds Schleifrißbildung fast unvermeidlich ist.

Tabelle 30.
Abmessungen von Umfangschleifscheiben im Vergleich zum Schaftquerschnitt des zu schleifenden Hartmetallwerkzeuges.

Schaftquerschnitt mm	Scheibendurchmesser mm	Scheibenbreite mm
bis 20 ⌀	200···300	30···40
20···40 ⌀	300···400	40···60
über 40 ⌀	400···600	60···80

13. Im allgemeinen kann man damit rechnen, daß mit einer Schleifscheibe guter Qualität für 1 kg abgeschliffenes Hartmetall 6,5 kg Schleifscheiben verbraucht werden. Da 1 kg Hartmetall etwa 100mal so viel kostet wie 1 kg Schleifscheibe, ist es unwirtschaftlich, durch Verwendung zu harter Schleifscheiben sparen zu wollen.

Abrichten der Scheiben. Untersuchungen über den Schleifscheibenverbrauch in der Praxis haben die in Tab. 31 zusammengestellten Werte

Tabelle 31. *Aufteilung des Schleifscheibenverbrauches beim Vorschleifen von Hartmetallwerkzeugen.*
(Für 1 kg abgeschliffenes Hartmetall.)

	Erreichbare Werte	Mittlere Werte
Verbrauch beim Schleifen .	4,2 kg	6,5 kg
Verbrauch beim Abrichten .	1,0 ,,	2,0 ,,
Reststück	1,3 ,,	1,5 ,,
	6,5 kg	10,0 kg

ergeben. Diese Angaben stammen aus mehreren Werken, die von den gleichen Schleifmittelherstellern mit Schleifscheiben gleicher Härte und Körnungen beliefert worden sind. Es ergibt sich also, daß durch geeignete Unterrichtung der Schleifer wesentliche Einsparungen an Schleifscheiben erzielt werden können. Im allgemeinen ist zu hoher Anpreßdruck und zu großer Verbrauch beim Abrichten der Schleifscheiben an

dem größeren Schleifscheibenverbrauch Schuld. Wir haben in einzelnen
Werken festgestellt, daß bis zu 50% des Schleifscheibenverbrauches auf
das Abrichten der Scheiben entfiel. Es erscheint deshalb angebracht,
das Abrichten der Scheiben nicht von Hand, sondern mechanisch vorzunehmen, wobei mit kleinen Vorschüben gearbeitet wird und auch die
Diamanten ganz wesentlich geschont werden (Abb. 49). Richtlinien für
die Größe der Abrichtdiamanten ergeben sich aus Tab. 32.

Abb. 49. Abziehen von Schleifscheiben mit zwangsläufig geführten Abziehrädchen.

Eine einfache Vorrichtung, die sich in eine Nute der Auflegeplatte
am Schleifbock einschieben läßt, ist in Abb. 50 dargestellt. Im Gehäuse
des Gerätes wird mittels Spindel eine Pinole bewegt, in der bis zu 3 Ab-

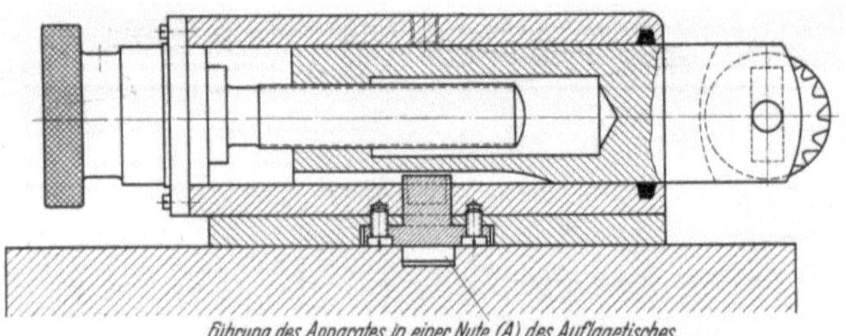

Abb. 50. Abrichtapparat mit Stahlrädchen.

richträdchen aus Stahl in glatter oder gewellter Form auf einer Lauf-
buchse sitzen. Die Rädchen sollen nicht mehr als 0,2 bis 0,3 mm seitliches Spiel haben. Das Gerät wird mit einer Leiste in die Nute der
Schleifauflage eingesetzt und kann darin hin und her bewegt werden.
Mit der Spindel werden nun die Rädchen bis zur Berührung mit der

Tabelle 32. *Richtlinien für Diamanten zum Abrichten von Schleifscheiben.*
Die Größe des Diamanten muß dem Durchmesser der Schleifscheibe angepaßt werden.

ø der Schleifscheibe	Gewicht des Diamanten	Natürl. Größe	Diamantengröße Nr.
100 mm	$^1/_4 \cdots ^1/_3$ Karat		1 $\cdots$ 2
200 ,,	$^1/_3 \cdots ^1/_2$,,	$\diamondsuit = ^1/_4$	2 $\cdots$ 4
300 ,,	$^1/_2 \cdots 0{,}6$,,		4 $\cdots$ 5
400 ,.	$0{,}6 \cdots 0{,}7$,,	$\diamondsuit = ^1/_2$	5 $\cdots$ 6
500 ,,	$0{,}8 \cdots 1$,,		7 $\cdots$ 8
600 ,,	$1 \cdots 1^1/_2$,,	$\diamondsuit = 1$	8 $\cdots$ 10

Für Scheiben mit größeren Durchmessern sind 2- $\cdots$ 5karätige Diamanten erforderlich bzw. man verwendet den „Winter-Igel"; da hier in Hartstoff eingebettete Diamanten, die nebeneinanderliegen, gemeinsam das Abrichten vornehmen.

Der Abrichtdiamant ist rechtzeitig zum Umfassen zu geben (siehe Abb. 2). Dies erhöht Wirtschaftlichkeit und Lebensdauer.

Diamanten, deren härteste Stelle durch einen Strich auf der Fassung gekennzeichnet ist, *sind so einzuspannen, daß die Markierung in der Laufrichtung der Schleifscheibe* steht.

1 Karat = 0,2 g.   Spez. Gewicht = 3,52.

Richtpreise etwa $^1/_4$ Karat   20,— $\cdots$ 30,— DM
$^1/_2$,,   50,— $\cdots$ 70,—   ,,
1   ,,   120,— $\cdots$ 200,—   ,,

laufenden Scheibe vorgeschoben. Die Berührung läßt sich daran erkennen, daß die Rädchen anfangen mitzulaufen. Nun wird das Gerät 4- bis 5mal an der Scheibe jeweils mit einer Zustellung von einer halben Umdrehung der Spindel vorbeigeführt, bis am Geräusch erkennbar wird, daß die Rädchen an der ganzen Scheibenbreite gleichmäßig angreifen. Das Abrichten erfolgt trocken. Die Rundlaufgenauigkeit einer Hartmetallschleifscheibe für Drehwerkzeuge soll 0,3 mm betragen. Auf diese Weise werden griffigere Scheiben erhalten als bei der Verwendung von Abrichtdiamanten. Das Gerät kann von angelernten Arbeitern bedient werden und ergibt erhebliche Einsparungen an Abrichtdiamanten, Arbeitszeit und Schleifscheiben. Wenn regelmäßig abgerichtet und mit kleinem Anpreßdruck beim Schleifen gearbeitet wird, kann der Scheibenverbrauch beim jedesmaligen Abrichten auf 0,4 mm begrenzt werden.

Naß- oder Trockenschliff. Hinsichtlich des Schleifscheibenverbrauches ist bei Berücksichtigung der gegebenen Regeln ein gleich gutes Ergebnis beim Trocken- und Naßschliff zu erzielen, obwohl bei der Eigenart des Hartmetalles für das Vor- und Nachschleifen größerer Hartmetallwerkzeuge (etwa ab 16 mm ⊡) dem Naßschliff der Vorzug zu geben ist.

Um in einer zentralen Schleiferei einen ruhigen Zufluß des Kühlwassers zu erreichen, empfiehlt sich eine Einrichtung, bei der das Kühlwasser aus einem hoch gestellten Behälter mit einem Druck von etwa 1 m Wassersäule zufließt. Das Zuflußrohr soll eine lichte Weite von mindestens 15 mm haben. Das letzte Ende soll als Bleirohr ausgebildet sein, damit der Schleifer in der Lage ist, den Kühlwasserzufluß direkt auf die Kante des Hartmetallwerkzeuges an der Berührungsstelle mit der Schleifscheibe zu richten. In dem Hochbehälter ist eine Heizvorrichtung vorzusehen, um das Wasser vor allem im Winter auf einer Temperatur von 25 bis 35° C zu halten. Die Anwärmung des Schleifwassers kann mit einem Tauchsieder erfolgen, der auch zum Anwärmen des Schleifwassers bei Wasserumlauf geeignet ist.

Es ist mehrfach festgestellt worden, daß bei Verwendung kalten Wassers häufiger Schleifrisse auftreten, als bei auf etwa 30° angewärmtem Flüssigkeitsstrom. Die Ursache hierfür dürfte darin liegen, daß der Schleifer bei Verwendung von kaltem Wasser durch eine gewisse Erstarrung seiner Hände mit weniger Gefühl beim Schleifen arbeitet.

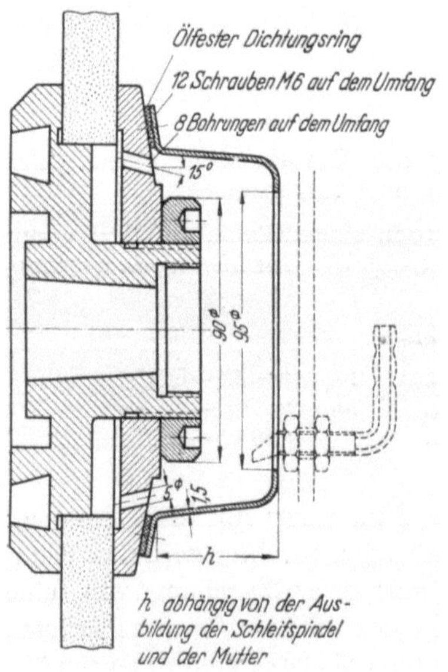

Abb. 51. Schleifscheiben mit zusätzlicher Innenkühlung. (Nach Pahlitzsch.)

Innenkühlung der Schleifscheiben. Nach einem von Pahlitzsch entwickelten Verfahren wird durch eine besondere Zuführungsvorrichtung (Abb. 51) durch die Poren der Schleifscheibe auch von innen her Kühlflüssigkeit zugeführt, wodurch sich eine wesentliche Verlängerung der Standzeit der Schleifscheiben ergeben kann. Es ist erforderlich, außer der Innenkühlung, bei der je Minute nur wenige Tropfen Öl zugeführt werden, auch die Außenkühlung beizubehalten.

Stumpfen und Abziehen der Hartmetallschneide mit Handabziehsteinen (Feilen). Es sind siliciumkarbid- und diamanthaltige Schleiffeilen zu unterscheiden. Der Siliciumkarbidhandabziehstein (Handfeile) ist ein rechteckiger Schleifstein etwa in den Abmessungen $200 \times 30 \times 10$ mm in feiner Körnung (etwa 400) und größerer Härte (M). Die diamanthaltigen Feilen sind gleichfalls rechteckig und haben an einer Seite einen Diamantbelag von beispielsweise 20×10 mm² Fläche und 0,5 mm Dicke. Das Diamantkorn in der Korngröße von 5 bis $10\,\mu$ ist in Kunstharz oder Silikat eingebunden.

a) *Stumpfen der Schneide mit einer Siliciumkarbidfeile.* Da die eigentliche Schneidkante am Hartmetall bei groben Schrupparbeiten lang-

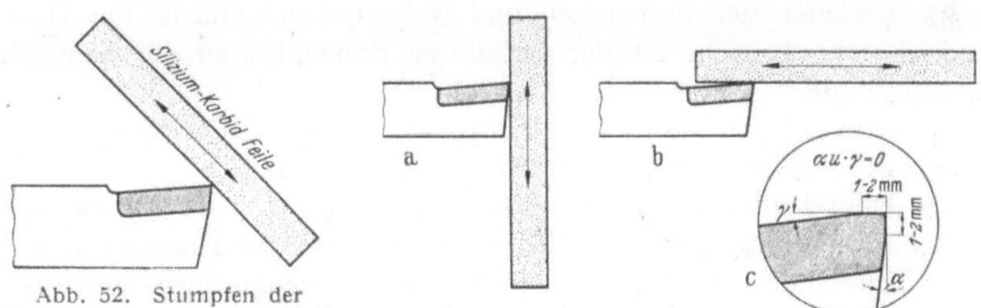

Abb. 52. Stumpfen der Schneidkante am Hartmetall bei groben Schrupparbeiten an Stahl oder Stahlguß.

Abb. 53. Anschleifen einer Phase an die Schneidkante mit Siliciumkarbidfeile bei der Stahlbearbeitung.

spanender Werkstoffe durch den sich aufstützenden ·Span vom Werkstück abgedrückt wird, steht sie nicht direkt mit dem Werkstück in Berührung. Sie wird jedoch leicht von den abrollenden Spänen beschädigt und von den hierbei auftretenden Anrissen gehen Ausbröckelungen der Schneidkante aus. In diesen Fällen empfiehlt es sich, die Schneidkante dadurch abzustumpfen, daß sie mit einer Siliciumkarbidabziehfeile in einem Winkel von etwa 45° durch mehrmaliges leichtes Überarbeiten abgerundet wird (Abb. 52).

b) *Verbesserung der Schneidengüte.* Zu diesem Zweck werden siliciumkarbid- und diamanthaltige Abziehwerkzeuge verwendet. Beim Abziehen der Schneide wird mit der Feile eine Phase von etwa 1 mm sowohl an der Freiwinkel- als auch an der Spanablauffläche erzeugt. Die Phase entspricht also einem kleineren Frei- und Spanwinkel. Die Abziehfeile wird horizontal über die Spanablauffläche und senkrecht über die Freiwinkelfläche geführt, wobei das Hartmetallwerkzeug auf eine ebene Platte aufzulegen ist (Abb. 53).

c) *Gebrauch der Abziehfeilen während der Dreharbeit.* Bei der Bearbeitung von Stahl aber auch bei Leichtmetallen und Kunstharzwerkstoffen bildet sich häufig auf den Schneidflächen des Hartmetalles ein leichter Ansatz des bearbeiteten Werkstoffes. Dieser Ansatz beeinträchtigt die Lebensdauer des Werkzeuges und kann auch die Oberflächengüte des gedrehten Werkstückes verschlechtern. Die Dreher sollen deshalb angehalten werden, die Werkzeugschneide mit einer Abziehfeile kurz abzuziehen (Abb. 53), wenn sich ein solcher Schneidenansatz bemerkbar macht

Schleifen neu hergestellter Werkzeuge. Das Schleifen wird in folgender Reihenfolge vorgenommen:

1. Schleifen des Schaftes am Umfang der Korundscheibe mit einem Winkel, der etwa 4° mehr beträgt als der endgültige Freiwinkel an der Hartmetallschneide.

2. Vorschleifen der Spanablauffläche am Umfang einer Vorschliffscheibe.

3. Schleifen der Freiwinkel- und Nebenfreiwinkelfläche am Hartmetall etwa 2° mehr als der endgültige Freiwinkel an der Schneide betragen soll.

4. Feinschleifen der Spanablauffläche mit einer Topfscheibe.

5. Einschleifen der Spanbrechstufe falls erforderlich.

6. Feinschleifen der Freiwinkelflächen an der Topfscheibe mit den endgültigen Freiwinkeln und Feinstschliffen an der Diamantscheibe.

7. Einschleifen des Radius auf der auf den endgültigen Freiwinkel eingestellten Auflageplatte an der Topfscheibe.

Das Einschleifen der Spanbrechstufe. Die Maschine zum Einschleifen der Spanbrechstufe muß mit einer Spannvorrichtung versehen sein, die es gestattet, das Werkzeug so einzuspannen, daß die Spanbrechstufe im festgelegten Span- und Neigungswinkel eingeschliffen und daß außerdem gegebenfalls eine Neigung der Rückenkante der Stufe gegenüber der Schneidkante vorgesehen werden kann (Spanleitwinkel s. S. 39).

Am wirtschaftlichsten erfolgt das Einschleifen mit einer Spezialbronze gebundenen Diamantscheibe der Körnung 50 bis 100 μ. Mit einer solchen Scheibe können hunderte von Spanstufen eingeschliffen werden, ohne daß sich die Kante der Schleifscheibe nennenswert abnutzt, d. h. ohne daß sich der Radius am Rücken der Stufe unzulässig vergrößert. In diesem Fall kann die Scheibe umgespannt und die andere Kante verwendet werden. Ist auch diese Kante abgenutzt, so kann die Diamantschleifscheibe vorsichtig mit einem Stück Siliciumkarbidscheibe (Rutscherstein) oder nach amerikanischen Erfahrungen mit einem Stück gehärteten Schnellstahl bei einer Zustellung von etwa 0,02 mm abgezogen werden. Es ist wichtig, daß der Schnellstahlblock immer von derselben Seite unter die Scheibe gefahren wird, keinesfalls darf er unter der Scheibe zurückgezogen werden. Man braucht gewöhnlich etwa 20 Durchgänge, um 0,02 mm von der Scheibe abzutragen. Es ist nicht empfehlenswert, mit stärkerer Zustellung zu arbeiten, um den Vorgang zu beschleunigen, weil dann unnötig Diamant verbraucht wird.

Wird das Einschleifen der Spanstufe mit einer Siliciumkarbidscheibe durchgeführt, so muß darauf geachtet werden, daß die Scheibe rechtzeitig abgerichtet wird, um den Radius an der Kante der Schleifscheibe klein genug zu halten. Es ist darum notwendig, an der Mschine eine Vorrichtung vorzusehen, mit der das Abrichten entweder automatisch oder leicht von Hand vorgenommen werden kann.

Das Einschleifen der Spanstufe kann mit Hilfe der in Abb. 65 dargestellten Diamant-Schleifmaschine vorgenommen werden.

Literatur: 35, 41.

IV. Feinstschleifen und Läppen.

Aus den Darlegungen über den Vorgang des Schleifens von Hartmetallwerkzeugen mit Siliciumkarbidscheiben wird verständlich, daß durch die Schlagwirkung eine erhebliche Beanspruchung der Hartmetallschneide eintritt, die sich in mikroskopisch feinen Anrissen längs der Korngrenzen der Karbidkörner bemerkbar machen kann. Bei groben Schrupparbeiten beispielsweise beim Schruppen von Stahl oder Grauguß mit mehr als 0,5 mm/U Vorschub wird die eigentliche Schneidkante infolge des aufsetzenden Spanes etwas abgedrängt und steht deshalb nicht unmittelbar im Eingriff. In diesem Falle können sich die vom Schleifen her zurückgebliebenen kleinen Anrisse der Schneide nicht zu störend auswirken. Bei Schlichtarbeiten jedoch und bei der Bearbeitung von weicheren Metallen und Werkstoffen, bei denen die Schneide nicht abgedrängt wird, wirken sich kleine Beschädigungen der Schneidkante ganz erheblich auf die Standzeit der Werkzeuge aus. In allen diesen Fällen ist deshalb ein Feinstschleifen oder Läppen (Schleifen mit losem Korn) angebracht, weil sich dadurch eine Verlängerung der Standzeit der Werkzeuge und höhere Maßgenauigkeit am Werkstück erreichen läßt.

Eine Verbesserung der Schneidengüte läßt sich durch Feinstschleifen mit einer feinkörnigen Siliciumkarbidschleifscheibe bewirken. Grundsätzlich ist jedoch das Feinschleifen mit einer kunstharzgebundenen Diamantscheibe oder das Läppen mit losem Borkarbid vorzuziehen. Hartmetallschneiden, die mit Borkarbid oder Diamant geläppt bzw. feinstgeschliffen werden, sind frei von Korngrenzenanrissen, ihre Standzeit kann bis zu 50% und mehr als die nicht derartig behandelter Werkzeuge betragen.

Für das Feinstschleifen können verwendet werden:

Siliciumkarbidtopfscheiben Körnung 180 bis 250, Härte H bis I.

Kunstharzgebundene Diamanttopfscheiben Körnung 10 bis 20 μ.

Borkarbid in loser Körnung auf Graugußscheiben Körnung 10 bis 20 μ.

Diamantpulver in loser Körnung auf Graugußscheiben Körnung 0,5 bis $2\,\mu$.

Das Feinstschleifen mit gebundenen Scheiben. Für das Feinstschleifen werden Topfscheiben entweder mit Siliciumkarbid als Schleifkörnung oder mit Diamant verwendet. Grundsätzlich ist den Diamantscheiben unter Berücksichtigung der über den Schleifvorgang an Hartmetallwerkzeugen mitgeteilten Erfahrungen der Vorzug zu geben.

Sowohl bei Siliciumkarbid- als auch bei Diamantscheiben ist mit möglichst geringem Anpreßdruck zu arbeiten. Das Feinstschleifen mit Siliciumkarbidscheiben wird trocken ausgeführt, die Schleifgeschwindigkeit beträgt 25 m/sec.

Die normalen im Handel befindlichen Siliciumkarbidscheiben haben ein Raumgewicht von 1,9 bis 2,2 mit einer Raumporosität unter 50%. Um die Hartmetallschneiden zu schonen und einen kühleren Schliff zu erzielen, sind Schleifscheiben mit wesentlich höherer Porosität (Raumgewicht 1,6 bis 1,8; Porosität über 50%) entwickelt worden. Diese hochporösen Scheiben eignen sich besonders für den Feinstschliff, sie erfordern jedoch einen besonders geringen Anpreßdruck, wenn ihre Abnutzung nicht zu groß werden soll.

Es genügt, eine Phase von etwa 1 bis 2 mm Breite an den Schneidflächen feinstzuschleifen.

Bei Verwendung von Diamantscheiben wird eine Diamantkörnung von 10 bis $20\,\mu$ in Kunstharzbindung verwendet. Die Griffigkeit und Lebensdauer der Diamantschleifscheiben werden durch eine dauernde Flüssigkeitsbespülung am besten mit Diamantöl erheblich erhöht. Die Zuführung, wie sie beispielsweise bei dem Winter-Tropfenspender vorgenommen wird, erfolgt aus einem Vorratsgefäß, aus dem das Öl über einen nachstellbaren Filz dem diamanthaltigen Schleifscheibenrand zugeführt wird. Die Kühlung ist um so wichtiger, je feinkörniger die Scheibe ist und sie ist besonders bei kunstharzgebundenen Diamantschleifscheiben erforderlich.

Kunstharzgebundene Borkarbid-Feinstschliffscheiben können nur verwendet werden, wenn eine schon sehr verfeinerte Schneide vorliegt, da diese Scheiben keine nennenswerte Menge an Hartmetall abzutragen vermögen.

Richtlinien für das Arbeiten mit Diamantscheiben. Mit den in den letzten Jahren entwickelten Diamantscheiben können je nach der Bindung, in der sich die Diamantkörnungen befinden, sowohl Grob-, als auch Fein- und Feinstschliffarbeiten durchgeführt werden, vor allem seitdem von der Norton-Gesellschaft auch keramisch gebundene Diamantscheiben in poröser Form hergestellt werden. Die Anwendungsbereiche der verschiedenen Bindungsarten lassen sich folgendermaßen unterteilen:

a) *Keramische Bindung*. Schnellschneidende, profilhaltige Scheibe, die wenig zur Rillenbildung neigt. Sie eignet sich insbesondere für den Grobschliff auch stark ausgebrochener Werkzeuge, wobei selbst für Werkzeuge großen Querschnittes Scheiben von 150 mm Durchmesser ausreichend sind.

b) *Metallische Bindung*. Metallgebundene Metallscheiben haben geringere Griffigkeit als keramisch- oder kunstharzgebundene Scheiben, sie zeigen gute Profilhaltigkeit und neigen ebenfalls wenig zur Rillenbildung auf der Schleiffläche.

Sie sind insbesondere zum Nachschliff von abgestumpften Drehwerkzeugen von Hand geeignet, ferner zum Außen- und Innenrundschleifen und zum Einschleifen der Spanstufe.

Gute Griffigkeit zeigen metallgebundene Scheiben, bei denen das Diamantkorn von elektrolytisch aufgetragenem Nickel eingebunden wird. Derartige Scheiben sind sehr griffig, verlangen jedoch ein Schleifen mit sehr geringem Anpreßdruck. Sie sind gut zum Trennen von Hartmetallstücken sowie zur Innenbearbeitung von Ziehsteinen und Ziehmatrizen brauchbar.

c) *Kunstharzbindung*. Schnell und kühl schneidende Scheiben, die insbesondere für den Feinstschliff von Drehwerkzeugen, Fräsern und Reibahlen gebraucht werden. Beim Schleifen von Hand muß darauf geachtet werden, das Werkzeug fortwährend zu bewegen und mit nur sehr geringem Anpreßdruck zu arbeiten, um Rillenbildung zu vermeiden.

Die zweckmäßig anzuwendenden Korngrößen ergeben sich aus Tab. 33.

Tabelle 33. *Anwendungsbereiche von Diamantscheiben in Abhängigkeit von der Diamantkörnung.*

Diamantkörnung	Schneidengüte bzw. Oberflächengüte	Anwendungsbereich
Korn 80···120[1] (100···200 μ)	20···40 μ	Grobschliff von Hand und maschinell
Korn 140···200[1] (75···100 μ)	10···20 μ	Trennen von Hartmetallplatten, Einschleifen von Spanstufen
Korn 220···240[1] (60···70 μ)	3···10 μ	Feinstschliff aller Art von Werkzeugen, Außen- und Innenrundschliff, Flächenschliff
Korn 320···400[1] (20···40 μ)	1···5 μ	Feinstschliff für Feinbohrstähle u. Werkzeuge zur Bearbeitung von Leichtmetallen (Handabziehsteine)
Korn 500[1] (5···20 μ)	1···2 μ	Polierschliff für Kaliber und Lehren

[1] Amerikanische Siebangaben.

Die Schnittgeschwindigkeit diamanthaltiger Schleifscheiben soll bei 30 m/sec liegen, die Zustellung je Arbeitsgang soll 0,01 mm betragen und 0,02 mm nicht überschreiten, da sonst übermäßige Abnutzung der Diamantscheiben eintritt. Diamanthaltige Schleifscheiben werden in verschiedenen Formen geliefert. Die am meisten gebrauchten Durchmesser betragen 75, 125 und 150 mm, Trennscheiben werden bis zu 0,8 mm Stärke hergestellt. Die Dicke der Diamantschicht auf den Scheiben liegt zwischen 1 und 5 mm, die Diamantkonzentration zwischen 15 und 40 Vol.-%.

Das Schleifen mit Diamantscheiben soll möglichst unter Kühlung, und zwar mit Ölemulsion erfolgen und nur, wenn dies nicht möglich ist, kann eine Flüssigkeitskühlung durch Befeuchten der Schleifscheibe mit einem petroleumgetränkten Lappen vorgesehen werden.

Um die Abnutzung der Diamantscheiben so klein als möglich zu halten, ist darauf zu achten, daß der Schlag der Scheibe 0,02 mm nicht überschreitet und möglichst bei 0,01 mm liegt.

Topfscheiben mit zu großem Schlag oder Topfscheiben, bei denen die Schleiffläche nicht mehr eben ist, werden am besten dadurch abgerichtet, daß sie auf einer größeren Graugußscheibe, auf die Korundkorn von 0,1 mm Größe ausgebreitet ist, mit vorsichtigem Druck gerieben werden. Für das Schärfen von Diamantscheiben durch Reiben auf einer mit Siliciumkarbid- oder Korundkörnern bestreuten Gußeisen- oder Glasscheibe sollen folgende Körnungen in Abhängigkeit von der Diamantkörnung in der zuschärfenden Diamantscheibe verwendet werden:

Körnung der Diamant-schleifscheibe	Korngröße der losen Körnung
D 400	80
D 200	80
D 100	120 bis 150
D 50	220 ,, 240
D 25	400 ,, 500

Diamanthaltige Umfangscheiben können mit einem weich gebundenen Stein mit Korundschleifkorn abgerichtet werden. Für ein genaues Abrichten ist die betreffende Scheibe auf einem Schleifbock (1 m/sec) im Gegenlauf zu einer größeren Korundscheibe (20 m/sec) mit einer Zustellung von 0,01 mm anzudrücken.

Die Scheibe soll eine Härte von G bis H haben und eine Körnung aufweisen, die in gleicher Weise durch die Korngröße in der Diamantscheibe bestimmt wird, wie es vorstehend beim Reiben mit losem Korn angegeben worden ist.

Mit kunstharz- und metallgebundenen Scheiben sollte nur Hartmetall geschliffen werden, da die Scheiben viel zu wenig offene Poren haben, um den Abschliff des Stahlschaftes aufnehmen zu können.

Die neuerdings von der Norton-Gesellschaft entwickelten keramischgebundenen Diamantscheiben gestatten dagegen ein gleichzeitiges Abschleifen von Hartmetall und Schaft, da sie wesentlich poröser sind als kunstharz- oder metallgebundene Diamantscheiben.

Das Läppen von Hartmetallwerkzeugen mit losem Korn. Das Läppen mit losem Korn bietet den erheblichen Vorteil, daß das Hartmetallwerkzeug an der Schneidkante sehr geschont wird, da bei diesem Verfahren die geringste Erwärmung an der Schneidkante auftritt. Für die zu verwendenden Körnungen liegt ein Normenblatt vor (Tab. A 42). Das Läppen wird an feinporigen Graugußscheiben vorgenommen. Die Untersuchungen über die Abhängigkeit der Schleifleistung von der Schleifgeschwindigkeit haben ergeben, daß die günstigste Schleifgeschwindigkeit zwischen 1 und 4 m/sec liegt, bei höheren Schleifgeschwindigkeiten nimmt die Schleifleistung erheblich ab (Tab. 34). Andererseits nimmt die Schneidengüte mit abnehmender Schleifgeschwindigkeit ab, so daß Schleifgeschwindigkeiten unter 1 m/sec für Hartmetallwerkzeuge nicht mehr in Betracht kommen.

Tabelle 34. *Abschliff an Hartmetall mit Borkarbid in loser Körnung 10 bis 20 μ.* (Gußeisenscheibe von 250 mm ∅.)

Drehzahl der Gußeisenscheibe U/min	Fasenbreite mm	Drehzahl der Gußeisenscheibe U/min	Fasenbreite mm
100	0,30	500	0,14
250	0,20	750	0,12

(Läppdauer: 1 Minute.)

Die Körnungen werden während des Läppvorganges allmählich zerkleinert, so daß sich auf der Graugußscheibe ein Korngemisch entwickelt, das eine gleichmäßig tragende Arbeitsschicht ergibt. Die Körnungen werden mit Olivenöl zu einer dicken Paste angerührt und von Hand aufgetragen. Borkarbidpasten zur Erzielung feinster Schneiden werden durch 2stündiges Kalandern folgender Mischung erhalten:

$$
\begin{array}{ll}
\text{Borkarbid (5 bis 10 } \mu\text{)} \quad . & 50 \text{ g} \\
\text{Wachs} \ldots\ldots\ldots & 5\,,, \\
\text{Rizinusöl} \ldots\ldots\ldots & \underline{45\,,,} \\
& 100 \text{ g}
\end{array}
$$

Zum Läppen kommt Borkarbid oder Diamantpulver in Betracht. Für viele Zwecke reicht Borkarbid in den Körnungen 5 bis 10 oder 10 bis 20 μ aus. Wenn es sich um Feinstbearbeitungswerkzeuge handelt, wird das Läppen mit einer Diamantkörnung von 0,5 μ Körnung vorgenommen.

Um das regelmäßige Auftragen von frischem Borkarbid zu erleichtern, kann die Borkarbid-Ölsuspension in eine Wanne eingefüllt werden, in der die Gußeisenscheibe mit einem kleinen Teil ihres Umfangs eintaucht. Die Läppscheibe kann auch als Hohlkörper ausgebildet werden, wobei

der Hohlraum durch Bohrungen mit der zum Läppen dienenden Oberfläche verbunden ist und aus denen die Borkarbidsuspension allmählich
austritt (Abb. 54).

Der Verbrauch an Borkarbid kann pro Werkzeug mit etwa 0,1 g
angenommen werden. Wenn der Schleifer das am Werkzeug haftende
Borkarbid in einem mit Tetrachlorkohlenstoff gefüllten Gefäß abspült,
so kann es nach dem Abgießen der überstehenden Flüssigkeit und
Trocknen an der Luft wieder ver-
wendet werden, am besten im Ge-
misch mit frischem Läppmittel.

Das Läppen von Feinstbohr-
stählen mit Borkarbid oder Diamant auf einer Graugußscheibe
kann an der in Abb. 55 dargestellten Vorrichtung erfolgen.
Die Vorrichtung gestattet es, das
Werkzeug an einer Führungs-

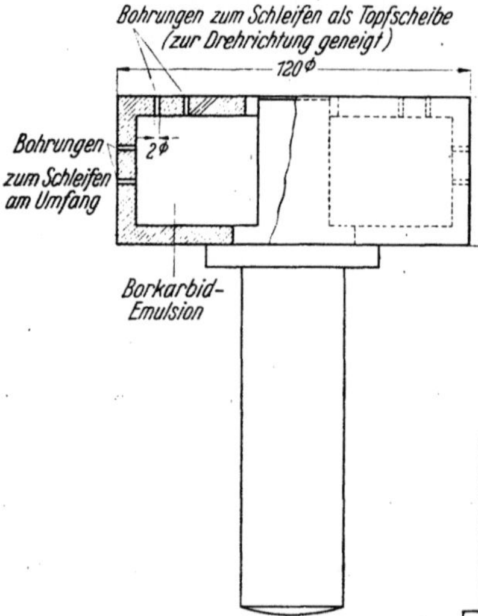

Abb. 54. Gußeisenschleifscheibe mit Hohlraum zur Aufnahme der Borkarbidöl-
mischung.

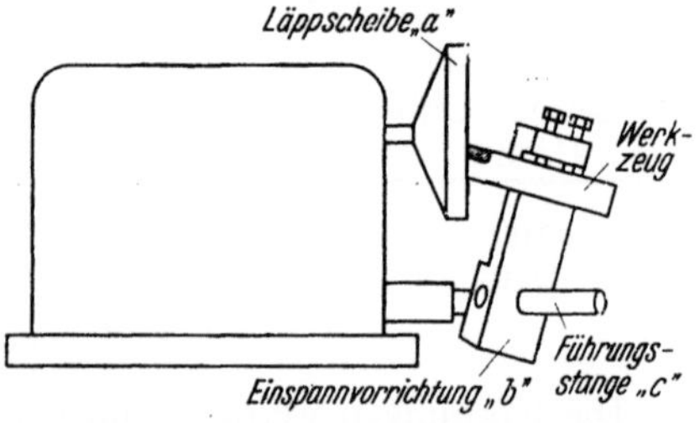

Abb. 55. Läppen von Feinbohrstählen.

stange (c) über die Fläche der Läppscheibe hin und her zu bewegen.

Ein Überblick über die mit verschiedenen Schleifmitteln und Arbeits-
verfahren erzielbaren Schneidengüten ergibt sich aus Tab. 35. Die
mit Diamantscheiben verschiedener Bindung und verschiedener Körnung
erhältlichen Schneidengüten sind in Tab. 36 zusammengestellt, wobei
die Schneidenschartigkeit mit einer Saphirschneide nach dem Verfahren
von Heiß ermittelt wurde. Bemerkenswert ist, daß mit kunstharzgebundenen Scheiben ebenso gute Schneiden erhalten worden sind wie
beim Läppen mit losem Korn auf Graugußscheiben.

Der Einfluß der Hartmetallsorte auf die Güte der Schneide ist aus
den Messungen von Heiß zu entnehmen (Abb. 56), der bestätigt hat,
in wie erheblichem Ausmaß das Ausbrechen von Korngruppen bei den
verschiedenen Hartmetallsorten möglich ist, und es ist ohne weiteres
verständlich, daß derartige Schneidenausbrüche die Standzeit besonders
bei kleinen Vorschüben, wie sie bei der Feinstbearbeitung, beim Bohren
und Tieflochbohren in Frage kommen, erheblich beeinflussen können.

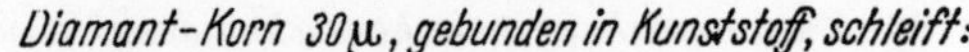

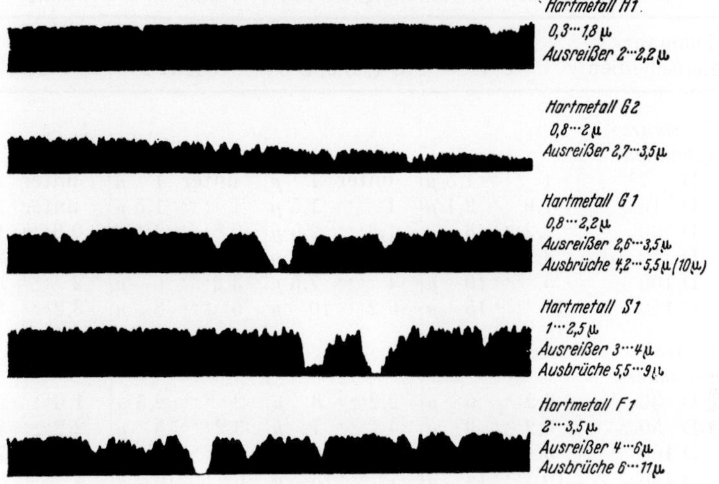

Abb. 56. Einfluß der Hartmetallsorte auf die Schneidengüte. (Nach Heiß.)

Tabelle 35. *Richtlinien für Schneidengüte und Anwendungsbereiche von Hartmetallwerkzeugen in Abhängigkeit vom Schleifmittel.*

Schleifmittel	Schneidengüte		Anwendungsbereich
	Schartigkeit	Abrundung	
1. Siliciumkarbidscheibe Korn 30···60 Härte H bis I	30···60 µ	50 µ	—
2. Siliciumkarbidscheibe Korn 80···100 Härte H bis I	20···25 µ	20 µ	Schruppen von Stahl- u. Grauguß
3. Siliciumkarbidscheibe Korn 250···320 Härte H	10 µ	10 µ	Schlichten von Stahl- und Grauguß (Vorschub 0,2 mm/U u. mehr)
4. Siliciumkarbid-Handabziehstein	10 µ	12 µ	
5. Diamantscheibe Kunstharzbindung	1···2 µ	1···2 µ	Feinstschlichten von Stahl (unter 0,2 mm/U Vorschub) Schruppen und Schlichten von Nichteisenmetallen sowie von Glas und Kunststoffen
6. Borkarbid als loses Korn (5···10 µ)	2···5 µ	4 µ	
7. Diamantpulver als loses Korn	$^1/_2$···1 µ	1 µ	

(Es ist empfehlenswert, alle Werkzeuge nach dem Schleifen für die mit 1 bis 4 bezeichneten Fälle mit gröberem losen Borkarbidkorn der Korngröße 20···40 µ zu läppen.)

Tabelle 36. *Zusammenhang zwischen Schneidengüte in μ bei verschiedenen Hartmetallsorten in Abhängigkeit von Körnung und Bindung.*

Diamant-schleifscheiben	F 1	Hartmetallsorten		
		S 1, S 2, S 3	G 1, G 2	H 1
Kunstharz-gebunden				
D 7[1]	1 ··· 1,5 μ	unter 1 μ	unter 1 μ	unter 1 μ
D 15	1,6··· 2,1 μ	1 ··· 1,5 μ	1 ··· 1,5 μ	unter 1 μ
D 30	2,2··· 3 μ	1,3··· 2,5 μ	0,8··· 2,1 μ	0,3··· 1,8 μ
D 50	3,2··· 6 μ	1,5··· 3,0 μ	1,5··· 2,5 μ	0,6··· 2 μ
D 100	5 ···10 μ	4 ··· 7,5 μ	3,2··· 6 μ	2 ··· 3,5 μ
D 150	10 ···15 μ	6,2···10 μ	6 ··· 8 μ	3,2··· 6 μ
Bronze-gebunden				
D 30	3,2··· 6 μ	2,2··· 3 μ	2 ··· 2,5 μ	1,6·· 2,1 μ
D 50	6,2··· 9 μ	4 ··· 7 μ	3,2··· 5 μ	2,2··· 3 μ
D 100	6 ···11 μ	6 ··· 9 μ	5 ··· 8 μ	4 ··· 7,5 μ
D 150	10 ···14 μ	7 ···13 μ	6 ···10 μ	4 ··· 8,5 μ
D 250	—	15 ···25 μ	13 ···20 μ	10 ···15 μ
Stahl-gebunden				
D 50	10 ···15 μ	6 ··· 7,5 μ	5 ··· 6 μ	4 ··· 5 μ
D 100	15 ···25 μ	16 ···24 μ	10 ···18 μ	6,2···10 μ
D 150	—	25 ···35 μ	20 ···30 μ	10 ···15 μ
D 250	über 25 μ	über 25 μ	über 25 μ	über 25 μ

[1] Vgl. Tabelle 42.

V. Das Schleifen von Hartmetallformwerkzeugen.

Im allgemeinen werden die Profile vom Hartmetallhersteller bereits vor der Sinterung bei der Formung der Pulver eingearbeitet, so daß im Fertigzustand nur eine Nachbearbeitung zur Einhaltung der Toleranzen erforderlich ist. Diese Nachbearbeitung erfordert einen Abschliff von 0,3 bis 0,4 mm, eine größere Genauigkeit kann im allgemeinen bei der Sinterung nicht eingehalten werden, da der gepreßte Körper eine nicht sehr genau beherrschbare Schwindung von etwa 20% erleidet, wenn er der Fertigsinterung unterworfen wird. Eine Profilgenauigkeit von 0,02 mm kann bei der Sinterung unter gleichzeitiger Druckeinwirkung (S. 42) erhalten werden, jedoch ist diese Sinterart wegen der erforderlichen nur einmal einsetzbaren Formen teurer, sie ist auch nicht für alle Profile brauchbar.

Schwierige Profile vor allem bei kleinen Radien und Teilen geringer absoluter Größe sowie geringen Wandstärken des stehenbleibenden Hartmetalls werden auf optischen Profilmaschinen unter Verwendung von Diamantscheiben geschliffen. Das in Abb. 57 dargestellte Profil-

teil aus Hartmetall H 1 wurde auf einer optischen Profilschleifmaschine
der Firma Wickmann aus einer rechteckigen Platte herausgeschliffen.
Zum Schleifen wurde eine bronzegebundene Diamantscheibe der Körnung 100 bis 200μ für den Vorschliff und der Körnung 5 bis 10μ für
den Nachschliff verwendet. Die Schleifdauer betrug eine Stunde und
45 Minuten unter Einhaltung der vorgeschriebenen Toleranz von
0,005 mm.

Handelt es sich um einfache Profile nicht allzu hoher Genauigkeit,
so kann das Einschleifen auch mit einer Tellerscheibe aus Siliciumkarbid vorgenommen werden oder es
kann eine mit einer Rolle profilierte
Umfangsschleifscheibe benutzt werden.

Der Schleifvorgang wird von dem
Schleifer mit einer Blechlehre verfolgt.

Sehr gut bewährt hat sich auch das
Schleifen von Profilwerkzeugen mit
losem Borkarbid, wobei in folgender
Weise zu arbeiten ist:

1. Ist das Profil in der Hartmetallplatte nicht vorgesehen, so wird es mit
einer Siliciumkarbid-Tellerscheibe Körnung 80, Härte H bis I, die mit einem

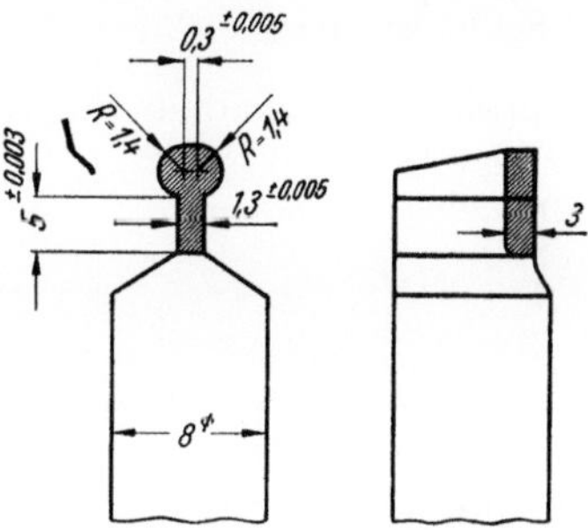

Abb. 57. Hartmetall-Formwerkzeug
mit Diamantscheiben auf Profilschleifmaschine geschliffen.

Rutscherstein zugeschärft ist, vorgeschliffen. Das Profil wird dabei
mit einer Blechlehre dauernd überwacht. Es genügt, auf eine Genauigkeit von 0,3 bis 0,5 mm vorzuarbeiten.

2. Das Profil wird mit einem Meisterwerkzeug aus Schnellstahl in
dem Umfang einer entsprechend breiten Graugußscheibe von 250 bis
300 mm Durchmesser eingestochen. Die Graugußscheibe soll feinporig
sein und eine Härte von etwa 200 kg/mm² aufweisen.

3. Das mit einem Meisterwerkzeug eingestochene Profil wird mit
einer Borkarbidölpaste bestrichen und das Hartmetallwerkzeug zweckmäßig auf einem Support und mit einem Anpreßdruck von etwa 2 kg
so gegen das Profil der Graugußscheibe gedrückt, daß die Graugußscheibe *nicht* gegen die Schneide läuft. Es soll damit erzielt werden,
daß das Borkarbid in den Spalt zwischen Graugußscheibe und Freiwinkelfläche hineingezogen wird.

4. Zur Beschleunigung ist es empfehlenswert, das Profileinschleifen
mit einer groben Borkarbidkörnung zu beginnen und es, besonders bei
der Serienfertigung, an einer zweiten Graugußscheibe mit feiner Borkarbidkörnung zu beenden.

Der Vergleich der Arbeitszeit beim Einschleifen von Profilen nach
verschiedenen Verfahren ergibt sich aus Tab. 37.

Tabelle 37. *Vergleich der Arbeitszeiten bei verschiedenen Verfahren des Profilschleifens.*

Schleifart	Durchschnittliche Schleifzeit	Bemerkungen
Schleifen von Hand nach Lehre an SiC-Schleifscheiben	45···180 min	Geschickter Schleifer erforderlich
Schleifen an durch Einrollen profilierten SiC-Schleifscheiben	20···30 min	Profil muß häufig nachgerollt werden. Gefahr der Schleifrisse groß
Läppen mit Borkarbid auf profilierten Guß-scheiben	5···15 min	Kühler Schliff. Ungelernte Arbeitskräfte ausreichend. Nicht für sehr kleine Radien geeignet (unter 0,5 mm)

Eine zweckmäßige Ausführungsart des Verfahrens, die gemeinsam mit Herrn Studinger ausgearbeitet worden ist, ergibt sich aus Abb. 58. Die profilierte Graugußscheibe 1 ist dabei in die Spindel einer Drehbank

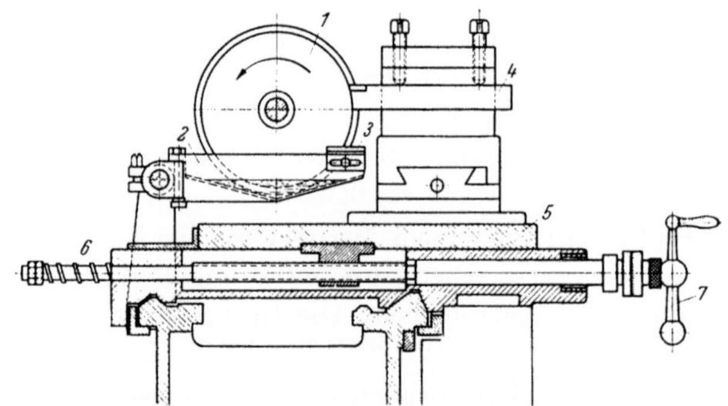

Abb. 58. Einrichtung zum Schleifen von Hartmetall-Formwerkzeugen an profilierter Graugußscheibe.

eingespannt, sie läuft mit ihrem unteren Teil in einer Wanne 2, die mit Borkarbidsuspension gefüllt ist. Überschüssiges Borkarbid wird dabei von einem verstellbaren Filzabstreifer 3 abgenommen. Das zu schleifende Hartmetallwerkzeug 4 ist auf dem Quersupport 5 eingespannt. Durch Einfügen einer Feder 6 und Drehen der Handkurbel 7 wird das Werkzeug 4 an die Graugußscheibe angedrückt. Bei der Serienherstellung können auch mehrere Graugußscheiben auf der Spindel der Drehbank angebracht werden.

Um bei dem zu läppenden Formwerkzeug einen bestimmten Freiwinkel zu erzielen, wird das Werkzeug um ein bestimmtes Maß H über

Mitte der Graugußscheibe eingespannt. Diese Überhöhung beträgt für den Spanwinkel $\gamma = 0°$, für den Freiwinkel α und einem Durchmesser der Graugußscheibe D

$$H = \frac{D}{2} \sin \alpha \ \mathrm{mm}.$$

Bei einem größeren Spanwinkel errechnet sich für den Keilwinkel β die Überhöhung zu

$$H = \frac{1}{2} D \cdot \cos \beta \ \mathrm{mm}.$$

Bei geeigneter Einspannung des Werkzeuges lassen sich auch Profile, die an Stirn- und Seitenflächen arbeiten, mit einer Graugußscheibe läppen (Abb. 59).

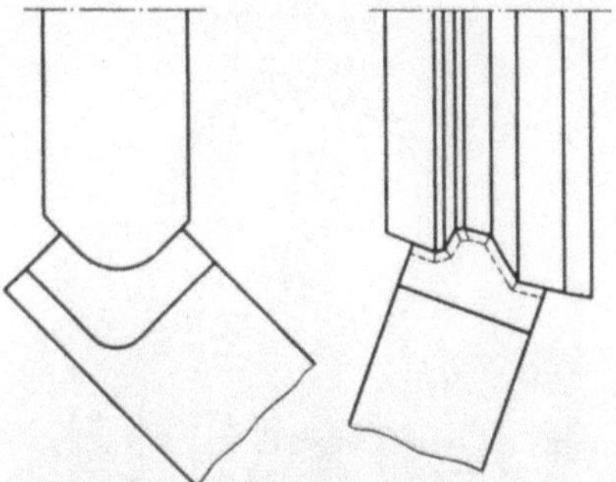

Abb. 59. Profilläppen mit Schnitt an Stirn- und Seitenfläche.

Mit einer Graugußscheibe können mehrere hundert Profilwerkzeuge geläppt werden, bevor sie nachgedreht werden muß. Da sich das Borkarbid sehr fest in die Poren des Graugusses einsetzt, muß die Graugußscheibe vor dem Nachdrehen mit dem Schnellstahl-Meisterwerkzeug erst mit einem Hartmetallwerkzeug vorgedreht werden. Einen Profilprojektor für die Werkstatt, in dem die zu schleifenden Profile mit 10- bzw. 50-facher Vergrößerung auf einer Mattscheibe, auf der das zu schleifende Profil in entsprechender Vergrößerung aufgezeichnet ist, dargestellt werden, zeigt Abb. 60. Der Apparat kann unmittelbar neben der Schleifmaschine aufgestellt werden, so daß der Schleifer seine Arbeit laufend überwachen kann.

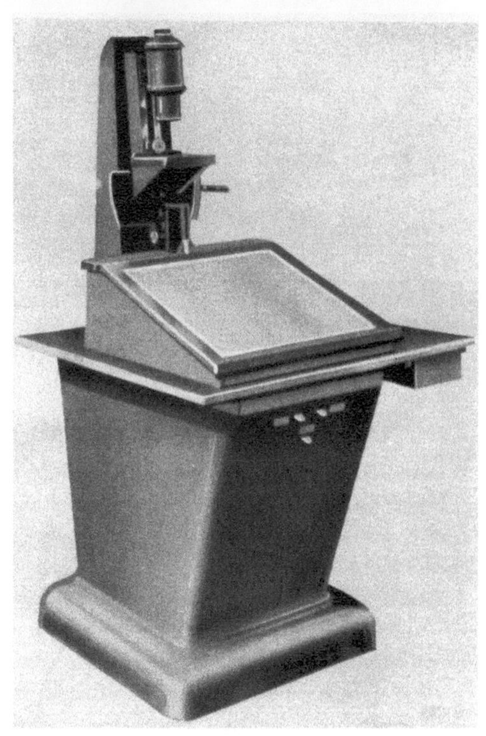

Abb. 60. Profil-Projektor für die Werkstatt.

Diamant-Feilen und Diamant-Sägedraht. Von der Firma Winter sind diamantbesetzte Feilen und Sägedraht mit sehr großer Griffigkeit entwickelt worden, wodurch es möglich geworden ist, Profile auf genaues Maß nachzuarbeiten oder sogar komplizierte Profile aus dem Vollen herauszuarbeiten. Das bisher übliche Zusammenfügen aus einzelnen Teilen mit den an Stoßfugen auftretenden Schwierigkeiten wird dadurch ersetzt, daß zunächst auf der Hartmetallplatte das Profil angerissen und dann an einer passenden Stelle ein Loch mit einem Diamantbohrer (für 3 mm Tiefe Zeitaufwand 6 min) gebohrt wird. In das Loch wird der in einen Uhrmachersägebogen einzuspannende Sägedraht eingeführt und das Profil ausgesägt (Abb. 61). Nach dem Aussägen kann das Profil mit Diamantfeilen nachgearbeitet werden.

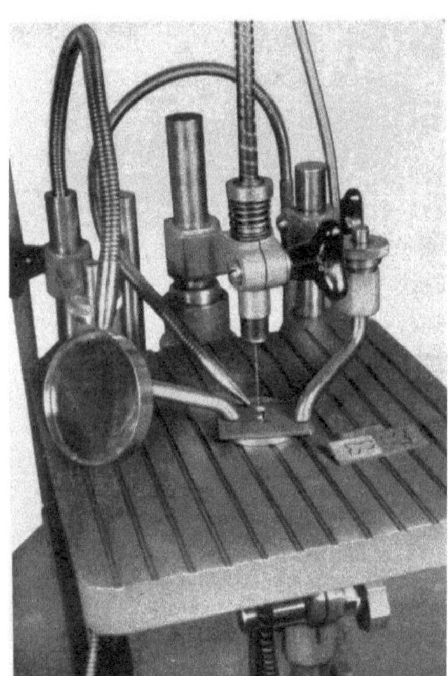

Abb. 61. Aussägen von Hartmetallprofilen aus dem Vollen mittels Sägedraht. (Maschine der Fa. Overbeck, Herborn, Leistung bei in der Maschine rotierendem Sägedraht: 150 mm je Stunde.)

VI. Nachschleifen gebrauchter Hartmetallwerkzeuge.

Wie bereits eingangs betont, liefert die Beurteilung der gebrauchten Hartmetallwerkzeuge, wie sie der Schleiferei angeliefert werden, wesentliche Anhaltspunkte darüber, ob beim Gebrauch der Werkzeuge richtig gearbeitet worden ist.

Wie im Kapitel F näher ausgeführt wird, soll die Stumpfung an der Freiwinkelfläche 0,4 bis 0,6 mm nicht überschreiten und ebenso soll die Kolkung auf der Spanablauffläche nicht so weit vorgeschritten sein, daß die Schneidkante bereits ausgebrochen ist. Werkzeuge, die rechtzeitig aus dem Schnitt genommen worden sind, werden genau wie neu hergestellte Werkzeuge, also zuerst auf der Spanablauffläche und dann an den übrigen Flächen vor- und nachgeschliffen.

Werden Hartmetallwerkzeuge an die Schleiferei zurückgeliefert, die stark ausgebrochen sind, so ist von dem Leiter der Schleiferei nachzuprüfen, worauf der starke Ausbruch zurückzuführen ist. Gegebenenfalls sind die Schnittbedingungen oder die Winkel am Werkzeug so zu verändern, daß das Werkzeug den Arbeitsbedingungen besser standhält.

Beim Nachschleifen stark ausgebrochener Werkzeuge ist folgende Richtlinie zu beachten:

Der Nachschliff muß so erfolgen, daß das Verhältnis von Dicke des Plättchens zu seiner Breite und Länge nicht kleiner sondern eher größer wird. Es wird also in manchen Fällen notwendig sein, von der Freiwinkelfläche her mehr abzuschleifen als von der Spanablauffläche, um zu vermeiden, daß das Plättchen zu dünn wird und unter dem Schnittdruck bricht.

VII. Das halbautomatische Schleifen von Hartmetallwerkzeugen.

Vor- und Nachschleifen mit Siliciumkarbidsegmenten. Wie sich aus den Ausführungen über die Vorgänge beim Schleifen von Hartmetallwerkzeugen ergibt, muß halb- oder ganzautomatisches Schleifen von Hartmetallwerkzeugen unter Bedingungen vorgenommen werden, bei denen eine Überhitzung der Hartmetallplatten vermieden wird. Dies läßt sich dadurch erreichen, daß das Schleifen einmal mit niedrigerer Schleifgeschwindigkeit, und zwar 5 bis 10 m/sec, und zum anderen unter dauernder Kühlung erfolgt.

Eine für das halbautomatische Schleifen in Zusammenarbeit mit der Firma Meier & Weichelt entwickelte Maschine ist in Abb. 62 dargestellt. Die Schleifscheibe besteht aus Schleifsegmenten am besten in einer Mischkörnung 30/60 und der Härte I. Durch die Verwendung von Segmenten wird die Schlagwirkung der Schleifbahn erhöht und auch die Kühlung begünstigt.

Die Spannköpfe für die Werkzeuge ermöglichen alle Winkeleinstellungen. Das Vorbeiführen des Werkzeuges an den Schleifkörpern und die Zustellung wird von der Maschine selbsttätig vorgenommen. Beides kann jedoch auch von Hand mit verhältnismäßig geringem Kraftaufwand ausgeführt werden.

Die Geschwindigkeit der Hin- und Herbewegung der Werkzeuge beträgt etwa 10 m/min.

Die Kühlflüssigkeit wird durch eine Pumpe im Umlauf den Schleifsegmenten zugeführt, der Schleifschlamm wird in leicht zugänglichen Schlammkästen abgeschieden. Die Zuführung der Kühlflüssigkeit verstellt sich selbsttätig derartig, daß die Kühlflüssigkeit stets die Segmente oberhalb der Werkzeugkante trifft. Als Kühlflüssigkeit wird vorzugsweise ein dünnflüssiges Öl oder auch eine Emulsion verwendet. Mit

Hilfe eines Spiegels kann der Schleifer den Fortschritt des Schleifvorganges am Hartmetall ständig beobachten.

Folgende Arbeitsbedingungen haben sich als günstig erwiesen: Zustellung beim Schleifen:

Spanwinkelfläche . . . . . . 0,03 mm je Doppelhub
Freiwinkelfläche . . . . . . 0,07 ,, ,, ,,
Schleifgeschwindigkeit . . . 10 m/sec
Menge der Kühlflüssigkeit . . 5 bis 7 Ltr./min.

Abb. 62. Halbautomatische Schleifmaschine der Fa. Meier & Weichelt.
1 Handzustellung; *2* Hand- bezw. Schalthebel; *3* Spanngriff; *4* Selbsttätige Zustellung (Vorschub); *5* Signallampe; *6* Spanngriff; *7* Griffe zum Schwenken des Tisches; *8* Griff zum Feststellen des Tisches; *9* Druckknopfschalter; *10* Hauptschalter; *11* Umkehrschalter; *12* Polumschalter; *13* Stecker für Elektropumpe.

Die Maschine ist geeignet, sowohl das Hartmetall als auch den Schaft in einem Arbeitsgang rissefrei mit Siliciumkarbidsegmenten zu schleifen. Zur Einsparung der relativ weichen Siliciumkarbidscheiben empfiehlt es sich jedoch, besonders bei größeren Werkzeugen, das Schaftmaterial vorher abzuschleifen.

Der Verbrauch an Siliciumkarbid oder Schleifsegmenten beträgt etwa 4 kg je 1 kg abgeschliffenes Hartmetall.

Die Nebenzeiten für das Einspannen und Ausrichten betragen etwa 3 Minuten gegenüber etwa 1 Minute beim Freihandschliff. Die gegenüber dem Freihandschliff höheren Nebenzeiten des halbautomatischen Schliffes werden durch den Vorteil gleichmäßiger Arbeitsleistungen über

die gesamte Arbeitsdauer und Gleichmäßigkeit der Winkel an den geschliffenen Werkzeugen ausgeglichen.

Die Maschine ist vor allem dann vorteilhaft einzusetzen, wenn große Serien gleichartiger Werkzeuge größerer Querschnitte zu schleifen sind.

Es sind auch halbautomatische Schleifmaschinen für Schleifen am Umfang entwickelt worden, wobei auch die Umfangscheiben segmentartig ausgebildet wurden. Maschinen dieser Art befinden sich jedoch noch nicht auf dem Markt.

Feinstschleifen und Läppen mit Diamantscheiben. Derartige Maschinen sind bereits in verschiedenen Ausführungsformen entwickelt und verwendet worden. Eine in neuester Zeit entwickelte Maschine der Firma Omlor, St. Ingbert/Saar (Abb. 63), bietet einen besonderen Vorteil insofern, als das halbautomatische Feinschleifen zugleich mit halbautomatischem Läppen der Hartmetallschneiden verbunden ist. Wie schon mehrfach betont, kommt

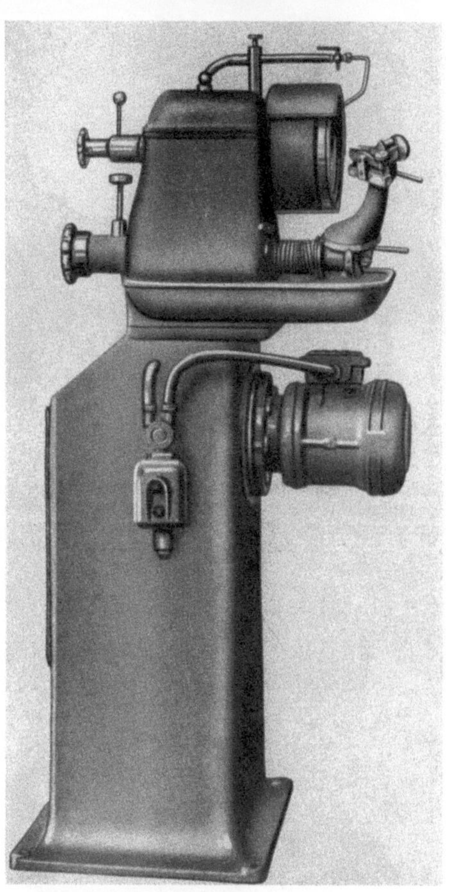

Abb. 63. Halbautomatische Schleif- und Läppmaschine für Hartmetallwerkzeuge bis 200 mm² Schaftquerschnitt.

dem Läppen von Hartmetallschneiden mit losem Korn besondere Bedeutung zu, weil nur durch Läppen mit losem Korn mikroskopische Einrisse an der Schneide mit Sicherheit vermieden werden können.

Die Maschine hat auf der gleichen Spindel eine innere axial verschiebbare Diamantscheibe, an der das Werkzeug zunächst feingeschliffen wird. Nach dem Feinschleifen wird diese Scheibe auf der Spindel zurückgezogen und die Schneide nun an der ringförmigen äußeren Gußscheibe mit losem Borkarbid oder losem Diamantpulver geläppt. Die Maschine eignet sich zum Feinschleifen und Läppen von Werkzeugen bis zu 20 mm² Querschnitt. Die Einspannung des Werkzeuges geschieht mit einer Spannschraube, das Werkzeug ist auf jeden Winkel einstellbar. Mit Hilfe einer Feder wird es im Schnellgang bis dicht an die Schleifscheibe herangeführt. Die Zustellung wird von Hand mittels einer Kurbel vorgenommen. Der Schleifvorgang erfolgt unter dauernder Kühlung mit Emulsion durch eine Kühlmittelpumpe. Die Schleifscheibe kann auf beide Drehrichtungen geschaltet werden.

Mit einem Zusatzgerät können auch Bohrer rund geschliffen und die Bohrerlippen feingeschliffen und geläppt werden, wobei der Rundschliff an der Diamantscheibe durch Drehen der Spindel im Spannkopf von Hand erfolgt.

Die Maschine eignet sich auch zum Einschleifen der Spanstufen.

In der Kombination mit der auf S. 97 beschriebenen halbautomatischen Grob- und Feinschleifmaschine stellt die in Abb. 64 dargestellte Maschine eine Ergänzung dar, die ein Schleifen und Läppen von Hartmetallwerkzeugen bei weitgehender Ausschaltung willkürlicher Beeinflussungen ermöglicht.

Abb. 64. Halbautomatische Diamant-Schleifmaschine mit Schleifwagen mit großer Senkrechtverstellung der Auflagetische und Spannkopf für rundlaufende Werkzeuge.

Abb. 65. Schleifen der Spanstufe an der Schleifmaschine mit Schleifwagen.

Diamantschleifmaschine mit Schleifwagen. Eine weitere Verfeinerung des Schleifens mit Diamantscheiben stellt eine Konstruktion dar, bei der die Werkzeugtische auf einem Wagen aufgebaut sind, der seinerseits auf mehreren Kugellagern läuft und dadurch außerordentlich leicht vor der Schleifscheibe hin und her bewegt werden kann (Abb. 64). Der Schleifer kann dadurch sehr feinfühlig schleifen. Der Schleifwagen kann auch in der Höhe so verstellt werden, daß auch Spanstufen eingeschliffen werden können. Es hat sich ferner herausgestellt, daß durch ein Abziehen am unteren Rand der Scheibe erreicht werden kann, daß die Schartigkeit verringert wird und dadurch widerstandsfähigere Schneidkanten erhalten werden.

Die Verwendung der mit einem Schleifwagen ausgerüsteten neuen Diamant-Schleifmaschinen gestattet nicht nur das Schleifen von Drehwerkzeugen sondern auch infolge der großen senkrechten Verstellmöglichkeit des Auflagetisches das Einschleifen von Spanstufen (Abb. 65). Da mehrere Auflagetische mit den zugehörigen Anlageflächen nebeneinander aufgebaut werden können, ist es möglich, bei der Serienfertigung verschiedene Winkel am Werkzeug auf entsprechend verschieden eingestellten Auflagetischen zu schleifen, wodurch ein Umstellen der Winkel vermieden wird. Der auf der linken Seite sichtbare Schlitten dient zum Einschleifen der Spanstufe, der Spannkopf kann abgenommen und an seine Stelle eine Vorrichtung aufgebaut werden, die es auch gestattet, rundlaufende Werkzeuge zu schleifen.

Reinigung der Schleifflüssigkeit von Eisen- und Schleifspänen. Wie bereits betont, führt die Beladung der Schleifscheibe mit den beim Schleifen anfallenden Spänen dazu, daß sich die Poren der Scheiben zusetzen. Hierdurch nimmt die Griffigkeit der Scheiben ab und die Schleiftemperaturen steigen an. Dies gilt insbesondere für das Schleifen mit Diamantscheiben. Bei Schleifmaschinen, die mit Flüssigkeitsumlauf arbeiten, genügen die eingebauten Absetzkästen in den meisten Fällen nicht, um die feinsten Schleifspäne zurückzuhalten. Um eine fast völlige Befreiung der Schleifflüssigkeit von metallischen Schleifspänen zu erreichen, kann daher in den Umlauf der Schleifflüssigkeit ein Magnetfilter eingebaut werden, das sowohl die Eisenspäne als auch die ebenfalls magnetischen Hartmetallspäne zurückhält. Es hat sich übrigens gezeigt, daß dabei auch feinste Teilchen des Schleifmittels und der Schleifscheibenbindung mit zurückgehalten werden. Als besonders wirksam haben sich die in neuerer Zeit entwickelten Magnetscheider mit permanenten Magneten nach Art der Permaloy-Legierungen bewährt. Durch eine einfache Vorrichtung ist es gelungen, durch Anheben der Magnetstäbe den abgeschiedenen magnetischen Schlamm durch einen Abstreifer zu entfernen, ohne daß eine Unterbrechung des Umlaufes der Schleifflüssigkeit notwendig ist. Der abgestreifte Schlamm kann am Boden des Abscheiders von Zeit zu Zeit abgelassen werden.

7*

VIII. Bearbeitung von Hartmetallen mit elektrischen Entladungen.

Bereits aus Untersuchungen von Bergmann, Dawihl und Fritsch[1] in den Jahren 1936 bis 1939 hatte sich ergeben, daß mittels schneller elektrischer Entladungen zwischen leitenden und nichtleitenden Körpern aus Hartmetall, Porzellan oder Diamant unter verschiedenen Flüssigkeiten und einer Elektrode kleinen Querschnitts eine rasche mechanische Abtragung durch die entstehende Folge von Lichtbögen unter Bildung lochartiger Vertiefungen in dem Leiter oder Nichtleiter erreicht werden kann. Es war dabei gleichgültig, ob Wechsel- oder Gleichstrom verwendet wurde. Eine Erklärung der Vorgänge und der merkwürdigen Strom-Spannungskurven, die ein steiles Maximum aufweisen, konnte bisher noch nicht gegeben werden. Das Verfahren hat sich aber mit Erfolg zum Bohren von Diamantziehsteinen eingeführt.

In einer Weiterentwicklung derartiger auf der abtragenden Wirkung von Lichtbögen beruhenden Bearbeitungsverfahren (American Machinist 3. 9. 1951, P. 194) haben amerikanische Untersuchungen ergeben, daß sich eine verhältnismäßig schnelle Abtragung von Hartmetall erzielen läßt, wenn der Lichtbogen unter isolierenden Flüssigkeiten wie Ölen und vor allem Petroleum gezogen wird. Die Wirkungssphäre des Lichtbogens beträgt etwa 0,5 mm, so daß die Abtragung nur in unmittelbarer Nähe der Elektrode erfolgt. Die Spannung beträgt dabei 70 bis 200 Volt und die allerdings nur sehr kurzzeitig auftretenden Stromstärken 10000 bis 20000 Ampere. Auch hierbei kann mit Gleich- oder Wechselstrom gearbeitet werden, obwohl Gleichstrom wirkungsvoller zu sein scheint.

Bei der praktischen Ausführung des Verfahrens wird die Elektrode aus Messing gefertigt, sie hat zum Bohren eines Loches mit Kern die Gestalt eines Rohres. Sie wird dem unter Petroleum gelagerten Hartmetallteil nach Anlegen der Spannung bis zum Funkenübergang genähert und durch elektrische Steuerung in dem Abstand gehalten, der ein fortwährendes Zünden und Löschen des Funkens ergibt. Zum Einsenken eines Loches von 30 mm Tiefe und 10 mm Durchmesser in ein Hartmetallteil aus G 3 wurde eine Zeit von etwa 40 Minuten gebraucht. Die bearbeitete Oberf.äche hatte eine Rauhigkeit von etwa $2\,\mu$, die Toleranz in den Abmessungen kann in den Grenzen von 0,01 bis 0,03 mm gehalten werden. Die Abnutzung des Messingrohres ist etwa 4mal so groß wie die Abtragung am Hartmetall. Besondere Bedeutung bekommt das Verfahren durch die Tatsache, daß auch Gewindelöcher, Sacklöcher und Löcher beliebiger Profile eingearbeitet werden können. Eine Beschleunigung des Verfahrens soll sich durch zusätzliche Vibration des Bohrwerkzeuges erzielen lassen.

---

[1] DRP 672832.

Es sind auch Versuche durchgeführt worden (The Machinist, London 1947, P. 872), um Hartmetallwerkzeuge durch Funkenabtragung zu schleifen, indem ein Funkenübergang zwischen einer mit etwa 10 m/min umlaufenden Messingscheibe und einem isoliert aufgelegten Hartmetallwerkzeug mit etwa 0,5 mm Entfernung von der Scheibe erzeugt wurde.

Inwieweit diese Verfahren das Gefüge des Hartmetalles in seinen Oberflächenschichten unbeeinflußt lassen, bleibt noch durch die Erfahrung zu prüfen.

IX. Wiedergewinnung von Diamant, Wolfram und Siliciumkarbid aus Schleifabfällen.

Die Wiedergewinnung von **Diamantpulver** aus Schleifstaub oder -Schlamm ist auf jeden Fall lohnend, da der Abfall 10 bis 30% Diamant enthalten kann und chemische Verfahren zur Verfügung stehen, die eine fast quantitative Abtrennung und völlige Reinigung ermöglichen. Das wiedergewonnene Pulver kann zum Läppen von Werkzeugen und zum Polieren von Ziehsteinen verwendet werden, ohne daß sich eine Minderleistung gegenüber frischem Pulver fühlbar macht.

Die Wiedergewinnung des **Wolframs** aus Siliciumkarbidschleifabfällen ist nicht lohnend. da der Wolframgehalt im allgemeinen nur etwa 1% beträgt. Durch Naßsiebung mit Hilfe eines Normsiebes Nr. 100 läßt sich der Wolframgehalt zwar auf 5 bis 10% anreichern, aber unter normalen Verhältnissen ist eine Aufarbeitung dieses angereicherten Schleifabfalles wegen des hohen Gehaltes an löslicher Kieselsäure nicht wirtschaftlich.

Die Wiedergewinnung des **Siliciumkarbides** aus dem Schleifstaub und -Schlamm läßt sich durch Behandlung mit Säuren erreichen. Wiedergewonnenes Siliciumkarbid hat mehr als 90% des Schleifwertes einer gleich groben frischen Körnung. Schleifscheiben, die mit derartiger Körnung hergestellt worden sind, haben beim Handschliff keine fühlbare Minderleistung ergeben

X. Schlußbemerkung zum Schleifen von Hartmetallwerkzeugen.

Wir haben uns bemüht, mit aller Deutlichkeit darauf hinzuweisen, welche fundamentale Bedeutung der Schleifvorgang auf die Lebensdauer und damit auf die Wirtschaftlichkeit der Hartmetallwerkzeuge hat. Besondere Beachtung verdienen dabei die von uns aufgefundenen Korngrenzenanrisse bei zu hohem Schleifdruck, die wahrscheinlich eine der Hauptursachen für die Abnutzung der Werkzeuge darstellen und deren Entstehung und Vermeidung noch eines eingehenden wissenschaftlichen Studiums bedarf.

Es kann deshalb den Werkzeugverbrauchern nicht dringend genug empfohlen werden, das Schleifen der Werkzeuge nur gut ausgebildeten Arbeitern anzuvertrauen und es unter Berücksichtigung der gegebenen Richtlinien dauernd zu überwachen. Das Läppen der Werkzeuge mit losem Korn sollte in allen Fällen eingeführt werden, da es zur Zeit das sicherste Mittel ist, Korngrenzenanrisse zu vermeiden.

Der Schleifscheiben- und Schleifmaschinenindustrie ist eine enge Zusammenarbeit mit der Hartmetallforschung nahe zu legen, die sich mehr als bisher mit der Auswirkung der Vorgänge beim Schleifen und des Einflusses von Schwingungen auf den mikroskopischen Zustand der Hartmetallschneide beschäftigen sollte.

F. Die Anwendung von Hartmetall-Werkzeugen.

I. Das Standzeitverhalten.

Die wirtschaftlichen Vorteile des Ersatzes von Schnelldrehstählen durch mit Hartmetall bestückte Werkzeuge werden im wesentlichen dadurch erreicht, daß an produktivem Lohn durch Erhöhung der Zerspanungsleistung mehr gespart wird, als der größere Aufwand für die Beschaffung der Hartmetallwerkzeuge ausmacht. Die Leistungssteigerung kann durch Erhöhung der Schnittgeschwindigkeit oder des Vorschubes erzielt werden. Ein wirtschaftlicher Vorteil kann auch durch längere Standzeit der Hartmetallwerkzeuge in der Einsparung von Nebenzeiten liegen, wenn, wie bei Automatenarbeiten, die Schnittgeschwindigkeiten nicht so weit gesteigert werden können, wie es das Hartmetall an sich zulassen würde.

Wird der Einfluß der Schnittgeschwindigkeit, des Spanwinkels, des Einstellwinkels, der Schneidengüte und des Werkstoffgefüges auf den Schnittdruck in erster Annäherung vernachlässigt, so ergibt sich die erforderliche Leistung (N) in Abhängigkeit von der Spantiefe (a), dem Vorschub (s), der Schnittgeschwindigkeit (v) und dem auf einen bestimmten Spanquerschnitt bezogenen Schnittdruck (k) mit der Konstanten c zu:

$$N = c \cdot a \cdot s^{0,8} \cdot v \cdot k.$$

Während also die zum Abheben eines bestimmten Spanvolumens erforderliche Maschinenleistung mit der Schnittgeschwindigkeit proportional ansteigt, nimmt sie mit wachsendem Vorschub wesentlich weniger zu. Da nach den zur Zeit vorliegenden Messungen die Schnittkraft mit der Schnittgeschwindigkeit erheblich weniger abnimmt als mit dem Vorschub, ergibt sich für den Schruppschnitt zur Ausnutzung der Leistungsfähigkeit einer gegebenen Drehbank folgende Regel:

Tabelle 38. *Leistungs- und Werkzeugkostenvergleich zwischen Schnellarbeitsstahl E Co 3 und Hartmetall S 1 bei der Bearbeitung von Schmiedestücken aus St 70. 11.* (Werkzeuge mit aufgelegten Schneidplatten; gleicher Spanquerschnitt.) (Nach J. Holzberger.)

Im Durchschnitt ermittelte Werte	Schnellarbeitsstahl E Co 3 Spanquerschnitt $a \times s = 10 \times 0,73$ mm² $v = 17$ m/min	Hartmetall S 1 $v = 100$ m/min	Mehrleistung
Spanmenge in kg je Drehstahl 40 × 40 mm²	1200	5800	4,8fache Spanmenge mit Hartmetall
Spanmenge in kg je g Schneidwerkstoff	10	166	16fache Spanmenge je 1 g Hartmetall
Wolframverbrauch in g je 100 kg Späne	1,25	0,45	2,7facher Mehrverbrauch mit Schnellarbeitsstahl
Reine Drehzeit in min je 100 kg Späne	135	37	5fache Drehzeit mit Schnellarbeitsstahl
Werkzeugbeschaffungskosten in DM, bezogen auf 100 kg Späne	2,50	0,58	4,3fache Mehrkosten mit Schnellarbeitsstahl
Anzahl der Nachschliffe je Drehstahl	18	22	—

Bei vorgeschriebener Spantiefe ist das abzuhebende Spanvolumen in erster Linie durch möglichst großen Vorschub und erst in zweiter Linie durch Erhöhung der Schnittgeschwindigkeit zu bestimmen.

Da die Standzeit der Hartmetallwerkzeuge mit der dritten bis siebenten Potenz der Schnittgeschwindigkeit abnimmt, während sie sich nur etwa mit der ersten Potenz des Vorschubes verringert, ist es auch vom Standpunkt der Standzeit richtiger, in erster Linie den Vorschub zu erhöhen.

Die vorstehend angeführte Regel hat nur dann Bedeutung, wenn Oberflächengüte und Gefügestörungen im bearbeiteten Werkstoff keine Rolle spielen.

Bei der grundsätzlichen Beurteilung der Arbeitsweise beim Einsatz von Hartmetalldrehwerkzeugen sind folgende Unterschiede zu beachten:

Bearbeitung von Grauguß, Nichteisenmetallen und Nichtmetallen.
Die Abnutzung des Hartmetallwerkzeuges tritt im wesentlichen an der Freiwinkelfläche auf, an der sich allmählich eine Stumpfung ausbildet, die mehr und mehr anwächst. Die Standzeit des Werkzeuges nimmt bei der Bearbeitung dieser Werkstoffe mit steigender Schnittgeschwin-

digkeit fast im ganzen Bereich ab (Abb. 66), ebenso verringert sich auch die Standzeit mit zunehmendem Vorschub regelmäßig (Tab. 39). Mit steigender Drehzeit nimmt die Stumpfung an der Freiwinkelfläche

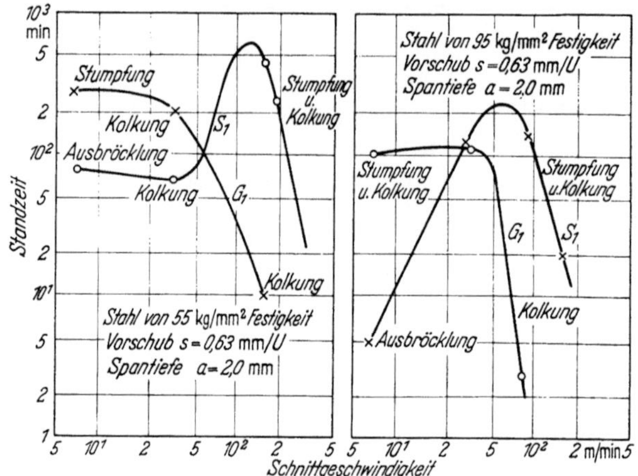

Abb. 66. Standzeiten der Hartmetalle G₁ und S₁ an Stahl und Grauguß.
G₁ Wolframkarbid-Kobalt-Legierung,
S₁ Wolframkarbid-Titankarbid-Kobalt-Legierung.

nach Überwindung einer Anfangsperiode mit der Drehzeit proportional zu (Abb. 67). In bezug auf die Zunahme der Stumpfung mit der Drehzeit

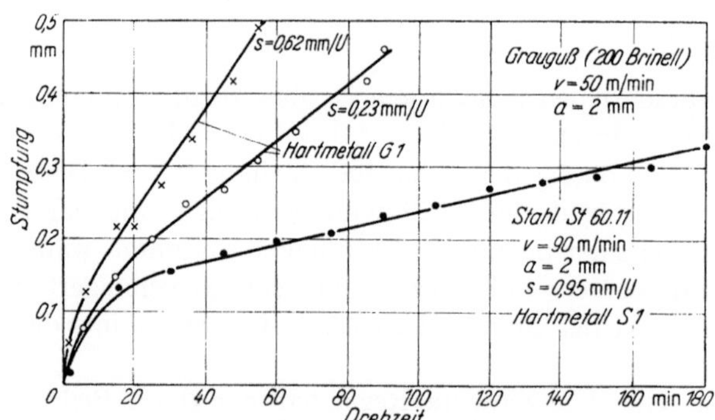

Abb. 67. Stumpfungskurven an Grauguß und Stahl.

Tabelle 39. *Abhängigkeit der Standzeiten von Hartmetall G 1 vom Vorschub beim Drehen von Grauguß.*

Vorschub	Schnittgeschwindigkeit in m/min		
	$v = 60$	$v = 80$	$v = 120$
$s = 0,095$ mm/U	166 min	73 min	18 min
$s = 0,31$,,	88 ,,	28 ,,	7 ,,
$s = 0,77$,,	40 ,,	15 ,,	3 ,,

verhält sich Stahl ähnlich wie Grauguß und andere kurzspanende Werkstoffe.

Bearbeitung von Stahl. Bei der Bearbeitung von Stahl liegen die Bedingungen, die die Abnützung des Werkzeuges in Abhängigkeit von dem Vorschub und der Schnittgeschwindigkeit bestimmen, wesentlich anders. Durch den sich auf die Spanablauffläche des Hartmetalles aufstützenden Stahlspan wird bei hohen Schnittgeschwindigkeiten eine

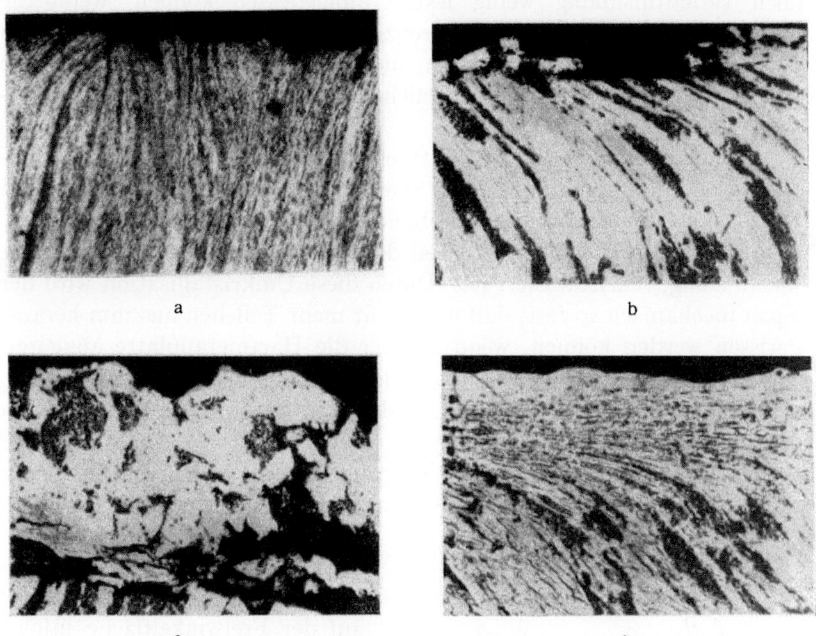

a   b
c   d

Abb. 68 a—d. Schnittgeschwindigkeit und Gefüge von Stahlspänen.
(Längsschnitte senkrecht zur Spanablauffläche.)

Bild a $v =$ 1 m/min
b $v =$ 6,5 ,,
c $v =$ 30 ,,
d $v =$ 200 ,,

Vertiefung auf der Hartmetallplatte ausgearbeitet, die Auskolkung (Krater) genannt wird. Diese Auskolkung schreitet allmählich bis zur Schneidkante der Hartmetallplatte vor und führt zu deren Zusammenbruch, wenn sie die Schneidkante erreicht hat.

Die Vorgänge bei der Spanbildung am Stahl lassen sich an Querschnitten durch die Späne erkennen (Abb. 68a bis Abb. 68d), die bei verschiedenen Schnittgeschwindigkeiten abgedreht worden sind. Aus den Bildern ergibt sich, daß der Span bei sehr niedriger Schnittgeschwindigkeit aus ungeordnet zusammengeschweißten Teilchen besteht. Der Span ist in diesem Bereich bröcklig, spröde und nicht sehr fest, die

Hartmetallplatte wird durch ihn nicht vom Werkstück abgedrückt und es entsteht infolgedessen eine schnelle Abnutzung an der Freiwinkelfläche.

Aufbauschneide. Bei mittlerer Geschwindigkeit lassen sich die einzelnen Lamellen erkennen, aus denen der Fließspan besteht. Die Lamellen sind nach der Fläche zu umgebogen, die unmittelbar an der Spanablauffläche der Hartmetallplatte anlag. Auch diese Späne sind noch verhältnismäßig wenig fest. Infolgedessen können, wenn die Schnittemperatur eine gewisse Grenze überschritten hat, Teilchen aus dem Span herausgerissen werden, die am Hartmetall festkleben. Die am Hartmetall haftenden Spanteilchen werden Aufbauschneide (built-up edge) genannt.

Auskolkung. Bei hohen Schnittgeschwindigkeiten steigt die Schnittemperatur so weit an, daß die Spanlamellen nicht mehr den ganzen Spanquerschnitt durchziehen (Abb. 68d). Die metallographische Untersuchung hat ergeben, daß der Teil des Spanes, der an der Hartmetallplatte anlag, rekristallisiert ist. Durch diese Umkristallisation wird der Span mechanisch so fest, daß nun nicht mehr Teilchen aus ihm herausgerissen werden können, wenn er über die Hartmetallplatte abgleitet, sondern daß er umgekehrt jetzt Teilchen aus dem Hartmetall herausreißt. Dadurch entsteht die mit Auskolkung bezeichnete Vertiefung im Hartmetall.

Die Auskolkung ist in ihrer Tiefe und Breite erheblich vom Spanwinkel abhängig. Wie Abb. 69 schematisch andeutet, wird beim Spanwinkel von 0° die Auskolkung verhältnismäßig stark ausgearbeitet, während die Abnützung auf der Freiwinkelfläche infolge der Abdrückung des Werkzeuges vom Werkstück gering ist. Bei einem Spanwinkel von 15° dagegen tritt geringere Ausbildung der Auskolkung und vergleichsweise starke Abnützung an der Freiwinkelfläche ein. Soll daher im Interesse eines gebrochenen Spanes und einer größeren Widerstandsfähigkeit der Hartmetallschneide gegen stoßartige Beanspruchung mit Spanwinkeln von 0° oder sogar mit negativen Spanwinkeln gearbeitet werden, so muß ein besonders gegen Auskolkung beständiges Hartmetall benutzt werden, während es gegen den reibenden Verschleiß an der Freiwinkelfläche in diesen Fällen weniger stark in Anspruch genommen wird. Bei den im Handel befindlichen Hartmetallen steht die Auskolkung und der

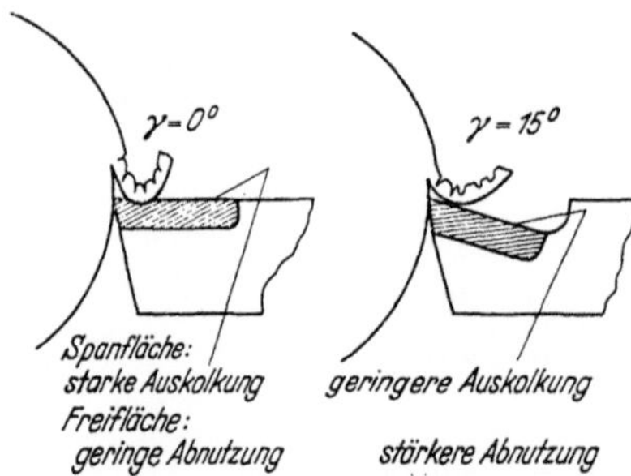

Abb. 69. Einfluß des Spanwinkels auf Auskolkung und Abnutzung der Freiwinkelfläche.

Widerstand gegen den reibenden Verschleiß an der Freiwinkelfläche nicht immer im gleichen Verhältnis. Es gibt Hartmetalle, die große Beständigkeit gegen Auskolkung und geringe Widerstandsfähigkeit gegen den reibenden Verschleiß an der Freiwinkelfläche haben und auch das Umgekehrte konnte beobachtet werden. Bei der Auswahl der Hartmetallsorten und bei Vergleichsversuchen ist diesem Umstand wohl Rechnung zu tragen.

Das verschiedenartige Verhalten der Spanbildung beim Drehen von Stahl ergibt sich aus empfindlichen Messungen der Schnittkraft, die von Moulin und Digard de Cuissard ausgeführt worden sind (Abb. 70). Bei Schnittgeschwindigkeiten bis zu dem mit „3" bezeichneten

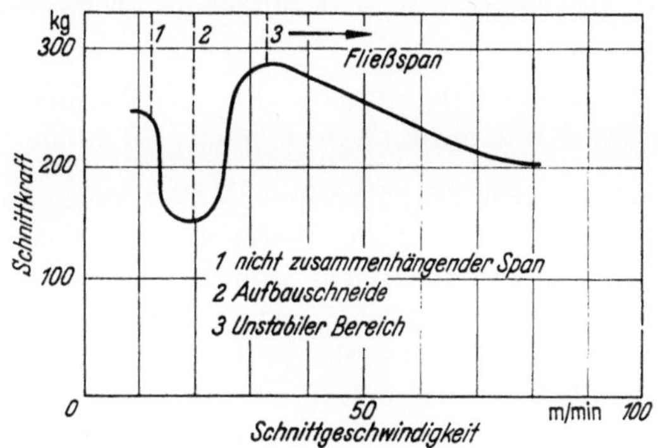

Abb. 70. Schnittkraft und Schnittgeschwindigkeit nach Moulin und Digard de Cuissard.

Bereich, also bis etwa 30 m/min, machen sich erhebliche Änderungen der Schnittkraft im Zusammenhang mit der bereits beschriebenen verschiedenartigen Spanausbildung bemerkbar. Erst mit der oberhalb des Punktes „3" einsetzenden Fließspanbildung verläuft die Abhängigkeit der Schnittkraft von der Schnittgeschwindigkeit gleichmäßig abnehmend.

Entsprechend den verschiedenen Geschwindigkeitsbereichen für die Spanbildung verläuft auch die Abnutzung der Hartmetallwerkzeuge verschiedenartig:

a) Bei sehr niedrigen Schnittgeschwindigkeiten (unter 10 m/min bei Stahl von 40 kg/mm² Festigkeit) tritt lediglich eine verhältnismäßig große Abnutzung an der Freiwinkelfläche ein.

b) Bei niedrigen Schnittgeschwindigkeiten, bei denen der Stahlspan noch nicht rekristallisiert ist, schweißen sich Teile des Stahlspanes auf die Hartmetallplatte auf, es entsteht eine Aufbauschneide. Die Abstumpfung an der Freiwinkelfläche ist geringer als bei a).

c) Bei mittleren und hohen Schnittgeschwindigkeiten rekristallisiert der Stahlspan infolge der hohen Schnittemperatur, wodurch er mechanisch fester wird. Die Abnutzung wird im wesentlichen durch die hierdurch hervorgerufene Auskolkung bedingt, weil die Freiwinkelfläche durch den fest zusammenhängenden Span vom Werkstück abgedrückt wird.

Bei der Stahlbearbeitung zeigen also die Standzeitkurven in Abhängigkeit von der Schnittgeschwindigkeit ein deutlich ausgeprägtes Maximum und unterscheiden sich dadurch von den der kurzspanenden Werkstoffe (Abb. 66). Bei der Bearbeitung von Stahl muß also eine gewisse Mindestgeschwindigkeit überschritten werden, wenn die Werkzeuge nicht zu rasch stumpfen sollen. Gleichzeitig ergibt sich aus Abb. 66 die große Überlegenheit titankarbidhaltiger Hartmetalle bei hohen Schnittgeschwindigkeiten gegenüber den titankarbidfreien Legierungen. Die Mindestschnittgeschwindigkeiten beim Schruppen von Stahl betragen für:

$$\text{Stahl bis } 60 \text{ kg/mm}^2 \ldots \ldots 50 \text{ m/min,}$$
$$\text{Stahl mit mehr als } 60 \text{ kg/mm}^2. \ 30 \text{ m/min.}$$

Liegt jedoch aus Gründen, die durch die Werkzeugmaschine oder die Abmessungen des zu bearbeitenden Werkstückes gegeben sind, die Notwendigkeit vor, bei sehr niedrigen Schnittgeschwindigkeiten arbeiten zu müssen, so kann es sich als günstiger erweisen, mit den titankarbidfreien Sorten G 1 oder H 1 zu drehen.

Bei der Stahlbearbeitung prägt sich auch eine untere Grenze für Vorschub und Spantiefe deutlicher als bei anderen Werkstoffen aus, unterhalb deren die Abnutzung ebenfalls unverhältnismäßig stark ansteigt. Bei unlegierten Stählen liegt diese untere Grenze für den Vorschub bei etwa 0,1 mm/U und für die Spantiefe bei 0,5 mm.

Die starke Abnutzung der Werkzeuge bei sehr kleinen Spanquerschnitten kann mit dem erheblichen Anstieg des Schnittdruckes bei sehr kleinen Vorschüben zusammenhängen und auch damit, daß in diesen Fällen sich der Span unmittelbar auf der Schneidkante aufstützt. Da die Schnittdrucke Werte annehmen, die in der Nähe der Druckfestigkeit des Hartmetalles liegen, wird es verständlich, daß gerade bei der Stahlbearbeitung der abstumpfende Einfluß kleiner Vorschübe besonders groß ist.

Literatur: 47, 67, 69, 75.

II. Die richtige Auswahl der Hartmetallsorte.

Da sich die verschiedenen Hartmetallsorten äußerlich kaum unterscheiden lassen, muß die auf die Platte aufgestempelte Bezeichnung sorgfältig beachtet werden.

Im Betrieb ist es unbedingt erforderlich, die Werkzeugschäfte nach den verschiedenen Hartmetallsorten durch Farbanstriche so deutlich zu kennzeichnen, daß der überwachende Meister sofort erkennen kann, ob die richtige Sorte eingesetzt ist. Nach einem Vorschlag von Hirschfeld wird empfohlen, die Schäfte der zur Stahlbearbeitung bestimmten Hartmetallsorten alle mit einer *roten* Grundfarbe und die Schäfte der für Grauguß und sonstige Werkstoffe bestimmten Werkzeuge mit *hellblauer* Grundfarbe anzustreichen. Die rote und hellblaue Grundfarbe wird vom Ende des Schaftes aus auf eine Länge von 70 mm aufgetragen.

Tabelle 40. *Kennzeichnung des Werkzeugschaftes durch Farben.*

Grundfarbe des Schaftes (70 mm lang)			
rot Stahlbearbeitung		*hellblau* Grauguß und sonstige Werkstoffe	
Hartmetallsorte	Farbband (20 mm breit)	Hartmetallsorte	Farbband (20 mm breit)
S 1	schwarz	G 1	dunkelblau
S 2	weiß	G 2	braun
S 3	grün	H 1	gelb
S 4	orange	H 2	gelb mit
F 1	grau		schwarzen Streifen.

Auf diese Weise kann sofort erkannt werden, ob an einer Werkzeugmaschine die richtige Gruppe angewendet worden ist. Eine Unterteilung der einzelnen Untergruppen kann durch zusätzliche Farbbänder von etwa 20 mm Breite erfolgen, wobei dieses Farbband im ersten

Tabelle 41. *Richtlinien für die Sortenwahl in Spezialfällen.*

	Sorte
Gehärtete Stähle von 140···180 kg/mm² Festigkeit . .	H 1
Grauguß mit harten Stellen und Temperguß	H 1
Guß- und Schmiedekruste (Sand-Schlackeneinschlüsse, Poren, Schweißstellen) .	G 1 oder H 1
Bohren von Stahl	G 1 oder U

Drittel des Grundfarbenanstriches anzubringen wäre. In Tab. 40 werden verschiedene Farbbänder zur Unterscheidung der Hartmetallsorten innerhalb der beiden Gruppen vorgeschlagen.

Weiterhin erfordert die Bearbeitung der äußeren Guß- oder Schmiedehaut eine andere Sorte als die Zerspanung des Kernwerkstoffes (Tab. 41).

Eine übersichtliche Abgrenzung der verschiedenen für die Stahlbearbeitung eingeführten Hartmetallsorten ergibt sich aus Abb. 71.

Zu berücksichtigen ist ferner, daß die Sorten H 1 und H 2 nur dann einzusetzen sind, wenn wirklich Hartguß vorliegt. Bei normalem Grau-

guß bis zu einer Brinellhärte von etwa 250 kg/mm² wirkt sich die gegenüber G 1 größere Härte der Sorten H 1 und H 2 nicht aus. Dagegen
macht sich die größere Zähigkeit der Sorte G 1 vorteilhaft bemerkbar.
Aus Untersuchungen von J. Hinnüber ergibt sich das in Tab. 42 dar-

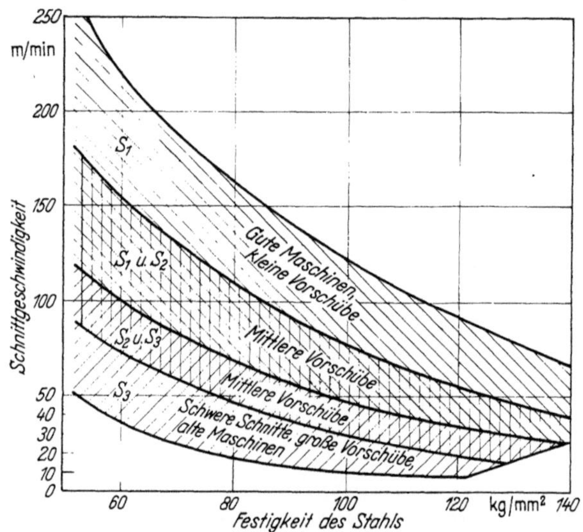

Abb. 71. Anwendungsbereiche der Sorten S1, S2, S3 beim Schruppen von Stahl.

gestellte Standzeitverhältnis der Sorten G 1, H 1 und H 2 bei der
Bearbeitung von Grau- und Hartguß verschiedener Härte.

Die für die Bearbeitung in Betracht kommenden genormten Hartmetallplatten ergeben sich aus Tab. B 1 bis B 4, Richtwerte für die
Gewichte der genormten Platten aus Tab. B 5 und B 6. Die handels-

Tabelle 42. *Drehdauer von G 1, H 1 und H 2 an verschieden hartem Guß.*

	Grauguß 200 Brinell	Hartguß 440 Brinell	Hartguß 700 Brinell (85 Shore)
Schnittgeschw. m/min	60	12	4,5
Vorschub mm/U. . . .	0,2	0,2	0,25
Spantiefe mm	2	2	1
Drehdauer in Minuten bei			
G 1	20	5	1
H 1	22	35	10
H 2	25	60	60

Die Zahlen lassen eindeutig erkennen, daß die weniger zähen Sorten
H 1 und H 2 nur dort eingesetzt werden sollten, wo die Härte des zu bearbeitenden Werkstoffes es wirklich erfordert.

üblichen Toleranzen für genormte Platten sind in Tab. 14 zusammengestellt.

Ein Vergleich der Bezeichnungen der in Amerika, England und Kontinentaleuropa eingeführten Hartmetalle ist aus den Tab. A 2 bis A 5 abzuleiten, doch ist dabei zu berücksichtigen, daß Zusammensetzung, Härte und Gefüge der einander zugeordneten Sorten sich nur unvollständig decken und daß damit Leistungsgleichheit in einem speziellen Fall von vornherein nicht erwartet werden kann. An dieser Tatsache zeigt sich die Anpassungsfähigkeit der Hartmetalle an bestimmte industrielle Bedingungen. Damit bestätigt sich die von allen Hartmetallherstellern immer wieder gemachte Beobachtung, daß fast für jeden Bearbeitungsfall eine besonders gut geeignete Legierung entwickelt werden kann, die aber in anderen Fällen durchaus nicht überlegen zu sein braucht. Um die Sortenzahl nicht beliebig anwachsen zu lassen, sind die Hartmetallhersteller daher gezwungen, ihre Standardlegierungen den von ihrem Kundenkreis geforderten Eigenschaften anzupassen. Deshalb werden auch immer beim Vergleich verschiedener Fabrikate trotz gleicher Sortenbezeichnung Unterschiede in einem speziellen Bearbeitungsfall auftreten, ohne daß deswegen eines der Fabrikate notwendigerweise allgemein als besser oder schlechter bezeichnet werden kann.

Literatur: 57, 59.

III. Richtlinien für den Dreher.

Richtwerte für passende Schnittwinkel wurden auf S. 33 und S. 35 angeführt, Erfahrungswerte für die in Betracht kommenden Schnittgeschwindigkeitsbereiche können aus den Tab. A 6 bis A 8 entnommen werden. Grundsätzlich wird der erfahrene Dreher den richtigen Einsatz seines Werkzeuges sowie den Augenblick, in dem er es aus dem Schnitt nehmen muß, an den Spänen und an dem Zustand der gedrehten Oberfläche erkennen, soweit nicht schon die mangelnde Maßhaltigkeit die Beendigung des Drehens bestimmt.

Beim Schruppen von Stahl erkennt der Dreher die richtige Schnittgeschwindigkeit daran, daß die Späne dunkel bis hellblau angelaufen anfallen. Gelblich glänzende Späne lassen eine zu geringe Schnittgeschwindigkeit erkennen, wenn nicht schon die Aufbauschneide eine weit zu geringe Geschwindigkeit anzeigt.

Die zunehmende Abstumpfung des Werkzeuges bei der Stahlbearbeitung erkennt der Dreher daran, daß die Späne sehr kurz gelockt werden und schließlich nur noch aus Halbkreisen bestehen. In diesem Fall ist die Kolkung bereits gefährlich weit fortgeschritten. Im allgemeinen empfiehlt es sich, das Werkzeug aus dem Schnitt zu nehmen, wenn die erste Veränderung im Durchmesser der abrollenden Spanlocke erkennbar wird.

Zu hohe Schnittgeschwindigkeit oder bereits weit fortgeschrittene Stumpfung wird auch durch Glühendwerden der Werkzeugspitze bemerkbar.

Auch am Zustand des Werkstückes selbst läßt sich der Zustand des Werkzeuges erkennen. Ausbrüche an der Werkzeugschneide geben sich spiegelbildlich an der abgeschrägten Drehfläche des Werkstückes zu erkennen. Meist bleiben dann auch bereits feine Haarspäne am Werkstück zurück.

Bei der Bearbeitung von Grauguß erkennt man eine das Auswechseln erfordernde Schneidenstumpfung an dem Feuern der Späne.

Bei Nichteisen- und Leichtmetallen sowie bei Kunstharzwerkstoffen gibt sich die Schneidenstumpfung am besten an der Veränderung der Oberflächengüte des gedrehten Werkstückes zu erkennen.

Die Möglichkeiten, die Stumpfung des Werkzeuges während des Drehens verfolgen zu können, sind deshalb von so großer Bedeutung, als durch rechtzeitiges Auswechseln die Zahl der möglichen Nachschliffe eines Werkzeuges und damit seine Wirtschaftlichkeit im wesentlichen bestimmt wird.

Nach unseren Erfahrungen sollte eine Stumpfung von 0,6 mm nicht überschritten werden. In diesem Falle können mit einer Hartmetallplatte A 32 ca. 20 Nachschliffe erzielt werden. Die Zahl der für verschiedene

Tabelle 43. *Wirtschaftliche Anschliffzahl bei 0,6 mm Stumpfung in Abhängigkeit von der Plattengröße bei der Stahlbearbeitung.*

Plattenbezeichnung	Breite des Plättchens	Wirtschaftl. Anschliffzahl	Plattenbezeichnung	Breite des Plättchens	Wirtschaftl. Anschliffzahl
C 8	5	6	A 20	12	12
C 10	6	6	A 25	14	15
C 12	8	8	A 32	16	20
C 16	10	10	A 40	18	20

Plattengrößen erreichbaren Nachschliffe, die sich als Mittelwerte jahrelanger Betriebsbeobachtungen ergeben haben, ist in Tab. 43 zusammengestellt.

Wenn die genannten möglichen Anschliffzahlen im Betriebe häufig nicht erreicht werden, so ist wohl zu beachten, daß zu geringe Standzeit eines Hartmetallwerkzeuges, Ausschlagen der Schneide an Stellen, an denen die Schneide nicht im Eingriff steht, Ausbröckeln und Ausplatzen größerer Hartmetallstücke ihre Ursache nicht nur in falscher Einspannung des Werkzeuges oder unrichtigen Schnittbedingungen oder Schnittwinkeln haben können, sondern daß die Ursachen schon in falscher Wahl der Hartmetallsorte, mangelhaft ausgeführtem Löten oder nicht rißfrei oder nicht fein genug geschliffenen Schneiden haben können. Bei auftretenden Fehlern empfiehlt es sich daher, den Ursachen bis auf den Grund nachzugehen, um sie völlig abzustellen.

Folgende Fehler treten häufig auf:

Fehler bei der Herstellung der Werkzeuge. 1. Ungeeignete Hartmetallsorte, zu geringer Schaftquerschnitt oder zu kleines Hartmetallplättchen.

2. Treten Risse am Hartmetallwerkzeug auf, so können die Risse entweder auf Lötspannungen oder Schleifrisse zurückgeführt werden.

Abhilfe. In diesen Fällen empfiehlt es sich immer, besonders wenn es sich um die Hartmetallsorten S 1, F 1 oder S 2 handelt, ein Gitter zum Ausgleich der Spannungen zu verwenden. Durch ein solches Gitter werden Lötspannungen verringert und auch die Schleifempfindlichkeit vermindert.

3. Schleifrisse sind meistens auf zu harte Schleifscheiben, zu großen Anpreßdruck beim Schleifen oder tropfenweises Kühlen beim Schleifen zurückzuführen.

Abhilfe. Alle Werkzeuge werden nach dem Schleifen mit losem Borkarbid der Körnung 20 bis 40μ geläppt.

Fehler beim Arbeiten mit Hartmetallwerkzeugen. 1. Die Werkzeuge werden *nicht rechtzeitig* aus dem Schnitt genommen, so daß die Kolkung bis an die Schneidkante heranreicht und damit mit der Stumpfungsfläche zusammentrifft. In diesem Fall bröckelt oder bricht unter dem Schnittdruck ein größeres Stück Hartmetall an der Schneide aus.

Abhilfe. Schulung der Dreher auf genaue Überwachung während der Arbeit des Werkzeuges.

2. *Die abrollenden Späne* schlagen den nicht im Schnitt stehenden Teil der Hauptschneide aus. Diese ausgeschlagenen Stellen sind meist viel größer als die eigentliche Stumpfung.

Abhilfe. Einschleifen einer Spanstufe oder Verwendung eines Spanbrechers.

3. *Bei unrunden Werkstücken* kann der von den Spänen ausgeschlagene Teil der Hauptschneide zeitweise in den Schnitt kommen. Der ausgeschlagene Teil der Hauptschneide zeigt meistens feine Risse, die sich unter dem Schnittdruck erweitern und zu größeren Ausbrüchen Anlaß geben.

Abhilfe. Außer Spanstufe oder Spanbrecher empfiehlt es sich, in solchen Fällen den nicht immer im Schnitt stehenden Teil der Hauptschneide nach hinten abzurunden (Abb. 72). Ferner kann die Schneidkante mit einem Siliciumkarbid-Abziehstein unter 45° gestumpft werden (Abb. 52).

Bei genügender Leistung der Drehbank kann mit einem negativen Spanwinkel (—5 bis —10°) gearbeitet werden, wodurch die Schneide wesentlich widerstandsfähiger wird.

4. Bei *unterbrochenem Schnitt* tritt Ausbrechen der Schneide bei nicht genügend großem Neigungswinkel ein.

Abhilfe. Für unterbrochenen Schnitt kann der Neigungswinkel 10° und mehr betragen (Abb. 12). Außerdem ist auch der Spanwinkel auf —5° bis —10° abzuändern.

5. *Vorzeitiger Bruch* der Platte tritt ein, wenn beim Nachschleifen zu viel von der Spanablauffläche fortgenommen wurde, so daß die Platte für den Schnittdruck zu dünn geworden ist.

Abhilfe. Beim Nachschliff darauf achten, daß möglichst viel von der Freiwinkelfläche abgeschliffen wird.

6. *Rattern* des Hartmetallwerkzeuges tritt auf, bei:

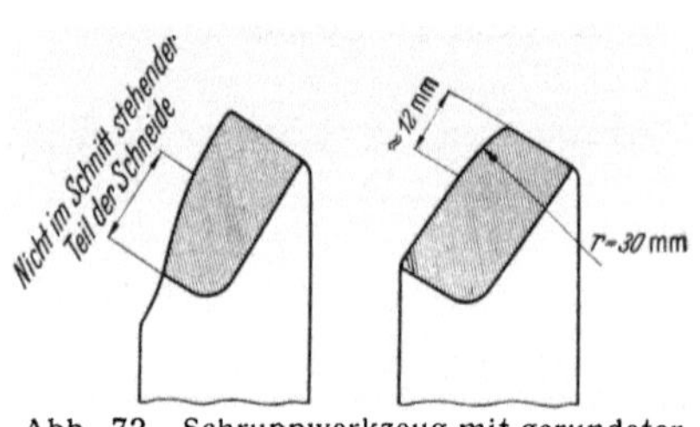

Abb. 72. Schruppwerkzeug mit gerundeter Schneide.
Abrundung der Schneidkante bei Schnitten mit wechselnder Spantiefe.
Abrundung der Schneidkante bei Ausschlagen durch Späne.

a) zu großer Ausladung und zu geringer Höhe des Werkzeugschaftes,

b) zu großem Spitzenradius,

c) zu geringem Vorschub,

d) zu großem Frei- und Spanwinkel. Besonders bei Einstech- und Abstechwerkzeugen ist möglichst mit dem Spanwinkel 0° zu arbeiten.

7. Zu schnelle Abnutzung tritt ein:

a) wenn ungeeignete Hartmetallsorten verwendet werden,

b) durch Vibration und Rattern, die die Standzeit des Werkzeuges verringern.

c) wenn die Schnittgeschwindigkeit zu klein ist. Dabei tritt gleichzeitig sehr rauhe Werkstückoberfläche und Bildung von Aufbauschneiden ein.

d) wenn die Antriebsleistung der Maschine zu gering ist. Sie kann während des Schnittes abfallen, so daß die berechnete Schnittgeschwindigkeit nicht erreicht wird.

e) wenn der Support und die Führungen an der Drehbank zu großes Spiel haben, so daß die Werkzeuge aus den Schlitten unregelmäßig abgehoben werden.

f) bei Stillsetzen der Maschine im Schnitt, ohne daß vorher der Vorschub ausgeschaltet worden ist.

g) bei feinen Rißbildungen an der Schneidkante durch zu grobe und zu harte Schleifscheiben. Es ist grundsätzlich zu empfehlen, alle Werkzeuge mit losem Borkarbid zu läppen, weil hierdurch Einrisse der

Schneidkante, die beim Schleifen mit Siliciumkarbidscheiben nicht sicher vermieden werden können, entfernt werden.

8. Bei der Bearbeitung von Werkstücken mit *sandigen Stellen, Schlackeneinschlüssen oder Poren* läßt sich die starke Stumpfung des Werkzeugs vermeiden, wenn man:

a) mit H 1 auch bei Stahl und Stahlguß die Gußkruste abdreht,

b) einen Neigungswinkel (λ) von 8 bis 10° wählt,

c) den Spitzenradius auf 3 bis 5 mm schleift,

d) möglichst großen Vorschub anwendet, um ein Zermahlen der Schlacke und des Sandes zu vermeiden,

e) die Schneidkante mit einem Abziehstein unter 45° abstumpft.

Wirtschaftlichkeitsberechnungen zeigen, daß, wenn die Zahl der Anschliffe je Platte auf weniger als $^1/_3$ der möglichen Anschliffe heruntergeht, die wirtschaftliche Überlegenheit des Hartmetalles über Schnellstahl nicht mehr vorhanden ist. Die mit einer gegebenen Menge an Hartmetall zu erreichende Menge an zerspantem Stahl (Tab. 44) hängt naturgemäß

Tabelle 44. *Hartmetall-Verbrauch bei der Bearbeitung von unlegiertem Stahl.*

	Mit 1 g Hartmetall können zerspant werden:		
Arbeitsart	In gleichmäßiger Flußarbeit:	Bei kürzeren Drehlängen:	Bei mittlerem Maschinenpark:
Glatter gerader Schnitt	150 kg Stahl	80 kg Stahl	80 kg Stahl
Versch. starker Schnitt	100 kg Stahl	60 kg Stahl	50 kg Stahl
Bei unterbrochenem Schnitt	50 kg Stahl	—	25 kg Stahl
Reparaturbedarf (Vorrichtungsbau)	—	20 kg Stahl	10 kg Stahl

sehr stark von der Zahl der Nachschliffe ab. Die Zahlen für die zerspante Menge an Stahl spiegeln nicht nur die geringeren Anschliffzahlen wieder, sondern bei Werken, in denen mit geringen Anschliffzahlen gearbeitet wird, werden auch im Durchschnitt nur geringere Standzeiten je Anschliff erreicht.

Tieflochbohren.

Mit 1 g Hartmetall können zerspant werden:	
Bohrer-$\varnothing$	Spänegewicht
7 · · · 6 mm	45 kg
20 mm	50 kg
37 mm	53 kg

Bei der Überwachung des Hartmetallwerkzeugeinsatzes ist auch die Zahl der beschädigten oder ausgebrochenen Werkzeuge zu erfassen. Besonders beim Drehen roher Oberflächen, die mit Gußhäuten, Sand- und Schlackeneinschlüssen, Zunderschichten bedeckt und die meistens auch unrund sind, wird sich eine gelegentliche Beschädigung der Hartmetallwerkzeuge nicht immer vermeiden lassen. Aus der Praxis haben sich die in Tab. 48 angeführten Zahlen für den Ausfall an beschädigten Werkzeugen als durchaus erreichbar ergeben.

Es hat sich aus der praktischen Erfahrung heraus als wertvoll erwiesen, für die Dreher eine Prämienzahlung vorzusehen, die mit der Zahl der Anschliffe je Werkzeug in Zusammenhang gebracht werden kann. Eine solche Zahlung setzt naturgemäß eine straff überwachte Werkzeugschleiferei voraus, in der jedes Werkzeug mit seiner laufenden Nummer in einem Buch geführt und die Zahl der Nachschliffe und sonstige Beobachtungen sorgfältig verfolgt werden.

Das Zwischenhartmetall. Nach Untersuchungen von C. Ballhausen wird sich durch die Schaffung noch zäherer Hartmetallsorten als S 4 die Möglichkeit ergeben, die Vorschübe unter Senkung der Schnittgeschwindigkeiten bis auf Werte von 20 mm/U zu steigern. Die wirtschaftliche Auswirkung derartiger Arbeitsweisen bleibt abzuwarten.

Jedenfalls werden aber solche zwischen dem eigentlichen Hartmetall und dem Schnellstahl stehende Legierungen geeignet sein, den Schnellstahl noch weiter zu verdrängen.

IV. Naßdrehen mit Hartmetallwerkzeugen.

Kühlmittel, und zwar meist Öl-Emulsionen, werden zur Erhöhung der Standzeit der Werkzeuge und auch dann benützt, wenn das zu bearbeitende Werkstück vor den Temperaturen bewahrt werden soll, die das Trockendrehen mit sich bringt. Hinzu kommt, daß manche Kohlenstoffstähle, vergütete Chromnickelstähle und auch Zinklegierungen sich infolge Abfalles der Kerbzähigkeit bei niedriger Temperatur besser zerspanen lassen als bei hoher Temperatur. Naßdrehen kommt zur Anwendung, wenn Stahl, Aluminium, Magnesiumlegierungen, Messing und solche Gußlegierungen bearbeitet werden sollen, die lange Späne bilden (Tab. A 43). Es ist ferner beim Drehen von Glas empfehlenswert, wobei sich Petroleum-Rübölmischungen besonders gut bewährt haben, da sie einen feinen Span und infolgedessen eine glatte Oberfläche von seidenmattem Glanz ergeben.

Genau so wie beim Schleifen von Hartmetallwerkzeugen ist darauf zu achten, daß das Kühlmittel in ruhigem Strom unter nicht zu großem Druck auf die Werkzeugkante auftrifft.

Die Zuführung des Kühlmittels kann entweder so erfolgen, daß über die Länge des Werkstückes feststehende Düsen verteilt sind (Abb. 73), die das Kühlmittel zuführen, oder daß die Zuführungsdüsen am Support selbst befestigt sind. Im zweiten Falle wird durch das Kühlmittel nur die im Augenblick gerade bearbeitete Stelle gekühlt, die Zuführung zur Schneide selbst kann entweder von oben, von der Seite oder auch von unten her in den Freiwinkelraum erfolgen. Schließlich kann auch der Werkzeughalter selbst durchbohrt werden, so daß das Kühlmittel direkt auf die Spanablauffläche auftrifft.

Es empfiehlt sich, für die Zuführungsrohre eine lichte Weite von 15 bis 20 mm zu wählen. Die Kühlwassermenge für jedes Werkzeug soll je nach Spanquerschnitt 20 bis 30 Liter pro Minute betragen.

Abb. 73. Naßdrehen von Stahl mit Hartmetallwerkzeugen unter Verwendung einer Brause. (Nach Iwascheff.)

Lediglich bei kleineren Schnittgeschwindigkeiten etwa unter 50 m/min genügt es, den Werkstoff selbst mit der Kühlflüssigkeit zu überfluten.

Im allgemeinen kann damit gerechnet werden, daß beim Naßdrehen die Standzeit der Hartmetallwerkzeuge etwa verdoppelt wird (Abb. 74). Der Grund für die Verlängerung der Standzeit liegt im wesentlichen darin, daß die Auskolkung der Spanablauffläche infolge der niedrigeren Schnittemperaturen erheblich vermindert wird. Weiterhin tritt beim Naßdrehen von Stahl im allgemeinen ein kürzerer Span auf, der sich leichter brechen läßt.

Von besonderem Einfluß besonders bei der Automatenarbeit hat sich eine zusätzliche Kühlung der Flüssigkeit durch Kältemaschinen auf eine Temperatur von $+2°$ C erwiesen. So konnte beim Formdrehen von vergüteten Stählen (100 bis 120 kg/mm² Festigkeit) durch diese Kühlung eine weitere Erhöhung der Standzeit bis zu 50% erzielt werden.

Nach Untersuchungen von Pahlitzsch an Schnellstahlwerkzeugen hat sich ergeben, daß eine Erhöhung der Standzeit dieser Werkzeuge auch durch Kühlung mit Gasen, wie Luft, Stickstoff, Sauerstoff oder Kohlensäure, möglich ist. An Schnellstahlwerkzeugen sind durch Kühlung mit Kohlensäuregas Standzeiterhöhungen bis etwa 300% erzielt worden.

Der Einfluß gasförmiger Kühlmittel auf Hartmetallwerkzeuge hat ergeben, daß bei Verwendung von Wasserstoff eine Zunahme der Standzeit bei hohen Schnittgeschwindigkeiten und bei Verwendung von neutral (Stickstoff) oder oxydierend wirkenden Gasen, wie Kohlensäure und Sauerstoff, in Übereinstimmung mit Pahlitzsch eine Zunahme der Standzeit im ganzen Geschwindigkeitsbereich zu beobachten ist. Vermutlich hängt die Erscheinung mit der verschieden großen Wärmeleitfähigkeit der verwendeten Gase und einer Beeinflussung der Verschweißung zwischen Werkstoff und Werkzeug zusammen, die bei Ver-

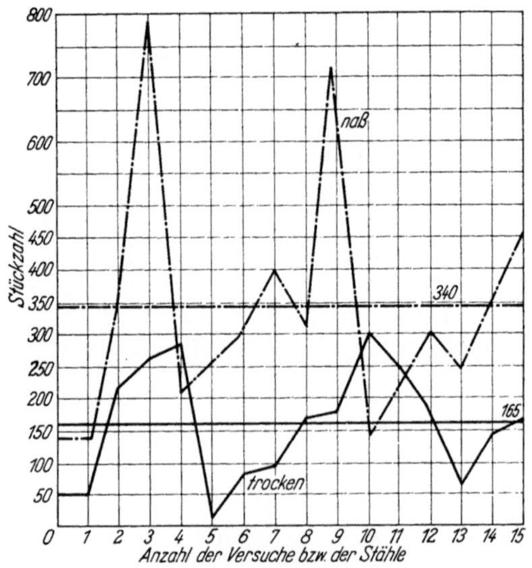

Abb. 74. Leistungsvergleich beim Drehen von Stahl (80 kg/mm²) naß oder trocken. (Nach Iwascheff.)

v 80 m/min, s 0,5 mm/U, a 2 mm.

wendung reduzierend wirkender Gase gefördert und bei Verwendung oxydierend wirkender Gase gehemmt wird. Die Untersuchungen wurden mit der Hartmetallsorte S 1 an Stahl von 60 kg/mm² Festigkeit durchgeführt, wobei mit einem Gasdruck von 4 atü und einer Gasmenge von 50 Ltr./min gearbeitet wurde. Die gaszuführende Düse hatte einen Abstand von 10 mm von der Schneidkante.

Um eine möglichst einwandfreie Feststellung des Einflusses verschiedener Gase beim Drehen mit Hartmetallwerkzeugen zu erreichen, wurden in weiteren Versuchsreihen einseitig geschlossene Rohre verwendet, die mit der vorgesehenen Schnittgeschwindigkeit umliefen, und bei denen der Zerspanungsvorgang durch Innendrehen erfolgte. Die das Werkzeug tragende Bohrstange wurde durch eine Stopfbüchse geführt, die an eine mit einer Gummidichtung an das Rohr angepreßte Stahlplatte angeschweißt war. Die Bohrstange diente gleichzeitig als Gaszu- und -ableitung. Die Ergebnisse dieser Versuche mit Hartmetallwerkzeugen stimmen grundsätzlich mit den von Pahlitzsch an Schnellstahl-Werkzeugen gefundenen überein, jedoch haben unsere Untersuchungen eine Anzahl von Besonderheiten ergeben, die einer weiteren Prüfung bedürfen, ehe endgültige Schlüsse gezogen werden können.

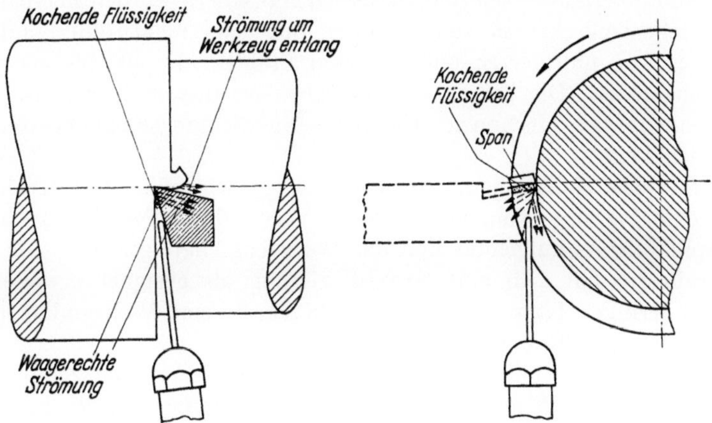

Abb. 75. Düsen-Kühlung erhöht die Werkzeug-Standzeit.

Nach Untersuchung der Gulf Oil Corp. soll eine besonders intensive Kühlung beim Drehen dadurch erzielt werden, daß das Kühlmittel durch ein nadelförmiges Röhrchen mit einem Außendurchmesser von 0,3 bis 0,6 mm in den Raum zwischen Werkstück und Freiwinkelfläche eingeführt und die Kühlflüssigkeit mit etwa 30 Atm. Druck in diesen Raum eingespritzt wird (Abb. 75). Nach den bisherigen Erfahrungen soll sich besonders bei der Bearbeitung von nichtrostendem Stahl eine mehrfache Verlängerung der Standzeit der Werkzeuge ergeben haben.

V. Über das Drehen bei hohen Temperaturen.

Durch den Festigkeitsabfall, den fast alle Werkstoffe mit steigender Temperatur erleiden, sinkt die zur drehenden Bearbeitung erforderliche Schnittkraft. Praktische Untersuchungen haben gezeigt, daß sich eine lohnende Erhöhung der Standzeit der Werkzeuge erst erreichen läßt, wenn die Temperatur des zu bearbeitenden Werkstückes mindestens 800° C beträgt. Die Temperatur im Werkstück kann dabei entweder aus einer Vorerhitzung stammen, z. B. können Rohblöcke in der Schmiedehitze bearbeitet werden oder aber durch Hochfrequenzerhitzung der Werkstückoberfläche und schließlich durch extrem hohe Schnittgeschwindigkeiten erzielt werden. Das letztgenannte Verfahren kommt insbesondere für gehärtete Stähle in Betracht, durch deren Ausglühen bei sehr hoher Schnittgeschwindigkeit die Bearbeitung sehr erleichtert wird. Beispielsweise kann Schnellstahl von 64 Rockwellhärte mit einer Schnittgeschwindigkeit von 215 m/min bei 0,25 mm/U Vorschub und 0,3 mm Spantiefe mit größerer Spanleistung des Werkzeuges bearbeitet werden als bei niedriger Schnittgeschwindigkeit.

Von amerikanischen und russischen Forschern wurden Zerspanungsversuche beim Fräsen von Gußeisen mit etwa 6000 m/min und beim Fräsen von unlegierten und legierten Stählen mit 400 bis 800 m/min durchgeführt. Die bei diesen Versuchen erhaltenen Ergebnisse lassen erkennen, daß hier noch erhebliche Entwicklungsmöglichkeiten verborgen liegen.

Für das Heißdrehen von Stahlblöcken wird die Hartmetallplatte zweckmäßig mit Konstantan unter Verwendung des entsprechenden Kapillargitters aufgelötet und der Werkzeugschaft gekühlt. Als Hartmetallsorte hat sich eine Speziallegierung als geeignet erwiesen, die einen geringen Titan- und Chromkarbidzusatz zum Wolframkarbid und einen höheren Kobaltgehalt aufweist.

Besonders vorteilhaft ist das Warmdrehen bei schwer zerspanbaren Werkstoffen, z. B. austenitischem 12proz. Manganstahl, der bei 800° C zu bearbeiten ist. Während bei Kaltbearbeitung zur Erzielung einer 4stündigen Standzeit des Werkzeuges nur mit einer Schnittgeschwindigkeit von etwa 12 m/min bei 0,3 mm/U Vorschub und 3 bis 5 mm Spantiefe gearbeitet werden konnte, ist es bei der Warmbearbeitung möglich, eine Schnittgeschwindigkeit von 120 m/min und 0,5 mm/U Vorschub bei gleicher Spantiefe anzuwenden. Bei diesen von der Firma Böhler durchgeführten Versuchen wurde die Hartmetallsorte SB 1 benutzt.

VI. Erzielbare Oberflächengüte beim Drehen mit Hartmetallwerkzeugen.

Durch die beim Drehen mit Hartmetallwerkzeugen erzielbaren hohen Schnittgeschwindigkeiten wird besonders bei der Stahlbearbeitung die Fließgrenze des Werkstoffes überschritten und eine Spanabnahme durch fließende Verformung erreicht. Bei einer solchen Spanabnahme entsteht eine sehr glatte, matt glänzende Oberfläche. Zusammen mit der guten Maßgenauigkeit können mit Hartmetallwerkzeugen auf genau arbeitenden Drehbänken manche Teile so bearbeitet werden, daß ein nachträgliches Schleifen nicht mehr erforderlich ist. Die erzielbare Oberflächengüte nach dem Lichtschnittverfahren gemessen, ergibt sich aus Tab. 45. Eine Oberflächenrauhigkeit von $3\,\mu$ entspricht etwa einer Oberflächengüte, wie sie auch bei normalem Rundschleifen erhalten wird, wenn nicht besondere Maßnahmen, wie langes Auslaufenlassen

Tabelle 45. *Oberflächengüte mit Hartmetallwerkzeugen gedrehter Stahlteile.*
(Spitzenradius des Werkzeuges r = 0,5 mm.)
(Nach Opitz.)

Vorschub mm/U:	Stahl 60 kg/mm²		Legierter Stahl 95 kg/mm²	
	0,1	0,3	0,1	0,3
Schnittgeschwindigkeit:				
50 m/min	15 μ	35 μ	5 μ	12 μ
100 m/min	8 μ	20 μ	3 μ	8 μ
150 m/min	4 μ	9 μ	2 μ	6 μ
200 m/min	3 μ	8 μ	—	—

der Schleifscheibe oder besonders feinkörnige Scheiben vorgesehen werden.

Der Spitzenradius des Werkzeuges ist für die Oberflächengüte von großer Bedeutung. Schon bei einem Radius von 1 mm steigt die Rauhigkeit um etwa 50%.

VII. Einfluß der Bearbeitung auf die Struktur der Werkstoffoberfläche.

Aus röntgenographischen Untersuchungen hat sich ergeben, daß durch spanabhebende Bearbeitung eine Verformung der Oberflächenschicht am bearbeiteten Werkstück auftritt. Die Tiefe dieser Verformung ist außer vom Werkstoff auch in erheblichem Umfange von den Schnittbedingungen abhängig. Wie unsere noch nicht abgeschlossenen röntgenographischen und metallographischen Untersuchungen gezeigt haben, nimmt die Tiefe der Verformung mit steigender Schnittgeschwindigkeit ab (Tab. 46). Da Hartmetallwerkzeuge viel höhere Schnittgeschwindigkeiten gestatten wie Schnellstahlwerkzeuge, wird die Oberflächenschicht des mit Hartmetallwerkzeugen bearbeiteten Werk-

Tabelle 46. *Verformungstiefe in μ beim Drehen von Stahl (70 kg/mm²*
Festigkeit).

	Schnittgeschwindigkeit m/min (Spantiefe 2,5 mm)	Vorschub	
		0,2 mm/U	1,0 mm/U
Schnellstahl	6	250 μ	325 μ
	20	210 μ	280 μ
	30	180 μ	250 μ
Hartmetall	80	100 μ	160 μ
	120	90 μ	120 μ
	150	90 μ	120 μ
	200	80 μ	120 μ

stückes viel weniger beeinflußt als bei Verwendung von Schnellstahl-werkzeugen.

Aus den bisher gesammelten Erfahrungen über den Abnutzungs-widerstand und das sonstige praktische Verhalten verschiedenartig ver-formter Oberflächenschichten hat sich ergeben, daß ein Zusammenhang zwischen der Verformung und dem praktischen Verhalten besteht und daß daher bei der Wahl der Bearbeitungsbedingungen auch die nach-trägliche Beanspruchung der bearbeiteten Oberfläche berücksichtigt werden muß. Dies trifft auch dann zu, wenn die mit Hartmetallwerk-zeugen bearbeitete Oberfläche nachträglich geschliffen wird und wenn durch den Schleifvorgang nicht genügend Werkstoff abgehoben wird, um die bei der vorangehenden Bearbeitung entstandene Schicht voll-ständig zu entfernen.

VIII. Hobeln mit Hartmetallwerkzeugen.

Für den Hobelvorgang sind besonders kräftige Werkzeugschäfte vorzusehen. Bei modernen Hobelmaschinen ist die Forderung, daß die Werkzeuge bei der Rückführung angehoben werden müssen, stets erfüllt.

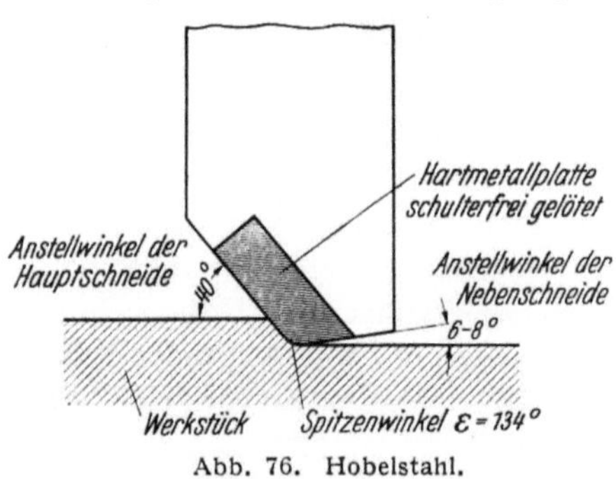

Abb. 76. Hobelstahl.

Aus der Konstruktion der Hobelmaschinen ergibt sich, daß mit niedrigen Schnitt-geschwindigkeiten gearbeitet wird, die im allgemeinen unter 80 m/min liegen. Für das Hobeln von Stahl kommen daher die Sorten S 2 bis S 4 und für Grauguß und Bunt-metalle die Legierungen G 1 oder H1, die auch für das Hobeln von Stahl mit mehr als 160 kg/mm² Festigkeit verwendet werden können, in Betracht.

Für den Hobelvorgang sind für die Gestaltung der Hartmetall-schneide andere Gesichtspunkte als beim Drehen maßgebend. Da beim Eindringen der Hobelschneide in das Werkzeug — insbesondere bei unterbrochenem Schnitt — die Schneidenspitze besonders stark bean-sprucht wird, muß die Schneidkante des Werkzeuges dadurch verstärkt werden, daß möglichst mit einem Spitzenwinkel von etwa 130° (Abb. 76) gearbeitet wird. Dieser Spitzenwinkel wird erhalten, wenn der Anstell-winkel der Hauptschneide 40° und der der Nebenschneide auf wenige Grade eingestellt wird. Fernerhin soll die Schneidenspitze um 10 bis 15° zurückstehen, so daß ein schleppender Schnitt mit einem Neigungs-winkel (λ) von 10 bis 15° entsteht.

Form und Abmessungen von Hartmetallsonderplatten für das Hobeln sind in Tab. B19 zusammen mit einem Hobelstahl dargestellt.

Infolge des großen Neigungswinkels wird die Schneidkante nach und nach mit der vollen Schnittiefe belastet und die Beanspruchung wird zuerst von dem mittleren Teil der Schneidkante, an dem sie wesentlich mehr unterstützt ist, aufgenommen. Auch am Ende des Schnittes geht bei dieser Schneidenstellung der Auslauf allmählich vor sich.

Beim Hobeln ist es besonders wichtig, die Lötspannungen so niedrig als möglich zu halten, die Hartmetallplatte soll deswegen schulterfrei (S. 39) in den Schaft eingesetzt und höchstens auf etwa $^1/_4$ ihrer Dicke in den Schaft eingelassen werden. Zwischen Hartmetallplatte und Schaft ist ein Nickelblech von 0,8 bis 1 mm Dicke zu legen, oder es wird zum Löten die Kapillargitterfolie (S. 65) verwendet.

Um die Forderung einer spannungsfreien Verbindung zwischen Schaft und Hartmetallplatte ganz zu erfüllen, kann auch von einer Lötung abgesehen und die Platte aufgeklemmt werden. Bei dem in Abb. 29 dargestellten Werkzeug der Firma Kennametall (USA) wird zunächst eine plan geschliffene Schnellstahlplatte auf den Schaft aufgeschraubt, die ihrerseits die ebenfalls auf ihrer Auflagefläche plan geschliffene Hartmetallplatte trägt. Das Aufklemmen der Hartmetallplatte hat den Vorteil des schnelleren Auswechselns beim Nachschleifen oder bei Sortenwechsel, ohne daß der schwere Hobelmeißel ausgebaut zu werden braucht. Nachteilig ist der verhältnismäßig große Hartmetallverlust, da die geklemmte Platte nur zu $^1/_2$ bis $^2/_3$ ausgenutzt werden kann. Das Reststück kann auf kleinere Werkzeugschäfte aufgelötet und auf diese Weise aufgebraucht werden.

Allgemeine Richtlinien für das Hobeln mit Hartmetallen. Durch die neu entwickelten zähen Hartmetallsorten ist das Hobeln von Grauguß, Stahl und legierten Stählen, geschweißten Werkstücken sowie auch von Nichteisenmetallen wirtschaftlich möglich geworden. Bei der besonderen Beanspruchung der Werkzeuge ist auf starren Aufbau der Hobelmaschine, stramm eingestellte Führungen, spielfreies Abheben beim Rücklauf des Werkzeuges sowie spielfreier Antrieb der Spindeln zu achten. Riemenangetriebene Hobelmaschinen haben häufig zu viel Spiel.

Um dem Werkzeug genügende Starrheit zu verleihen, sind die Schaftquerschnitte der Werkzeuge größer als beim Drehen zu wählen. Für Hobelmaschinen mittlerer Leistung sind Schaftquerschnitte von 50×50 mm² oder 63×63 mm² anzuwenden. Ebenso wie beim Drehen ist Werkzeugen mit geradem Schaft vor gebogenen oder gekröpften Schäften der Vorzug zu geben. Die Auflagefläche der Werkzeuge soll plan gehobelt oder plan geschliffen sein, damit eine einwandfreie Auflage des Werkzeuges auf der Supportfläche gewährleistet ist. Die Aus-

ladung ist so gering wie möglich zu wählen. Die Schnittbedingungen
für das Hobeln verschiedenartiger Werkstoffe ergeben sich aus Tab. 47.

Tabelle 47. *Schnittbedingungen für das Hobeln verschiedenartiger Werkstoffe.*

Werkstoff	Hartmetall-sorte	Schnitt-geschwindig-keit m/min	Vorschub mm/Hub	Span-winkel
Gußeisen				
bis 200 Brinell	G 1	50	1,5	15°
200 ,, 400 ,,	H 1	15	bis 1,5	5°
Stahl				
bis 70 kg/mm². . .	S 3	50	bis 3	20°
70 bis 100 kg/mm²	S 4	30	,, 1,5	15°
100 ,, 140 ,,	S 4 oder H 1	25	,, 1	10°
Gehärteter Stahl				
160 kg/mm²	H 1	bis 10	0,5·	0°

Die Grenzen in der Anwendung von G 1 und H 1 gegenüber S 4
hängen von der Spanentwicklung ab. Besonders bei Stahlguß hat sich
S 4 dann als vorteilhaft erwiesen, wenn längere Späne entstehen, die
zur Auskolkung führen können.

Wie beim Schruppen von Stahl auf der Drehbank ist auch beim
Hobeln eine Stumpfung der Schneidkante mit einer Schleiffeile unter
45° (S. 81) vorzusehen. Dabei soll auf der Spanablauffläche eine etwa
0,2 mm breite Fase von 0° Spanwinkel angebracht werden. Für Hobelwerkzeuge ist die Verwendung einer Diamantfeile notwendig, um
Schneidenanrisse auf jeden Fall auszuschließen.

Die Erfahrungen über die günstigste Größe des Spitzenradius sind
noch nicht ganz einheitlich. Beim Hobeln von Stahl soll der Spitzenradius die Hälfte des Vorschubes betragen, er sollte jedoch nicht unter
1 mm liegen. Beim Hobeln von Gußeisen können kleinere Spitzenradien
verwendet werden.

Als **Richtwerte für die Schneidengestaltung** können zugrunde gelegt
werden:

Freiwinkel α . . . . 6°
Spanwinkel γ . . . . 5 bis 15°
Spitzenwinkel ε . . . . . . 110 bis 140°
Neigungswinkel λ . . . . . . 10 bis 15° (positiv)
Spitzenradius r . . . . . . 1 bis 4 mm
Anstellwinkel $\varkappa$ . . . . 45° für Gußeisen
,, $\varkappa$ . . . . 60° für Stahl

Arbeitsbeispiele. Beispielsweise konnte ein Gesenkblock aus legiertem Stahl von etwa 120 kg/mm² Festigkeit unter folgenden Bedingungen gehobelt werden:

Schnittgeschwindigkeit . . . 12 m/min
Spantiefe . . . . 6 mm
Quervorschub . . . . 0,3 mm
Freiwinkel . . . . 6°
Spanwinkel γ_1 . . . . 5°
Neigungswinkel . . . . . . 12°
Standzeit des Werkzeuges . . 1 Stunde.

Als besondere Spitzenleistung werden von Coomey für Gußstücke aus Halbstahl (35 bis 40% Stahl) Schnittgeschwindigkeiten von 70 bis 90 m/min bei Schnittiefen von 7 bis 24 mm und Vorschüben zwischen 1 bis 3 mm/U genannt. Werkstücke aus Flußstahl können bei der gleichen Geschwindigkeit mit einer maximalen Schnittiefe von 12 mm und einem Vorschub von 0,8 mm/U gehobelt werden.

Hobeln von Matrizen-Platten aus legiertem Stahlguß mit Sandeinschlüssen, Schweißstellen und Schnittunterbrechungen.

Abmessungen . . . . 4000 × 1000 mm²
Werkzeug . . . . Hobelstahl, bestückt mit S 3
Freiwinkel . . . . 6°
Spanwinkel . . . . 5°
Schnittgeschwindigkeit . . 20 m/min
Vorschub . . . . 0,6 mm
Spantiefe . . . . 1,0 mm
Kühlflüssigkeit . . . . . . Ölsuspension

Nach Bearbeitung der gesamten Fläche war ein Verschleiß des Werkzeuges von 0,3 mm an der Freifläche festzustellen.

Hobeln von Gußeisen 220 bis 230 Brinell (Arbeitsbeispiel der Widia-Fabrik).

Werkzeug . . . . 40 × 63 mm Schaftquerschnitt
                                 bestückt mit TT 4
Spanwinkel . . . . 20°
Neigungswinkel . . . . . 10°
Freiwinkel . . . . 8°
Schnittgeschwindigkeit . . 30 m pro min
Vorschub . . . . 1,0 mm
Spantiefe . . . . 8 bis 12 mm

Das Werkstück wies starke Gußkruste auf.

Unter den genannten Arbeitsbedingungen wurde eine wirtschaftliche Standzeit des Werkzeuges erreicht. Es hat sich ferner ergeben, daß bei Verkleinerung des Spanwinkels auf etwa 10° und durch Erhöhung des Neigungswinkels auf etwa 15° eine Verringerung der Standzeit eintrat.

Hobeln von Gehäusen aus Gußeisen mit einer Brinellhärte von 200 kg/mm².

Werkzeug . . . . Stahl 50 mm Schaftquerschnitt;
bestückt mit G 1. Spanwinkel 10° mit einer Phase von etwa 2 mm Breite unter einem Spanwinkel von 2°.

Schnittgeschwindigkeit . . 25 m/min
Vorschub . . . . 1,0 mm
Spantiefe . . . . 15 mm
Standzeit . . . . 9 Stunden.

Zweiweg-Hobeln. Die Firma Berthies, Paris, hat eine Zweiweg-Hobelmaschine herausgebracht, die mit einer einfachen Vorrichtung am Stahlhalter das Zweiweghobeln mit ein- und mehrschneidigen Werkzeugen ermöglicht (Abb. 77). Dieses Prinzip befindet sich noch in der Entwicklung, doch liegen bereits gute Ergebnisse auch bei Verwendung von Hartmetallwerkzeugen vor.

Plandrehen. Bei Karusselbänken, Kopfbänken oder beim Plandrehen auf Drehbänken werden häufig Drehmeißel mit normalen Schnittwinkeln verwendet. Es wird oft nicht beachtet, daß das Plandrehen als ein „Hobeln im Kreise" angesehen werden kann. Aus diesem Grunde ist es zweckmäßig, diese Werkzeuge dem Hobelstahl entsprechend zu gestalten, d. h. Werkzeuge mit großem

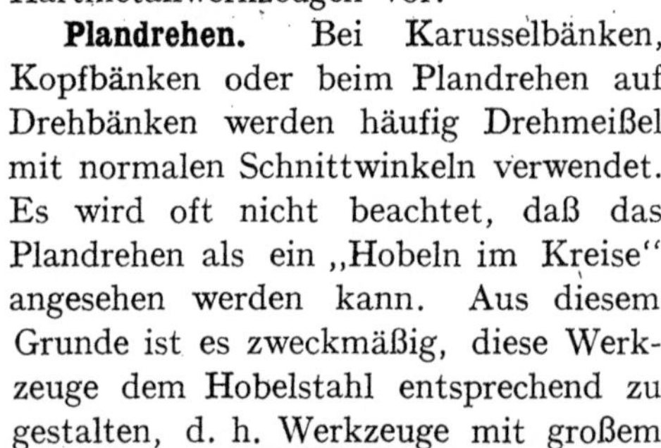

Abb. 77. Schematische Darstellung einer Zweiweg-Hobelvorrichtung.

Neigungswinkel und möglichst kleinem Anstellwinkel der Nebenschneide zu verwenden. Gekröpfte Stähle sollten möglichst vermieden und nur gerade Schruppstähle benutzt werden. Bei rechtwinkeligen Schultern am Werkstück muß der Einstellwinkel 90° sein, jedoch sollte der Neigungswinkel mindestens 10° und der Einstellwinkel der Nebenschneide 6 bis 8° betragen. Der Spanwinkel wird dem Werkstoff angepaßt.

Literatur: 54, 64, 70.

IX. Das Universalhartmetall.

Die erste im Jahre 1926 industriell eingeführte Hartmetallsorte enthielt 94% Wolframkarbid und 6% Kobalt, sie entspricht der heutigen Bezeichnung G 1. Sie wurde damals für alle Bearbeitungszwecke verwendet. Dabei ergab sich jedoch bald, daß diese Legierung zwar dem Schnellstahl in der Graugußbearbeitung weit überlegen war, daß aber bei der Bearbeitung von Stahl ihre Überlegenheit nicht ausreichend war, um den höheren Preis zu rechtfertigen. Deshalb entstanden etwa um 1930 weitere Gruppen von Hartmetallen, die über Titan-Molybdänkarbide und Tantalkarbidlegierungen schließlich zur Entwicklung des S 1-Hartmetalls führten.

Im weiteren Verlauf der Entwicklungsarbeiten ergab sich, daß die Standzeit der G 1-Legierung am Manganhartstahl und am Hartguß nicht befriedigend war. Deshalb wurden durch Einführung des Feinmahlverfahrens und durch Erforschung des Einflusses der Beschaffenheit der Ausgangsstoffe auf die Eigenschaften der Hartmetallegierungen besonders feinkörnige Hartmetalle entwickelt, die zwar etwas spröder, jedoch bei der Hartgußbearbeitung den zuerst entwickelten grobkörnigeren Legierungen erheblich überlegen waren. Sie wurden in der Folge als H 1 und H 2 bezeichnet.

Bei der Stahlbearbeitung stellte sich ferner die Notwendigkeit heraus, für niedrige Schnittgeschwindigkeiten und stoß- und schlagartige Beanspruchung beim Drehen über zähere Legierungen zu verfügen, wie sie in den Legierungen S 2 und S 3 geschaffen wurden. Für das Feinstschlichten bei hoher Maßgenauigkeit wurden ferner noch titankarbidreichere Legierungen entwickelt, die die Bezeichnung F 1 und F 2 erhielten. Aus dieser Entwicklung des Hartmetalles ergibt sich deutlich, daß eine Universalqualität, die allen Ansprüchen auf Zähigkeit und Standzeit genügt und die sich bei allen Werkstoffen überlegen erweist, nicht erwartet werden kann. Die Praxis hat immer wieder bewiesen, daß für viele Spezialfälle eine bestimmte Hartmetallzusammensetzung entwickelt werden kann, die eine besonders gute Standzeit ergibt. Insbesondere trifft dies für ein Hartmetall zu, das sich sowohl zur Stahlbearbeitung als auch zur Grau- und Hartgußbearbeitung gleich gut eignen soll, und zwar insbesondere darum, weil die bisher bekannt gewordenen Hartmetalle für Hartgußbearbeitung ein feinkörniges Gefüge haben, in denen das Wolframkarbid in Korngrößen von etwa $1\,\mu$ vorliegt, während in den titankarbidhaltigen Hartmetallen insbesondere zur Stahlbearbeitung das Wolframkarbid und die Wolframkarbid-Titankarbid-Mischkristalle im Hauptanteil in Korngrößen von 3 bis $6\,\mu$ und gröber vorhanden sind.

Es hat sich nun ergeben, daß sich Legierungen auf Wolfram-Titan-Tantalkarbidbasis herstellen lassen, die sowohl das Wolframkarbid als auch die Wolfram-Titan-Tantalkarbid-Mischkristalle in feinkörniger Form, und zwar im Hauptanteil unter $3\,\mu$ enthalten und die sich sowohl für die Grau- und Hartguß- als auch für die Stahlbearbeitung einsetzen lassen, allerdings mit der Einschränkung, daß sie nicht die standfestesten Qualitäten jeder Reihe ersetzen können, d. h. also mit der kombinierten Legierung kann das G 1 und H 1 für Grauguß und Hartguß, nicht aber das H 2 und bei der Stahlbearbeitung das S 2 und S 3, nicht aber das S 1 und F 1 ersetzt werden. Immerhin ist auf diese

Weise eine Legierung geschaffen worden, die vor allem für solche Werke in Betracht kommt, bei denen nur Einzelfertigung oder nur kleine Stückzahlen an zu bearbeitenden Werkstücken vorliegen, so daß sich die geringere Standzeit der kombinierten Legierung gegenüber H 2 bzw. S 1 nicht störend auswirkt.

Der Vorteil der kombinierten Legierung kann insbesondere ausgenutzt werden in Maschinenfabriken, in denen in wechselnder Folge Grauguß, Hartguß und Stahlteile sowie auch Nichteisenmetalle, wie Kupfer und Leichtmetall in geringen Stückzahlen zu bearbeiten sind, ferner auch in Reparaturwerkstätten und solchen Betrieben, die nur gelegentlich Dreharbeiten auszuführen haben. In diesen Fällen bietet die kombinierte Legierung auch den Vorteil einer wesentlich einfacheren Lagerhaltung und eine Vermeidung der Gefahr der Verwechselung der verschiedenen Sorten.

In diesem Sinne kann die neu entwickelte kombinierte Legierung als Universalqualität bezeichnet werden, sie steht unter dem Schutz amerikanischer, deutscher und französischer Patente.

Im folgenden werden einzelne Anwendungsfälle der Universalqualität angeführt.

Bearbeitungsbeispiele für die Universalsorte. *1. Bearbeitung einer gehärteten Kaltwalze.*

Es handelte sich um das Abdrehen einer Kaltwalze mit einer Rockwellhärte von 62 bis 65. Die Bearbeitung erfolgte unter folgenden Bedingungen:

Werkzeug . . . . rechter gerader Schruppstahl von 30 mm² Querschnitt, bestückt mit einer Platte A 25.
Schnittgeschwindigkeit v . 18 m/min
Spantiefe a . . . . 2 mm
Vorschub s . . . . 0,13 mm/U
Freiwinkel α . . . . . . 5°
Spanwinkel γ . . . . . 3°
Neigungswinkel λ . . . . 5°

Stumpfung an der Freiwinkelfläche nach 30 min Standzeit: 0,4 mm. Die gedrehte Oberfläche war glatt und sauber.

2. Bearbeitung einer schwach legierten Stahlwelle. Zur Bearbeitung lag eine glatte Stahlwelle von 70 bis 80 kg/mm² Festigkeit vor.

Werkzeug . . . . rechter gerader Schruppstahl, bestückt mit einer Platte A 25
Schnittgeschwindigkeit v . 70 m/min
Spantiefe a . . . . 4 mm
Vorschub s . . . . 0,53 U/min
Freiwinkel α . . . . . . 5°
Spanwinkel γ . . . . . . 5°
Neigungswinkel λ . . . . . 3°.

Nach 60 min Standzeit betrug die Stumpfung an der Freiwinkelfläche etwa 0,3 mm und die Auskolkung etwa 1,5 mm Breite.

3. Bearbeitung einer Hartgußwalze. Abzudrehen war ein glatter Hartgußzylinder von 68 bis 70 Shore Härte (entsprechend etwa 450 kg/mm² Brinellhärte).

Werkzeug . . . . gerader rechter Schruppstahl,
bestückt mit einer Platte A 25
Schnittgeschwindigkeit v . 10 m/min
Spantiefe a . . . . 3 mm
Vorschub s . . . . 0,2 mm/U
Freiwinkel α . . . . . . 5°
Spanwinkel γ . . . . . . 5°
Neigungswinkel λ . . . . 3°.

Nach einer Schnittzeit von 60 min betrug die Stumpfung an der Freiwinkelfläche 0,4 mm.

Die 3 Bearbeitungsbeispiele zeigen, daß sich mit der Universalsorte U unter den angegebenen Schnittbedingungen so verschiedene Werkstoffe wie gehärteter Stahl, schwach legierter Stahl und Hartguß wirtschaftlich bearbeiten lassen. Es sei jedoch nochmals betont, daß sich unter Einsatz von Speziallegierungen wie S 1 oder H 2 günstigere Ergebnisse an Hartguß oder schwach legiertem Stahl erzielen lassen.

4. Bearbeitung von Eisenbahnradreifen amerikanischer Herkunft. Die Radreifen sind an den Bremsstellen besonders schwer zu bearbeiten, sie hatten bis zu 8 derartiger außerordentlich harter Flachstellen, eine wirtschaftliche Bearbeitung mit S 3 war bisher nicht möglich.

Mit der Qualität U konnten befriedigende Ergebnisse unter folgenden Bedingungen erzielt werden:

Werkzeug . . . . Formstahl
Schnittgeschwindigkeit v . 13 bis 30 m/min je nach Härte
Spantiefe a . . . . 1 bis 5 mm
Vorschub s . . . . 0,5 bis 1 mm/U
Freiwinkel α . . . . . . 5°
Spanwinkel γ . . . . . . 2°
Neigungswinkel λ . . . . 5°.

Mit einem Anschliff konnten je nach der Zahl der Flachstellen 1 bis 3 Radsätze abgedreht werden, wobei das Werkzeug eine Stumpfung von 0,1 mm an der Freiwinkelfläche zeigte.

Es sei noch einmal ausdrücklich darauf hingewiesen, daß bei dem augenblicklichen Stand der Entwicklung die Universal- oder die Allzweckqualität in ihrer Leistung nicht mit solchen Sorten verglichen werden darf, die für einen speziellen Anwendungsfall besonders entwickelt und für diesen Fall naturgemäß auch eine besonders gute Leistung haben. Zweckmäßig wird die Universalqualität unter dieser Voraussetzung eingesetzt für die Zerspanung von:

Gußeisen, Schleuderguß, Temperguß, Nichteisenmetallen wie Messing, Bronze, Kupfer, Leichtmetallegierungen, auch wenn sie siliciumhaltig sind, Kunstharzwerkstoffen, Kunsthölzern und gummihaltigen Erzeugnissen, Stahl und Stahlguß jeder Festigkeit bei

mittlerer Schnittgeschwindigkeit und

mittleren Vorschüben (unter 1 mm/U).

G. Überwachung und Arbeitsvorbereitung im Hartmetalleinsatz.

I. Technischer Überwachungsdienst.

Die folgenden Ausführungen beziehen sich auf Fertigungsstätten, in denen Hartmetallwerkzeuge ein wesentliches Fertigungsmittel darstellen und die einen genügend großen Verbrauch haben, um einen gesonderten Überwachungsdienst gerechtfertigt erscheinen zu lassen. In kleineren Werken wird es ausreichend sein, wenn der die Löterei und Schleiferei leitende Meister auch die Überwachung des Hartmetalleinsatzes und des Verbrauches übernimmt. Nach unseren Erfahrungen ist es aber in größeren Betrieben unbedingt erforderlich, einen besonderen „Hartmetall-Ingenieur" zu bestimmen, der möglichst selbst Dreher gewesen ist und der eine genaue Betriebskenntnis hat. Außer der fachlichen Eignung muß er die charakterliche Fähigkeit mitbringen, sich in den einzelnen Abteilungen durchzusetzen, ohne zu viele innere Schwierigkeiten hervorzurufen. Der „Hartmetall-Ingenieur" hat weiter die Aufgabe, mit der Abteilung Arbeitsvorbereitung und der Abteilung Nachkalkulation eng zusammenzuarbeiten. Da eine Berechnung der Standzeit der Werkzeuge aus den Kennwerten der Werkstoffe bei der Kompliziertheit der spanabhebenden Vorgänge nicht mit hinreichender Sicherheit möglich ist, gehört es auch zur Aufgabe des Überwachungsingenieurs, der Kalkulation durchschnittliche Standzeitwerte zu übermitteln, die für die Akkordvorhaben unerläßlich sind. Im einzelnen erwachsen ihm folgende Pflichten:

Arbeitsgebiet des Hartmetall-Ingenieurs. 1. Ermittlung der Unterlagen für die Selbstkostenberechnung der Hartmetall-Werkzeugherstellung, insbesondere der Kosten des Nachschliffes. Es ist angebracht, die Schleifereien zu einer selbständigen Kostenstelle zu machen.

2. Prüfung der aus den Betrieben zum Nachschliff zurückgelieferten Werkzeuge gemeinsam mit dem Meister der Schleiferei und Nachprüfung der Fälle, in denen Schneidenausbrüche oder starke Beschädigung der Schneide auf unsachgemäße Arbeitsweise oder unrichtige Schnittbedingungen hinweisen.

3. Führung einer Kartei über die Nachschliffzahlen der Werkzeuge. Diese Kartei ist das wichtigste Hilfsmittel, um beurteilen zu können, ob der Hartmetalleinsatz in einem Werk im ganzen gesehen wirtschaftlich erfolgt.

Daneben können auch zahlenmäßige Unterlagen über den Hartmetallverbrauch in kg Späne je 1 g Hartmetall und der Werkzeugverbrauch je Maschine und Monat weitere Aufschlüsse geben.

4. Täglich in den Betrieben an den Maschinen den Einsatz des Hartmetalles zu überwachen, die Arbeiter auf Fehler aufmerksam zu machen und den Einsatz der richtigen Hartmetallsorte zu überprüfen.

5. Fühlung mit den Beratungsingenieuren der Hartmetallhersteller zu halten und in Schulungskursen die Dreher von Fortschritten auf dem Gebiete der Hartmetallherstellung und Anwendung zu unterrichten.

6. Den Abteilungen Vor- und Nachkalkulation hat er die erforderlichen Unterlagen über Werkzeugkosten, insbesondere Nachschliffkosten, Anzahl der erreichbaren Nachschliffe und Standzeiten für die verschiedenen Werkstoffe zusammen mit den an den einzelnen Werkzeugmaschinen erreichbaren Schnittgeschwindigkeiten und Vorschübe zu geben.

7. Zusammenarbeit mit der Abteilung Maschineninstandsetzung, um die für die Anwendung der Hartmetall-Werkzeuge unbedingt notwendige einwandfreie Arbeitsweise der Werkzeugmaschinen zu gewährleisten. Der Bruch an Hartmetallplatten läßt sich erheblich vermindern, wenn ein zu großes Spiel in den Supporten oder Spindeln beseitigt wird.

8. Zusammenarbeit mit den Bestellbüros über die Lagerhaltung an Hartmetallplatten, Schleifscheiben und Lötmitteln.

Für seine überwachende Tätigkeit können ihm die Tab. 43 und 48 über die möglichen Anschliffzahlen, die erzielbaren Spänemengen je 1 g Hartmetall (Tab. 44) und die Tabellen über anzuwendende Schnittgeschwindigkeiten (Tab. A 6 bis A 8) Anhaltspunkte geben, die er auf Grund der anfallenden Erfahrungen seinem Betriebe anpassen wird. An weiteren Hilfsmitteln braucht er:

1 Meßlupe mit Okularmikrometer zur Messung der Schneidenstumpfung,
1 Tachometer zur Messung der Schnittgeschwindigkeit,
Lehren zur Messung der Winkel und Radien am Werkzeug,
1 Poldihammer zur Kontrolle der Werkstoffestigkeit.

Der Hartmetall-Ingenieur sollte seinen Platz in der zentralen Werkzeugmacherei haben, er ist zweckmäßig jedoch der Werksleitung direkt zu unterstellen.

Wenn berücksichtigt wird, welche erheblichen Werte in dem Hartmetallwerkzeugumlauf investiert sind, so erscheint der Aufwand für einen solchen Überwachungsingenieur ohne weiteres vertretbar. Gelingt es diesem Ingenieur, die durchschnittliche Nachschliffzahl um 5% zu erhöhen, so ist der Aufwand für sein Gehalt bereits gedeckt, wenn der Werkzeugumlauf etwa 500 Stück beträgt.

II. Arbeitsvorbereitung.

Für die Arbeitsvorbereitung eines Werkes ist der Maschinenpark gegeben und es wird sich im wesentlichen darum handeln, für einen bestimmten Zerspanungsvorgang die Hartmetallsorte und die Schnittbedingungen den zur Verfügung stehenden Maschinen anzupassen. Die Bearbeitungskosten lassen sich dabei in drei Teile zerlegen. Unter *a* wird der mittlere Lohn des Drehers einschließlich der Werkstättenzuschläge je Minute verstanden.

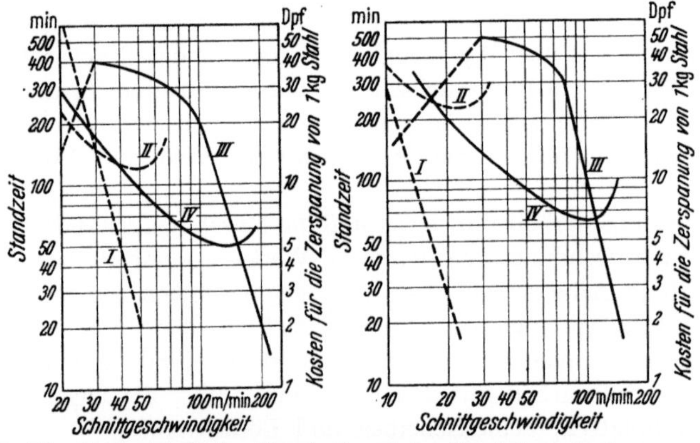

Abb. 78. Abhängigkeit der Standzeit und der Bearbeitungskosten von der Schnittgeschwindigkeit.
(Vorschub: 0,6 mm/U; Spantiefe: 4 mm.)
Links: Stahl von 60 kg/mm² Festigkeit, rechts: Stahl von 90 kg/mm² Festigkeit.
Die Kurven lassen erkennen, daß die wirtschaftlichste Schnittgeschwindigkeit bei 130 bzw. 100 m/min liegt. Aber auch bei niederen Geschwindigkeiten (bis herab zu 30 bis 40 m/min) ist Hartmetall billiger als Schnellstahl. Unter 30 m/min wird die Standzeit der Hartmetallwerkzeuge durch starken Verschleiß herabgesetzt.

I	Schnellstahl	(Standzeitkurve)	⎫ ------
II	,,	(Kostenkurve)	⎭
III	Hartmetall	(Standzeitkurve)	⎫ ———
IV	,,	(Kostenkurve)	⎭

Gesamtkosten = Drehzeit $\times a +$ Werkstückwechselzeit $\times a +$ Werkzeugkosten je Anschliff.

Für einen bestimmten Spanquerschnitt ergibt sich auf Grund dieses Zusammenhanges in Abhängigkeit von der Schnittgeschwindigkeit ein Minimum des Kostenaufwandes (Abb. 78). Das Minimum bildet sich dadurch aus, daß bei Verdoppelung der Schnittgeschwindigkeit zwar die Drehzeit auf die Hälfte sinkt, gleichzeitig aber die Standzeit des Werkzeuges auf etwa ein Zehntel verringert wird. Infolgedessen wächst der Anteil der Werkzeugkosten im Verhältnis zu den Kosten der reinen Drehzeit allmählich so stark, daß er schließlich zu einem Wiederanstieg des Gesamtaufwandes je 1 kg zerspanten Werkstoff führt. Bezeichnet man die Austauschkosten für den Werkzeugwechsel mit B und den Stundensatz des Drehers mit D, so ergibt sich nach der Ableitung von Leyensetter in der Darstellung von E. Hirschfeld die wirtschaftliche Standzeit (T) zu:

$$T = \frac{B\,(n-1)\,60}{D}.$$

In dieser Gleichung stellt n den Exponenten in der Geschwindigkeitsstandzeitkurve dar. Der Exponent liegt zwischen 3 und 7.

Praktisch stößt die Anwendung dieser Formel in der Vorkalkulation auf Schwierigkeiten:

1. Weil der Exponent von Werkstoff zu Werkstoff wechselt und auch bei Lieferungen des gleichen Werkstoffes in verschiedenen Zeitabständen nicht gleich bleibt.

2. Weil der Einfluß der Schnittwinkel, insbesondere der Einfluß negativer Schnittwinkel gesondert erfaßt werden müßte.

3. Die wirtschaftliche Standzeit wird auch durch die Forderung bestimmt, daß mindestens ein Werkstück zwischen zwei Nachschliffen bearbeitet werden muß.

4. Weil die Wirtschaftlichkeit nicht allein durch die Schnittgeschwindigkeit, sondern auch durch die Ausnützung der Leistung der Bank gegeben ist, die häufig besser durch höheren Vorschub und geringere Schnittgeschwindigkeit erreicht werden kann.

Wenn, wie es wohl überwiegend der Fall sein wird, nicht die Möglichkeit besteht, den Exponenten durch die erforderlichen Versuche für jede Werkstofflieferung zu bestimmen, so wird die Vorkalkulation sich auf zwei Grundlagen zu stützen haben:

1. Beratung durch die Fachingenieure der Hartmetallhersteller,

2. Enge Zusammenarbeit mit der Fertigung, um alle Erfahrungen, die dort gesammelt werden, für die weiteren Kalkulationsarbeiten auszuwerten. (Zusammenarbeit mit dem Hartmetall-Ingenieur.)

Auf Grund der aus den Fertigungsbetrieben an die Kalkulation gelangenden Unterlagen über die Standzeit der Werkzeuge kann diese Dienststelle allmählich Erfahrungswerte für die besten Bearbeitungsbedingungen sammeln.

Zur Lösung einer bestimmten Bearbeitungsaufgabe an Stahl oder Grauguß, bei der das Materialaufmaß (Spantiefe) und die Drehbank mit ihrer Motorleistung gegeben ist, wird die Arbeitsvorbereitung daher so vorgehen, daß

1. für den Schruppvorgang ein möglichst hoher Vorschub gewählt wird und aus dem Spanquerschnitt unter Zugrundelegung der dem Vor-

schub und dem Material entsprechenden Schnittkraft (Tab. A 9) die Schnittgeschwindigkeit berechnet wird, die sich aus der Antriebskraft der Bank ergibt. Diese Geschwindigkeit kann auch aus den Tab. A 26 bis A 40 abgeleitet werden. Ist die sich so ergebende Schnittgeschwindigkeit zu klein, so kann der Span in zwei Schnitten genommen werden. Fällt die Geschwindigkeit in den Hartmetallbereich, so ergibt sich aus Tab. A 1 die anzuwendende Sorte. Im allgemeinen wird von der ermittelten Geschwindigkeit ein Sicherheitsabschlag von 10 bis 20% abgezogen.

Die in den Tabellen angegebenen Werte der Schnittgeschwindigkeit haben eine Standzeit von 240 Minuten als Grundlage.

2. Für den Schlichtschnitt ist die Spantiefe durch den vorangegangenen Schruppschnitt bestimmt. Sie sollte möglichst 1,5 mm Spantiefe nicht unterschreiten. Der Vorschub ist durch die zu erzielende Oberflächengüte bestimmt. Auch hier ist die Leistung der Bank mit den in den genannten Tabellen angeführten Schnittgeschwindigkeiten in Einklang zu bringen.

3. Die vorstehend angeführten Richtlinien sind den Betriebsbedingungen im einzelnen anzupassen, insbesondere ist die Wahl des Vorschubes auch durch die Möglichkeit der genügend starren Einspannung des Werkstückes und Werkzeuges und durch den Zustand der Bank an sich bestimmt; bei Automatenarbeiten können wesentlich längere Standzeiten erforderlich werden und schließlich kann auch eine vorgeschriebene Lieferzeit eine Abkürzung der Bearbeitungszeiten auf Kosten des Werkzeugverbrauches verlangen.

4. Die bevorzugte Berücksichtigung des Vorschubes bei der Festlegung der Schnittbedingungen gilt für das Schruppen von Stahl und Grauguß. Bei Buntmetallen und vor allem bei Leichtmetallen wird durch zu hohe Vorschübe eine ungünstige Verformung der Oberflächenschichten des Werkstoffes hervorgerufen. In diesen Fällen ist die Schnittleistung in erster Linie durch hohe Schnittgeschwindigkeit erzielbar.

5. Es hat sich als zweckmäßig erwiesen, die festgelegten Standzeiten einzuhalten, d. h. die Dreher haben nach 4 Stunden (Halbschicht) die Werkzeuge auszuwechseln, auch wenn ihr Zustand dies noch nicht erfordern sollte. Der Zeitaufwand für den Werkzeugwechsel wird dadurch mehr als ausgeglichen, daß die Werkzeuge dann nur sehr geringe Nachschleifkosten verursachen und die Zahl der Nachschliffe der Werkzeuge größer wird. Auch diese Maßnahme ist von dem Hartmetall-Ingenieur zu überwachen.

6. Die Arbeitsvorbereitung unterrichtet den Hartmetall-Ingenieur über die festgelegten Werte, die er im Betrieb zu überwachen hat.

Die Arbeitsvorbereitung hat der Werkzeugherstellung Angaben für die Bereitstellung der erforderlichen Werkzeuge zu machen, so daß jeder

Dreher die für eine Schicht benötigten Werkzeuge an seinem Arbeits-
platz hat, damit das Auswechseln der Werkzeuge schnell vor sich geht
und er nicht in Versuchung gerät, ein Werkzeug selbst an irgendeinem
Schleifbock zu schleifen.

Im vorliegenden Rahmen können nur allgemeine Richtlinien angeführt werden, da die Arbeitsbedingungen in jedem Betrieb so verschiedenartig liegen, daß im einzelnen Fall sehr unterschiedliche Maßnahmen getroffen ·werden müssen. Durch eine wohl durchdachte
Organisation der Überwachung des Hartmetalleinsatzes hat es jedoch
die technische Werksleitung in der Hand, die großen Vorteile, die der
Hartmetalleinsatz mit sich bringt, auch voll auszuwerten.

Werkzeugbewertung beim Einkauf. Beim Einkauf von Werkzeugen
muß besonders darauf geachtet werden, daß die Preisangebote verschiedener Lieferanten nur im Vergleich mit der Leistung des Werkzeuges beurteilt werden dürfen. Da die Instandhaltungskosten des
Werkzeuges konstant sind, ist auch kein proportionaler Zusammenhang zwischen einem geringeren Preis und einer Minderleistung des
Werkzeuges vorhanden. Nach Untersuchungen von J. Witthoff
ergeben sich die Werkzeugkosten je Leistungseinheit (K_w) aus folgender
Formel:

$$K_w = \frac{W_a - W_u + n_s \cdot W_s}{n_{wT}(n_s + 1)}.$$

In dieser Formel bedeuten:

K_w = Werkzeugkosten je gedrehtes Werkstück (je Standzeit),
W_a = Beschaffungswert bzw. Selbstkosten,
W_u = Wert des Werkzeuges am Ende seiner Gebrauchsdauer
    (Stahlschaft, Hartmetallreststück),
n_s = Zahl der ausführbaren Nachschliffe,
W_s = Kosten je Nachschliff,
n_{wT} = Zahl der gedrehten Werkstücke oder der Drehleistung
    zwischen zwei Nachschliffen (Standzeit).

Aus der angeführten Formel ergeben sich folgende Schlüsse:

1. Der Beschaffungsaufwand ($W_a - W_u$) eines Werkzeuges ist für
seine Wirtschaftlichkeit nicht ausschlaggebend. Wenn einem hohen
Beschaffungsaufwand für ein sorgfältig hergestelltes Werkzeug eine entsprechend hohe Zahl der zu drehenden Werkstücke je Nachschliff (n_{wT})
gegenübersteht, so können die Werkzeugkosten günstiger liegen als bei
geringerem Beschaffungsaufwand eines weniger sorgfältig hergestellten
Werkzeuges und dementsprechend geringerem Wert für die Leistung
des Werkzeuges.

2. Aus der Darstellung ergibt sich, daß ein wirtschaftlich gutes
Gesamtergebnis beim Einkauf von Werkzeugen nur erwartet werden

kann, wenn der Einkauf mit dem Betrieb eng zusammenarbeitet und der Betrieb dem Einkauf die Bewertungsgrundlagen für ein Werkzeug auf Grund sorgfältiger Betriebsbeobachtungen zur Verfügung stellt. Auch hier erwächst dem „Hartmetallingenieur" ein sehr wichtiges Aufgabengebiet.

Ein von Witthoff gegebenes Beispiel möge diese Zusammenhänge noch näher erläutern:

Einem Betrieb wurden von zwei Herstellern Werkzeuge mit gleich gekennzeichneter Hartmetallbestückung geliefert. Der Bezugspreis betrug im ersten Falle $W_{a1} = 9,95\,\text{DM}$, im zweiten $W_{a2} = 12,60\,\text{DM}$. In der Werkstatt ergab sich, daß mit dem billigeren Werkzeug eine Stückzahl je Standzeit von etwa $n_{wT1} = 7$, mit dem teueren unter gleichen Arbeitsbedingungen jedoch von $n_{wT1} = 12$ erreicht wurde. Die Werte W_u, n_s und W_s waren für beide Werkzeuge gleich. Sie beliefen sich auf

$$W_u = 0,\ n_s = 12,\ W_s = 0,35\,\text{DM}.$$

Damit ergeben sich nach der angeführten Formel folgende Werkzeugkosten je Werkstück:

$$K_{w1} = \frac{9,95 - 0 + 12 \cdot 0,35}{7\,(12 + 1)}\,\text{DM} = 0,156\,\text{DM},$$

$$K_{w2} = \frac{12,60 - 0 + 12 \cdot 0,35}{12\,(12 + 1)}\,\text{DM} = 0,11\,\text{DM}.$$

Das in der Beschaffung teurere Werkzeug ergab also erheblich geringere Werkzeugkosten.

Normenblätter und Richtwerttabellen. Im Anhang sind eine Auswahl der wichtigsten Normenblätter für Hartmetallplatten und Hartmetallwerkzeuge und bewährte Werksnormen für Sonderwerkzeuge zusammengestellt (Tab. B 1 bis B 28).

Der erreichbare Ausfall an vorzeitig ausgebrochenen Werkzeugen ergibt sich aus Tab. 48.

Die maximalen Schnittgeschwindigkeiten für eine Standzeit von 240 Minuten für verschiedene Vorschübe und Hartmetallsorten

Tabelle 48. *Richtlinien für den erreichbaren Ausfall an ausgebrochenen und beschädigten Werkzeugen.*

	Auf 100 eingesetzte Werkzeuge
Schruppen von Stahl und Grauguß . (Schmiede- und Gußstücke)	20 Stück
Schruppen von Nichteisenmetallen . .	5 ,,
Schlichten von Stahl und Grauguß .	10 ,,
Schlichten von Nichteisenmetallen . . .	5 ,,

ergeben sich aus den Tab. A 6 bis A 8. Insbesondere zeigen die Tab. A 6 und A 7 die Einsatzbedingungen der drei Hartmetallsorten S 1, S 2 und S 3 zur Bearbeitung von Stahl und stahlartigen Werkstoffen.

Die Umdrehungszahlen bei gegebenem Werkstückdurchmesser und gegebenem Vorschub lassen sich aus den Tab. A 12 bis A 25 entnehmen. Sollte die zur Verfügung stehende Drehbank die vorgesehenen Drehzahlen nicht erreichen, so ist die höchst mögliche zu wählen und die dafür in Frage kommende Hartmetallsorte gemäß den Angaben der Tabellen zu verwenden.

Die erforderlichen Motorleistungen bei gegebenem Vorschub, gegebener Schnittgeschwindigkeit und gegebener Spantiefe ist aus den Tab. A 26 bis A 40 abzuleiten.

Ist die für die Arbeit einzusetzende Drehbank gegeben, wie dies meistens der Fall sein wird, so läßt sich aus der KW-Spalte der Tabellen für eine vorgeschriebene Spantiefe die mögliche Schnittgeschwindigkeit und der mögliche Vorschub ablesen. Aus der Schnittgeschwindigkeit läßt sich mit Hilfe der Tab. A 12 die Umdrehungszahl und aus den Tab. A 6 bis A 8 die Hartmetallsorte festlegen.

Die Tabellen ergeben die unter günstigen Bedingungen zu erreichenden Schnittbedingungen. Sie gelten für einen Einstellwinkel von 45°, für Trockendrehen und für Schnittwinkel, wie sie in den Tab. A 6 bis A 8 festgelegt worden sind. Der Einfluß veränderter Schnittbedingungen ist aus den Angaben auf S. 33 abzuleiten.

Ferner ist eine Vergleichstafel zur Umrechnung von Rockwell-, Brinell- und Shore-Werten in Härte und Zugfestigkeit (Tab. A 10), eine Vergleichstabelle deutscher und amerikanischer Siebgrößen (Tab. A 41), ein Normungsvorschlag für Diamantkörnungen (Tab. A 42) und eine Kennzeichnung von Schneidölen (Tab. A 43) beigegeben worden.

Ein Vergleich der Bezeichnungen der Hartmetallsorten verschiedener Hersteller ergibt sich aus den Tab. A 2 bis A 5.

Die in den Tabellen für verschiedene Werkstoffe angegebenen Schnittgeschwindigkeiten, bezogen auf eine bestimmte Standzeit, hängen, wie bekannt, in starkem Maße von Einzelheiten der Arbeitsbedingungen ab. Sie dürften in manchen Fällen in der Praxis als zu hoch, bezogen auf die angegebenen Standzeiten, angesehen werden. Wünschenswert wäre es, wenn die Betriebe und insbesondere die Betriebe, in denen „Hartmetallingenieure" eingesetzt sind, Erfahrungswerte über erreichbare Standzeiten bei gegebenen Schnittbedingungen und bestimmten Werkstoffen bekanntgeben würden, damit die Schnittgeschwindigkeitstafeln den durchschnittlichen praktischen Arbeitsbedingungen weitgehend angepaßt werden können.

Literatur: 1, 49, 60, 66, 75, 76.

H. Besondere Anwendungsfälle.

Die Anwendungsbeispiele, die im folgenden erläutert werden, sollen einen Überblick über die Breite des Gebietes geben, auf dem sich Hartmetalle nicht nur in die spanabhebende und spanlose Formgebung, sondern auch allgemein zum Einsatz an Stellen, an denen hoher Verschleiß eintritt, eingeführt haben.

1. Bearbeitung von Stahlguß mit unterbrochenem Schnitt.

Die Bearbeitungsbedingungen gehen aus Abb. 79 hervor, sie zeigen, daß bei richtig gewählten Winkeln auch Stahlguß selbst bei unterbrochenem Schnitt sich wirtschaftlich bearbeiten läßt.

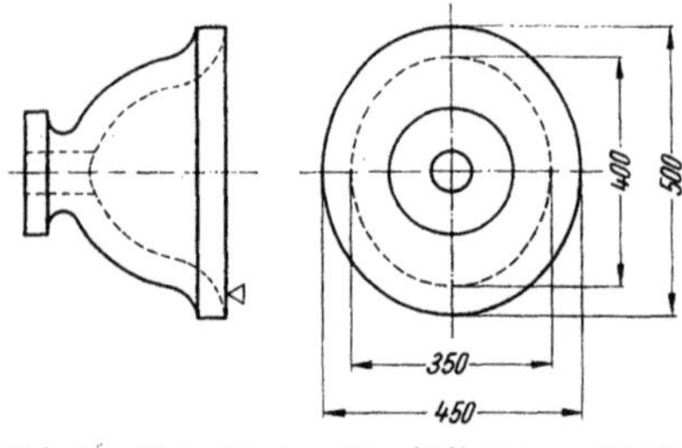

Abb. 79. Beispiel einer Bearbeitung von Stahlguß mit unterbrochenem Schnitt.
Werkstück: Ovale Stahlgußschieberhauben mit sandiger und poröser Bearbeitungsfläche Schnittunterbrechung. Werkstoff: Stahlguß. Festigkeit: 60 kg/mm². Maschine: Drehbank, 15 kW.
Bearbeitung: Hartmetall   S 3
    Schnittgeschw. in m/min   66
    Vorschub in mm/Umdr.   0,5
    Spantiefe in mm   5
Werkzeug: Seitenschruppstahl
    Schnittwinkel
      α 5°
      γ 1 ÷ 2°
      ε 90°
      x 45°
      λ 3°
Standzeit: 6 Stück je Anschliff.

2. Verwendung von Drehpilzen.

Zum Einstechen von Nuten mit bestimmtem Radius beispielsweise in Walzen oder zur Bearbeitung der Lauffläche von Eisenbahnrädern können entweder geklemmte oder auch aufgelötete Hartmetallringe verwendet werden (Abb. 80). Die Befestigung durch Klemmen mittels eines zentral durchgeführten Schraubenbolzens erfordert die Zwischenlage einer 0,2 mm starken Kupferfolie.

3. Gewindewirbeln.

Das Gewindeschneiden auf der Drehbank mit Dreh- oder Strählwerkzeugen ist mit den zäheren Hartmetallegierungen oder Spezialsorten mit besonders gut geläppten Schneiden durchführbar. Besonders kurze Arbeitszeiten werden mit Gewindeschneidemaschinen oder nach dem Verfahren des Gewindewirbelns erreicht.

Bei dem unter dem Namen „Gewindewirbeln" von K. Burgsmüller entwickelten Verfahren läuft ein einzelnes hartmetallbestücktes Werkzeug mit dem dem Gewinde entsprechenden Spitzenwinkel mit großer Geschwindigkeit um. Die Achse des umlaufenden Werkzeuges liegt außerhalb der Achse des Werkstückes, in das das Gewinde geschnitten werden soll. Das Hartmetall räumt daher bei jeder Umdrehung das Gewinde unter Bildung kommaförmiger Späne aus. Das in Abb. 81 dargestellte Werkzeug wird unmittelbar auf der Achse e eines Motors befestigt, der seinerseits auf dem Support f einer Leitspindeldrehbank

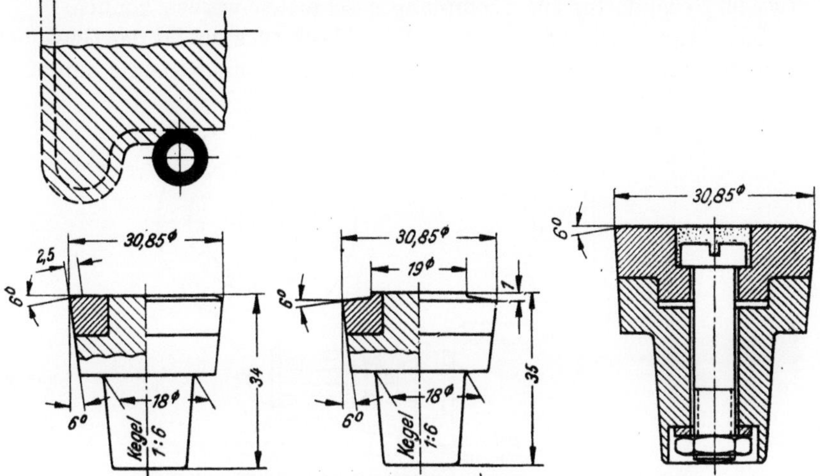

Abb. 80. Drehpilz mit Hartmetall-Ring zur Radsatzbearbeitung.
Zum Profildrehen der Radreifen von Schienenfahrzeugen werden Drehpilze mit einem Hartmetallring verwendet. Wie obenstehend abgebildet, läßt sich das gesamte Profil in einem Durchgang abdrehen. Der Ringdurchmesser ist hierbei dem Profil des Radreifens angepaßt.
Schneidpilz mit negativem Schneidwinkel angeschliffen.
Schneidpilz mit Spanleitstufe.
Schneidpilz mit mechanisch befestigtem Schneidring.

verschraubt ist (Abb. 82). Das Werkstück b, in dem ein Innengewinde zu schneiden ist, wird in dem Futter a der Drehbank aufgenommen. Der Motor mit dem Werkzeug wird auf volle zu schneidende Gewindetiefe zugestellt.

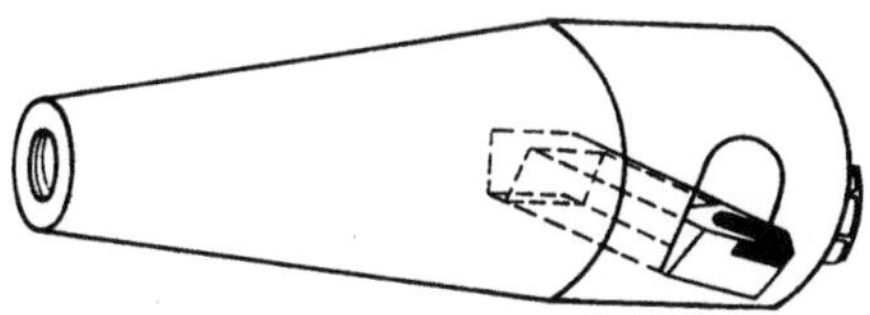

Abb. 81. Vorrichtung zum Spannen des Gewindewirbelwerkzeuges.

Beim Schneiden eines Innengewindes M 50 × 3 wird nach folgenden Bedingungen gearbeitet:

Spitzenkreisdurchmesser des Werkzeuges . 35 mm
Werkstückumdrehung . . . . 8 U/min
Umdrehungen der Wirbelspindel . . . . 1800 U/min
Schnittgeschwindigkeit . . . . etwa 200 m/min.

Bei einer Gewindelänge von etwa 25 mm beträgt die Zeit zur Herstellung des Gewindes etwa 1 min, wobei bei einem Stahl von etwa 90 kg/mm² Festigkeit unter Verwendung der Hartmetallqualität S 1 etwa 50 Gewinde bis zur Stumpfung geschnitten werden können.

Beim Außengewindewirbeln wird das Werkstück, in das das Gewinde einzuschneiden ist, von der Wirbelvorrichtung glockenartig umfaßt.

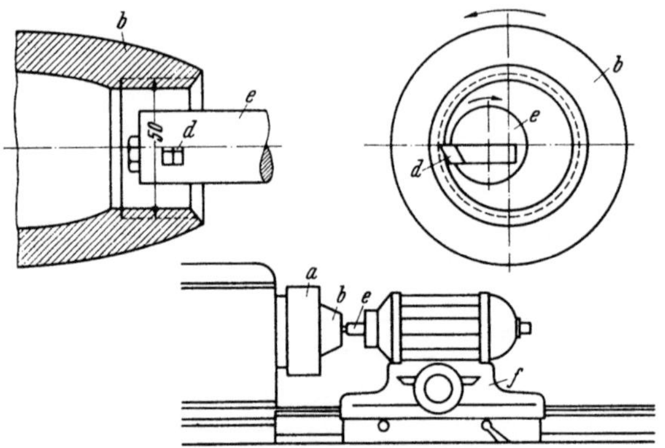

Abb. 82. Anordnung bei Herstellung eines Gewindes durch Innenwirbeln.

Grundsätzlich gelten die gleichen Arbeitsbedingungen wie beim Innenwirbeln.

Durch Neigung der Wirbelachse läßt sich der Zwei-Flankenschnitt in einen Ein-Flankenschnitt verwandeln, ferner läßt sich bei Gleichlauf von Werkstück und Werkzeug eine noch günstigere Gestaltung der Spanabnahme erreichen.

4. Verwendung von hartmetallbestückten Drehmeißeln auf Langdrehautomaten.

Nach den Untersuchungen von Schallbroch hat sich ergeben, daß für die Bearbeitung von Automatenstählen mit 0,6 und 1,0% Kohlenstoff bei den in Frage kommenden Schnittgeschwindigkeiten die Hartmetallsorte G 1 der Sorte S 3 deutlich überlegen war. Dies stimmt grundsätzlich auch mit den in Abb. 66 wiedergegebenen Standzeitkurven überein, nach denen bei niedrigen Schnittgeschwindigkeiten die größere mechanische Festigkeit titankarbidfreier Hartmetalle den Nachteil ihrer größeren Verschleißneigung überwiegt.

Schallbroch konnte nachweisen, daß zur Erzielung gleicher Einstichzahlen bei Verwendung von G 1 mit einer Schnittgeschwindigkeit von etwa 40 m/min, von S 3 nur mit etwa 30 m/min gearbeitet werden konnte.

Neuere Versuche haben ergeben, daß tantalkarbidlegierte H 1-Hartmetalle nach Art der Universal-Hartmetalle noch eine weitere Überlegenheit über G 1 zeigen. Es ist deshalb empfehlenswert, bei Automatenarbeit Vorversuche zur Festlegung der besten Hartmetallsorte durchzuführen.

5. Bearbeitung von Leichtmetallen.

Vom Standpunkt der Bearbeitung aus liegen die Leichtmetalllegierungen zwischen Holz und Kupfer, d. h. in vielen Fällen wird man Werkzeuge verwenden können, die in ähnlicher Form auch in der Holzbearbeitung benutzt werden. Trotz der verhältnismäßig geringen Schnittdrucke (Tab. 49) können Leichtmetalle nicht mit zu hohen Vor-

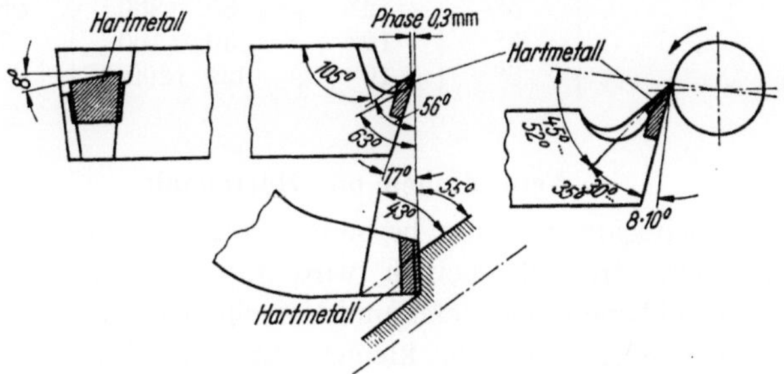

Abb. 83. Drehmeißel mit Hartmetallschneiden für Leichtmetallbearbeitung.

schüben bearbeitet werden, weil die oberflächlichen Schichten des Werkstoffes erhebliche Verformungen erleiden. Die Bearbeitung muß daher mit hohen Schnittgeschwindigkeiten erfolgen (Tab. 50), wenn große Spanleistungen verlangt werden. Für die erforderlichen großen Frei- und Spanwinkel sind besondere Werkzeuge mit stirnseitig angelöteter Hartmetallplatte entwickelt worden (Abb. 83).

Tabelle 49. *Spezifische Schnittkräfte für einige Leichtmetallsorten.*

Werkstoff	Brinellhärte	Spanquerschnitt	
		für 1 mm²	für 5 mm²
Aluminium—Magnesium-Legierung	—	60 kg/mm²	45 kg/mm²
Duraluminium	115 kg/mm²	80 ,,	70 ,,
Silumin	75 ,,	100 ,,	85 ,,
Alusil	100 ,,	65 ,,	43 ,,

Bei Automatenlegierungen wird zur Erzielung kurz gebrochener Späne mit einem Spanwinkel von 0° gearbeitet, wobei häufig ein sehr kleiner Einstellwinkel der Nebenschneide (1 bis 2°) gewählt wird, um die bearbeitete Oberfläche zu glätten.

Bei der Bearbeitung von Magnesium und seinen Legierungen ist auf die Brandgefahr zu achten, geeignete Feuerlöschmittel sind bereitzuhalten.

Tabelle 50. *Schnittgeschwindigkeiten beim Drehen von Leichtmetallen mit Hartmetallwerkzeugen.*

Werkstoff	Frei-winkel	Span-winkel	Schruppen m/min	Schlichten m/min
Aluminium weich . .	7°	30°	bis 1500	bis 2000
Aluminium hart . .	7°	15°	150···300	250···400
Silumin	5°	12°	80···200	250···600
Alusil	5°	10°	30···100	70···150
Elektron	8°	10°	bis 1200	bis 1800

6. Feinstdrehen mit Hartmetall.

Dieser Arbeitsgang verlangt besonders sorgfältig geschliffene Hartmetallschneiden. Im allgemeinen wird mit großem Einstellwinkel gearbeitet. Die kleinen Spantiefen und Vorschübe der Feinstbearbeitung verlangen Werkzeuge mit sehr kleinem Spitzenradius, der höchstens 0,3 mm betragen soll. An seiner Stelle kann an der Spitze auch eine Phase von 0,1 bis 0,2 mm angeschliffen werden, die sich besonders bei unterbrochenem Schnitt gut bewährt hat. Die Schnittbedingungen ergeben sich aus der Tab. 51, bewährte Abmessungen aus Tab. B 20.

Tabelle 51. *Arbeitsbedingungen für das Feinstdrehen und Feinstbohren.*

Werkstoff		Hart-metall-Sorte	Span-winkel	Einstell-winkel	Schnitt-geschwindig-keit m/min
Bezeich-nung	Festigkeit bzw. Brinell-härte kg/mm²				
Stahl . . .	60··· 80	F 1	0···5°		120···200
	80···120	F 1	0°	75···90°	100···200
	120···160	F 1	0°		50···100
Gußeisen .	bis 220	H 1	5···0°	60°	90··· 75
Gußeisen .	über 220	H 2	5···0°	60°	75··· 50

(Vorschub 0,06···0,1 mm/U.)

Die angegebenen Schnittgeschwindigkeiten gelten für Spantiefen von 0,1 bis 0,3 mm, die in der Tabelle genannten Vorschübe sollten nicht unterschritten werden.

7. Drehen von Steinen und von Glas.

Die drehende Bearbeitung dieser Werkstoffe, die keinen eigentlichen Span ergeben, sondern bei denen die Werkstoffabtrennung auf einem Ausbrechen von Teilchen beruht, verlangen besonders feste Einspannung des Werkstückes und kürzeste Ausladung des Werkzeuges. Erfahrungswerte für Schnittwinkel und Schnittgeschwindigkeiten sind in den Tab. 52 und 53 zusammengestellt. Auch das Hobeln von Steinen und

Tabelle 52. *Schnittwinkel für das Drehen von Stein und Glas.*
(Neigungswinkel 5°.)

Werkstoff	Freiwinkel	Spanwinkel
Tuffstein	10°	$+23°$
Weicher Muschelkalk . .	6°	$+10°$
Marmor	5°	$+ 6°$
Harter Kalkstein. . . .	5°	$- 1°$
Granit	5°	$-2° \cdots -8°$
Weichglas (AK 90 · 10^{-7})	5°	$0° \cdots +2°$
Hartglas (AK 40 · 10^{-7}) .	5°	$- 5°$

Tabelle 53. *Schnittgeschwindigkeiten beim Drehen von Stein und Glas.*

Werkstoff	Schruppen	Schlichten
Tuffstein	300 m/min	400 m/min
Weicher Muschelkalk	$50 \cdots 60$,,	$70 \cdots 80$,,
Marmor	$25 \cdots 30$,,	$30 \cdots 35$,,
Harter Kalkstein . .	$18 \cdots 22$,,	$25 \cdots 28$,,
Granit . . . . · . . .	6 ,,	10 ,,
Glas	$45 \cdots 60$,,	$45 \cdots 60$,,

von Glas ist nach den genannten Richtlinien möglich. Besondere Beachtung muß der Verwendung der Schmiermittel geschenkt werden, die sowohl die Standzeit der Werkzeuge als auch die erzielbare Oberflächengüte sehr stark beeinflussen. Verwendet werden Emulsionen, Petroleum, Öle und Mischungen von Rüböl mit Petroleum.

8. Drehen von Kunstharzwerkstoffen.

Bei der Bearbeitung von *thermoplastischen Kunststoffen* wie Trovidur, Vinidur, Igelit, die eine verhältnismäßig geringe abstumpfende Wirkung auf die Werkzeugschneide haben, ist die Schnittgeschwindigkeit und der maximale Spanquerschnitt durch die Erscheinung bestimmt, daß diese Kunststoffe bei höheren Temperaturen zum Schmieren neigen. Deshalb ist für besonders gute Wärmeabfuhr unter Anwendung von Druckluftkühlung zu sorgen.

Der Spanwinkel soll 15 bis 20°, der Freiwinkel 10° betragen, um möglichst wenig Reibungswärme zu erzeugen. Ebenso ist ein Läppen oder Polieren der Spanablauffläche mittels Diamantpulver oder Diamantscheibe erforderlich. Je nach dem Grade der Kühlung können Vorschübe bis zu 0,5 mm/U und Schnittgeschwindigkeiten bis zu 1000 m/min bei gut ausgewuchteten Maschinen angewendet werden.

Kunststoffe mit Einlagen wie beispielsweise Hartpapier, Hartgewebe oder Gesteinsmehl haben eine wesentlich stärker abstumpfende Wirkung auf die Werkzeugschneide. Dementsprechend liegen die Schnittgeschwindigkeiten zwischen 50 bis 250 m/min bei Vorschüben bis zu 0,5 mm/U. Der Freiwinkel soll 8° und der Spanwinkel 10 bis 20° betragen.

Um ein Aussplittern beim Austritt des Werkzeuges zu vermeiden, kann, soweit möglich, ein Stück Holz beigedrückt werden.

Die Späne müssen regelmäßig entfernt und die Bettführungen der Drehbank gut abgedeckt werden, da der Kunstharzstaub sich in dem Ölfilm der Führung leicht festsetzt und ihn aufsaugt.

Zur Erleichterung des Spanabflusses ist es empfehlenswert, in die Spanablauffläche eine Hohlkehle einzuschleifen, die 0,5 mm hinter der Schneidkante beginnen soll.

9. Die Bearbeitung von Kunstholz.

Für die Bearbeitung natürlicher Hölzer wird im allgemeinen Kohlenstoffstahl oder Schnellstahl ausreichend sein. Bei Harthölzern und vor allem bei den in letzter Zeit entwickelten mit Kunstharz verleimten Schichthölzern sind jedoch Hartmetallwerkzeuge unentbehrlich geworden. Wie bei allen langfaserigen Stoffen verlangen derartige Kunsthölzer eine scharfe Schneidkante mit verhältnismäßig großem Spanwinkel und dementsprechend kleinerem Keilwinkel. Deswegen ist für die Bearbeitung von Kunsthölzern eine mit losem Borkarbid oder mit Diamant geläppte Schneide von mindestens 5 μ Schneidengüte erforderlich. Um einen großen Spanwinkel anwenden zu können, müssen zähere Hartmetallsorten (G 2 und G 3) trotz der stark verschleißenden Wirkung der Kunstharze angewendet werden, weil bei den kobaltärmeren Sorten die erforderliche spitze Schneide leichter beschädigt wird. Erfahrungswerte für die bei den verschiedenen Hartmetallsorten anwendbaren größten Spanwinkel ergeben sich aus Tab. 54.

Aus Abb. 85 ergibt sich der Zusammenhang für die für verschiedene Hartmetallsorten möglichen Keilwinkel. Weichholz erfordert einen Spanwinkel bis zu 30°, einen Freiwinkel von 15° und hohe Schneidengüte, um die Fasern glatt zu durchschneiden. Eine solche Schneide mit einem Keilwinkel von 45° ist nur an einem zähen Hartmetall (G 2)

Tabelle 54. *Erfahrungswerte für den steilst möglichen Spanwinkel bei verschiedenen Hartmetallsorten.*

Hartmetall-sorte	erfahrungsgemäß steilst möglicher Spanwinkel	Hartmetall-sorte	erfahrungsgemäß steilst möglicher Spanwinkel
G 2	bis 30°	H 1	bis 12°
G 1	,, 20°	H 2	,, 8°

erreichbar. Die Sorte G 2 kann für alle in Abb. 84 erwähnten Werkstoffe verwendet werden, während die bessere Verschleißfestigkeit der

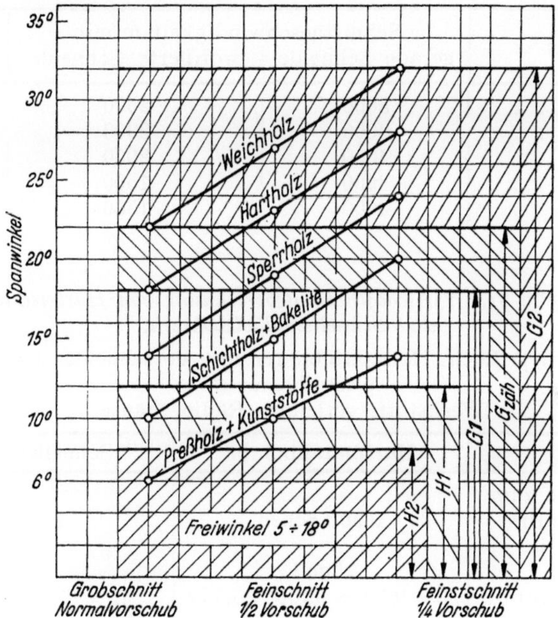

Abb. 84. Anwendungsbereiche verschieden zäher Hartmetallsorten bei der Holzbearbeitung.

Legierungen G 1, H 1 und H 2 nur dann ausgenutzt werden kann, wenn der Werkstoff größere Keilwinkel verträgt.

Dementsprechend ergeben sich die in Tab. 55 und Tab. 56 angegebenen Richtwerte für die bei verschiedenen Holzsorten anzuwendenden Winkel, Hartmetallsorten und Schnittbedingungen.

Die Überlegenheit der Hartmetalle kann jedoch nur dann ausgenutzt werden, wenn für gute Spanabfuhr bei der Werkzeugkonstruktion und an der Maschine gesorgt wird, beispielsweise durch Abblase- und Absaugevorrichtungen. Unter günstigen Umständen ergeben Hartmetall-

Tabelle 55. *Zusammenhang zwischen Art des Kunstholzes, Schnittwinkel und Hartmetallsorte.*

Holzart	Freiwinkel	Spanwinkel	Hartmetallsorte
Weichholz . .	20°	25°	G 2
Hartholz . .	20°	20°	G 2
Sperrholz . .	10	20°	G 1
Schichtholz .	10°	15°	G 1
Preßholz . . .	10°	8°	H 1 oder H 2

Tabelle 56. *Schnittbedingungen für die Bearbeitung verschiedener Holzsorten mit Hartmetallwerkzeugen.*

Holzart	Schnittgeschwindigkeit m/min		Vorschub m/min
	gerade Schneide	profilierte Schneide	
Weichholz	5000	2500	25
Hartholz	4000	2000	20
Sperrholz	4000	2000	20
Schichtholz . . .	3500	1500	10
Preßholz.	3000	1500	5

Tabelle 57. *Wirtschaftlichkeitsberechnung von Hartmetall- und Schnellstahlholzbohrern.*

(Bohrerkosten je Loch; Holzspiralbohrer mit Vorschneider und Zentrumspitze 20 mm ⌀.)
Werkstoff: verleimte Radiogehäuse.

	Hartmetallbohrer	Schnellstahlbohrer
Standzeit bis zum 1. Nachschliff .	4650 Löcher	72 Löcher
Nachschliffe je Werkzeug . . .	20mal	15mal
Löcher insgesamt .	20 × 4650 = 93 000 Löcher	15 × 72 = 1080 Löcher
Zahl der Werkzeuge	1 Stück	86 Stück
Zahl der Nachschliffe insgesamt	20mal	15mal 1290mal
Kosten der Werkzeuge	1 × 50,— DM = 50,— DM	86 × 10,— DM = 860,— DM
Kosten der Nachschliffe	20 × 1,50 DM = 30,— DM	1290 × 0,20 DM = 258,— DM
Kosten des Werkzeugwechsels . .	20 × 5 min = 100 min je 3 Dpfg = 3,— DM	1290 × 5 min = 6450 min je 3 Dpfg = 193,50 DM
Gesamtkosten für 93 000 Löcher . .	83,— DM	1311,50 DM
Kosten je Loch .	83,— DM : 93 000 0,09 Dpfg	1311,50 DM : 93 000 = 1,41 Dpfg

werkzeuge eine 20- bis 50fache Überlegenheit in der zerspanten Menge Holz je Zeiteinheit gegenüber Schnellstahl.   .

Aus Untersuchungen über die Wirtschaftlichkeit der Verwendung von Hartmetallwerkzeugen bei der Holzbearbeitung (Tab. 57) ergibt sich, daß beim Bohren von Löchern in verleimten Radiogehäusen pro Loch eine Einsparung von 1,3 Dpfg durch Verwendung von Hartmetallwerkzeugen erzielt werden kann.

Ähnliche Vorteile werden auch beim Fräsen härterer Hölzer erreicht.

10. Drahtrichtrollen und Drahtrichtdüsen.

Mit besonderem Vorteil sind in die Drahtindustrie Hartmetall gepanzerte Drahtrichtrollen und mit Hartmetalldüsen ausgekleidete Drahtrichtvorrichtungen eingeführt worden.

Das Richten der Drähte erfolgt zunächst über eine Anzahl von Richtrollen, die in einem von uns bearbeiteten Fall etwa 150 Betriebsstunden erreichten. Nach dieser Zeit waren die Rollen so stark rillenförmig ausgearbeitet, daß sie ausgewechselt werden mußten.

Wurden die Rollen auf etwa 15 mm Breite und in einer Stärke von etwa 4 mm mit einer Aufschweißschicht von Wolframkarbidkörnern versehen, so wurde die Abnutzung so weit herabgesetzt, daß 3000 Betriebsstunden und mehr erreicht werden konnten. Die Aufschweißstäbe bestehen aus Stahlrohren, die geschmolzenes Wolframkarbid in Körnern unter 1 mm Größe enthalten. Das Aufschweißen kann im Betrieb selbst vorgenommen werden.

Die Drahtrichtdüsen werden aus gesintertem Hartmetall der Legierung G 1 oder G 2 gefertigt. Es sind 5 Düsen in den Richtkopf eingebaut, der mit 2500 Umdrehungen je Minute umläuft, wobei die axiale Drahtgeschwindigkeit etwa 2 m/sec beträgt. Zur Erzielung der Richtwirkung sind die Düsen axial abwechselnd nach oben und unten bis zu 2 mm versetzt angeordnet. Auf Grund der vorliegenden Erfahrungen können im Bereich zwischen 5 und 10 mm Drahtdurchmesser etwa 2000 t Draht mit einem Satz Düsen gerichtet werden.

11. Hohlbohrkronen zum Ausbohren des Formsandes im Schleuderguß.

Um den Formsand aus dem Zwischenraum zwischen Kokille und Schleudergußteil zu entfernen, wird der erhärtete Formsand mittels Hohlbohrkronen aus Manganhartstahl, die eingebrannte Zähne tragen, ausgebohrt. Der Verschleiß an Hohlbohrkronen durch den Formsand ist erheblich. Durch Aufschweißung von Wolframkarbidkörnern in Stahlröhrchen auf die ausgebrannten Schneidflanken der Zähne konnte die Lebensdauer der Bohrkronen auf fast das 3fache erhöht werden. Ein Vergleich der Wirtschaftlichkeit unter Berücksichtigung des Preises

der Wolframkarbid-Aufschweiß-Stäbe und des Arbeits- und Material-
mehraufwandes ergab folgende Zahlen:

Preis einer Bohrkrone 400 mm Durchmesser.

	Ohne Wolframkarbid- aufschweißung	Mit Wolframkarbid- aufschweißung
	180,— DM	260,— DM
Lebensdauer	15 Schichten	40 Schichten
Aufwand je Schicht .	12,— DM	6,50 DM

Die Aufschweißung wird durch den Betriebsschweißer vorgenommen,
der von einem Vorführungs-Ingenieur angelernt worden ist.

12. Anwendung von Hartmetallkugeln zur Bestimmung der Brinellhärte.

Infolge des gegenüber Stahl nur ein Drittel so großen Elastizitäts-
moduls des Hartmetalles platten sich Kugeln aus Hartmetall wesentlich
weniger als Stahlkugeln ab. Die Meßgenauigkeit bei Verwendung von
Hartmetallkugeln ist daher besonders bei der Untersuchung harter
Werkstoffe deutlich größer, wie sich aus Vergleichsmessungen (Tab. 58)
ergibt.

Tabelle 58. *Abweichungen bei Verwendung von Stahl-
und Hartmetallkugeln gegenüber Kugeln aus Diamant.*
(Kugeldurchmesser 10 mm, Belastung 3 t,
Dauer 30 sec.)

Härtebereich	Stahlkugel	Hartmetallkugel
200···400 kg/mm²	0%	0%
400···600 ,,	10%	0%
600···800 ,,	35%	8%

Hartmetallkugeln in den Durchmessern 5 und 10 mm können mit
einer Toleranz von $\pm 0{,}01$ mm poliert hergestellt werden.

13. Drehbankkörner und Führungsbüchsen aus Hartmetall.

Zur Aufnahme von Werkstücken für die häufig in Betracht kommenden hohen Schnittgeschwindigkeiten werden Körnerspitzen (DIN 806)
mit Hartmetalleinsätzen (DIN E 8012) verwendet. In Fällen, wo stoßartige Belastungsschwankungen auftreten, können an Stelle von Voll-
spitzen aus Hartmetall auch Hartmetallsegmente eingesetzt werden
(Abb. 85). Für das Drehen und Rundschleifen mit Hohlkörnern haben
sich ebenfalls Hartmetalleinsätze vorteilhaft erwiesen. Die Lebensdauer von mit hartmetallbestückten Körnerspitzen beträgt das Viel-

fache von Stahlspitzen. Auch Hartmetalleinsätze in die Lünettenführungen haben sich gut bewährt.

Führungsbüchsen aus Hartmetall in Automaten haben eine Lebensdauer bis zu 6 Monaten ergeben, während unter gleichen Umständen
Führungsbüchsen aus legiertem Stahl nur etwa eine Woche gehalten
haben.

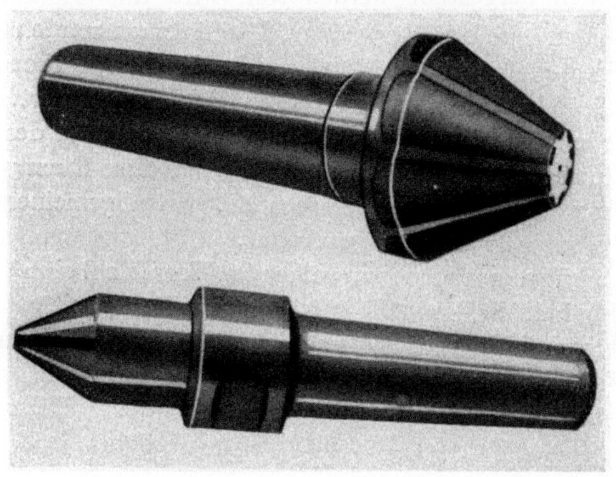

Abb. 85. Körnerspitzen mit Hartmetallsegmenteinsätzen und aus Vollhartmetall.

14. Hartmetallegierungen als verschleißfestes Baumaterial.

Hartmetallegierungen haben sich vielfach an Stellen bewährt, an
denen Maschinenteile großem Verschleiß ausgesetzt sind. Insbesondere

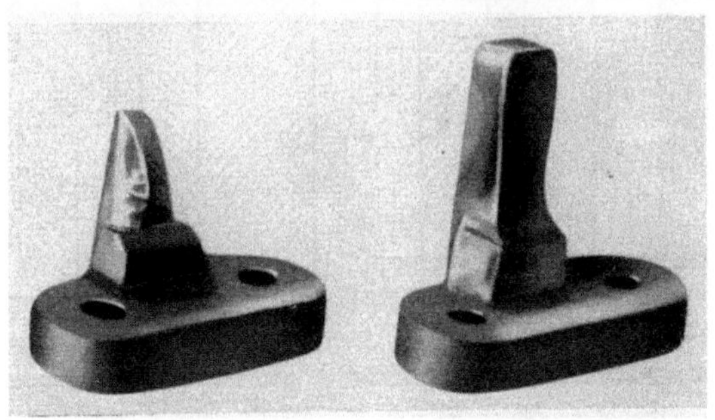

Manganhartstahl   Hartmetall G 2
nach 25 t Pulverdurchsatz   nach 33 t Pulverdurchsatz
Abb. 86. Haltbarkeit von Schlagstiften in einer Schleudermühle.

sind sehr gute Erfahrungen bei der Auskleidung und Bestückung von
Zerkleinerungs- und Mahleinrichtungen gemacht worden. Die in Abb. 86
dargestellten Schlagstifte einer mit großer Geschwindigkeit umlaufenden

Schlagstiftmühle lassen die außerordentliche Überlegenheit der Hartmetallstifte gegenüber Stiften aus Manganhartstahl erkennen.

15. Reduziermatrizen zur Schraubenherstellung.

Bei der automatischen Schraubenherstellung, bei der das Gewinde durch Einrollen hergestellt werden soll, wird die erforderliche Verjüngung der Schrauben vorteilhaft in Reduziermatrizen vorgenommen, die eine Hartmetallauskleidung haben. Die Matrizen werden in längerer Form auch zum gleichzeitigen Schlagen des Kopfes gegebenenfalls mit einer Hartmetallmatrize zum Formen des Kopfes geliefert.

Der erforderliche Einzugswinkel hängt von der Art des Materials und der Reduziergeschwindigkeit ab. Bei zu großem Einzugswinkel ist mit Stauchung der Schrauben zu rechnen. Im allgemeinen wird mit einem Winkel von 20 bis 25° gearbeitet.

Da es sich im wesentlichen um reibenden Verschleiß ohne allzu große Schlagwirkung handelt, kann die gute Verschleißfestigkeit von Wolframkarbidlegierungen mit verhältnismäßig niedrigem Kobaltgehalt (8 bis 15 % Kobalt) ausgenutzt werden.

Die Leistung von Hartmetallmatrizen liegt bei Bohrungsdurchmessern von

```
 4 bis  7 mm bei etwa 1 Million reduzierter Schrauben
 8  ,, 11  ,,    ,,    ,,     700 000          ,,              ,,
12  ,, 15  ,,    ,,    ,,     400 000          ,,              ,,
```

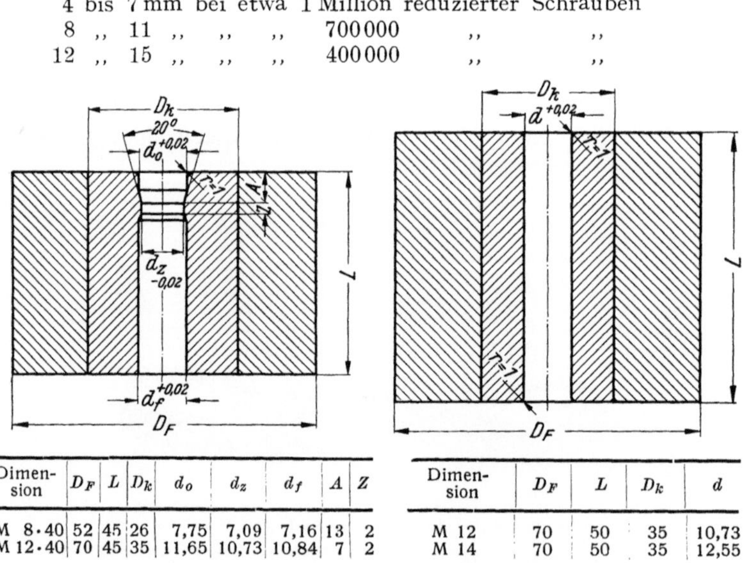

Dimension	D_F	L	D_k	d_o	d_z	d_f	A	Z
M 8·40	52	45	26	7,75	7,09	7,16	13	2
M 12·40	70	45	35	11,65	10,73	10,84	7	2

Dimension	D_F	L	D_k	d
M 12	70	50	35	10,73
M 14	70	50	35	12,55

Abb. 87. Reduzier- und Kopfschlagmatrize, Kopfschlagmatrize.

Die angegebenen Werte sind Mittelwerte, in Einzelfällen sind Leistungen bis zu 1,5 Millionen Schrauben und mehr erreicht worden.

Außer Reduziermatrizen werden auch Matrizen aus Hartmetall nur zum Schlagen des Kopfes und Matrizen, bei denen das Reduzieren und Schlagen des Kopfes in einem Arbeitsgang (Abb. 87) erfolgt, mit Erfolg verwendet. Die Kopfschlagmatrizen werden auch mit einer oder zwei Aussparungen geliefert.

Wirtschaftlichkeitsberechnungen haben ergeben, daß bei einer Leistung der Hartmetallmatrize von 250000 Schraubenbolzen M 5 der höhere Preis der Hartmetallmatrize bereits ausgeglichen wird und daß bei einer durchschnittlich durchaus erreichbaren Leistung der Hartmetallmatrize von 500000 Schraubenbolzen der Kostenaufwand je Schraubenbolzen etwa die Hälfte desjenigen beträgt, der bei Verwendung einer Matrize aus Werkzeugstahl mit 12% Chrom entsteht.

Auch Matrizen zum Warmschlagen aus Hartmetallspeziallegierungen haben sich bereits gut bewährt.

Ausschlaggebend für die Aufnahmefähigkeit von Hartmetallschlagmatrizen gegen radiale Zugbeanspruchung ist eine durch Schrumpfsitz erzielte Druckvorspannung des Hartmetallkernes im Stahlmantel. Der Außendurchmesser des Stahlmantels soll etwa das Doppelte des Außendurchmessers des Hartmetallkernes betragen.

16. Spanabhebende Bearbeitung von Hartmetallmatrizen.

Die Bearbeitung hochkobalthaltiger Legierungen, wie z. B. der Legierungen G 5 und G 6, kann außer durch Schleifen auch durch Hartmetallwerkzeuge spanabhebend vorgenommen werden. Beispielsweise lassen sich die Hartmetallsorten G 5 und G 6 mit Hartmetallplatten der Zusammensetzung H 2 drehen und auch bohren, wobei zweckmäßig ein negativer Spanwinkel von −5° bis −10° und Schnittgeschwindigkeiten zwischen 5 und 20 m/min anzuwenden sind. Allerdings müssen die Hartmetallwerkzeuge sehr häufig nachgeschliffen werden, da ein Drücken auf jeden Fall vermieden werden muß.

Literatur.

Herstellung, Gefügeaufbau und Eigenschaften.

1. Kelley, F. C.: Cemented Tantalum Carbide Tools. Trans. A. S. S. T. January 1932, S. 233.
2. Sykes, W. P.: Cemented Tungsten Carbide Alloys. Trans. Amer. Inst. min. metallurg. Engrs. Bd. 128 (1938) S. 76.
3. Kenna, Ph. M.: Tantalum Carbide Tool Compositions. Trans. Amer. Inst. min. metallurg. Engrs. Bd. 128 (1938) S. 90.
4. Meyer, O. u. W. Eilender: Die Sinterung von Hartmetallegierungen. Arch. Eisenhüttenw. Bd. 11 (1938) S. 545.
5. Dawihl, W.: Die Korrosionsfestigkeit von Hartmetallegierungen. Die Chem. Fabrik Bd. 13 (1940) S. 133.
6. Dawihl, W.: Untersuchungen über die Vorgänge bei der Abnutzung von Hartmetallwerkzeugen. Z. techn. Phys. Bd. 21 (1940) S. 336.
7. Dawihl, W. u. W. Rix: Über den Zusammenhang zwischen Verschweißungsfähigkeit und Verschleiß bei spanabhebend arbeitenden Werkzeugen. Z. Metallkde. Bd. 34 (1942) S. 156.
8. Dawihl, W. u. J. Hinnüber: Über den Aufbau der Hartmetalllegierungen. Kolloid-Z. Bd. 104 (1943) S. 233.
9. Oswald, M.: Les alliages durs à base de carbures réfractaires. Chim. et Ind. Bd. 49 (1943) S. 8.
10. Metcalfe, A. G.: The mutual solid solubility of tungsten carbide and Titanium carbide. J. Inst. Met. Bd. 73 (1946) S. 591.
11. Krainer, H. u. K. Konopicky: Untersuchungen von Sinterhartmetallen. Berg- u. hüttenm. Mh. Bd. 92 (1947) S. 166.
12. Dawihl, W.: Über Rundkristallbildung und die Existenz des Molybdänkarbids MoC. Z. anorg. allg. Chem. Bd. 262 (1950) S. 212.
13. Dawihl, W. u. K. Schröter: Zur Kenntnis der Vorgänge bei der Sinterung von Hartmetallegierungen. Z. Metallkde. Bd. 41 (1950) S. 231.
14. Schwarzkopf, P.: Beitrag zur Theorie des pulvermetallurgischen Tränkverfahrens. Z. anorg. allg. Chem. Bd. 262 (1950) S. 218.
15. Kieffer, R. u. F. Kölbl: Über das Zunderverhalten und den Oxydationsmechanismus warm- und zunderfester Hartlegierungen, insbesondere solcher auf Titankarbidbasis. Z. anorg. allg. Chem. Bd. 262 (1950) S. 229.
16. Kieffer, R. u. F. Kölbl: Über die Herstellung von Hartmetallen nach dem Tränkverfahren. Berg- u. hüttenm. Mh. Bd. 95 (1950) S. 49.
17. Grube, W. W.: Elektronenoptische Metallographie der Hartmetalle. Metal Progr. März 1950, S. 341.
18. Hinnüber, J.: Die Eigenschaften der Hartmetalle und ihr Einfluß auf Werkzeugherstellung und Anwendung. Z. VDI Bd. 92 (1950) S. 111.
19. Avery, H. S.: Hardness of hard-facing alloys (hot hardness). Weld. J. Bd. 29 (1950) S. 552.

20. Nowotny, H., R. Kieffer u. O. Knotek: Der Aufbau des Karbid-systems TiC—TaC—WC. Berg- u. hüttenm. Mh. Bd. 96 (1951) S. 2.
21. Dawihl, W.: Über die Vorgänge bei der Sinterung von Metallpulvern. Schweizer Arch. angew. Wiss. Techn. Bd. 17 (1951) S. 91.
22. Dawihl, W.: Über Bläherscheinungen und Zonenbildung in Hart-metallegierungen. Z. Metallkde. Bd. 42 (1951) S. 193.
23. Bevry, B. E.: The Manufacture of Cemented Tungsten Carbide. Murex Review Vol. 1 (1951) S. 165.
24. Brenner, A.: Microhardness Tester for hot metals. J. Res. Nat. Bur. Stand. Bd. 46 (1951) S. 126.
25. Trigger, K. J., L. B. Zylstra and B. T. Chao: Tool forces and Tool chip adhesion in the machining of Nodular Cast Iron. Trans. Amer. Soc. mech. Engrs. Bd. 5 A 39.
26. Trent, E. M.: Some Factors Affecting Wear on Cemented Carbide Tools. Inst. Mech. Eng., Preprint 8 pp. 2nd November 1951.
27. Ammann, E. u. J. Hinnüber: Die Entwicklung der Hartmetall-legierungen in Deutschland. Stahl u. Eisen Bd. 71 (1951) S. 1081.
28. Dawihl, W.: Die Sinterung von Wolframkarbid-Kobalt-Hartmetallen als Oberflächenreaktion. Z. Metallkde. Bd. 43 (1952) S. 20.
29. Dawihl, W.: Über die Gleitschwindung bei Metall-Metalloxydgemischen und bei Borkarbid. Z. Metallkde. Bd. 43 (1952) S. 138.
30. Dawihl, W.: La formation de grains dans les alliages frittés. Micro-tecnic Bd. 6 (1952) S. 165.
31. Dawihl, W.: Über die Schwindung von Pulvern aus nichtbildsamen metallischen Stoffen. Arch. Eisenhüttenw. Bd. 23 (1952) S. 483.
32. Kieffer, R. u. F. Benesovsky: Neuere Forschungsergebnisse auf dem Gebiete der hochschmelzenden, metallischen Hartstoffe. (Herstellungs-verfahren, Eigenschaften, Systeme und technische Verwendung der Karbide, Nitride, Boride und Silicide). Z. Metallkde. Bd. 6 (1952) S. 171 u. 243.
33. Goldschmidt, H. J.: The structure of carbides in alloy steels. The journal of the iron and steel institute, December 1948, S. 345 (Part I — General Survey); The journal of the iron and steel institute March 1952, S. 189 (Part II — Carbide formation in high-speed steels.)

Löten und Schleifen von Hartmetallwerkzeugen.

34. Dawihl, W. u. E. Wesenberg: Über das Feinschleifen von Hart-metallwerkzeugen mit Borkarbid. Werkstattstechnik Bd. 33 (1939) S. 373.
35. Dawihl, W.: Über das Schleifen von Hartmetallwerkzeugen mit Sili-ciumkarbidscheiben und das Messen der Schneidengüte. Schleif. u. Polier. Bd. 17 (1940) S. 127.
36. Dawihl, W.: Die Normung von Diamantkörnungen. Werkstattstechnik Bd. 37 (1943) S. 37.
37. Dinglinger, E.: Die rechte Pflege von Hartmetallmeißeln. Werkstatt-techn. u. Maschinenbau Bd. 40 (1950) S. 33.
38. Dawihl, W. u. F. Pawlek: Lötofen mit elektrischer Heizung für Hart-metallwerkzeuge. Werkst. u. Betr. Bd. 84 (1951) S. 41.
39. Bailey, J. u. H. Watkins: The flow of liquid metals on solid metal surfaces and its relation to soldering, brazing and hot-dip coating. J. Inst. Met. Bd. 80 (1951) S. 57.

40. Heiß, A.: Schartigkeit von Werkzeugschneiden. Theorie und Messung mittels Saphir-Meßschneide. Werkstattstechn. u. Maschinenbau Bd. 41 (1951) S. 233.

41. Hinnüber, J. u. W. Hilbes: Löt- und Schleifprobleme bei der Hartmetallanwendung. Werkstatttechn. u. Maschinenbau Bd. 41 (1951) S. 413.

42. Dawihl, W.: Über die Prüfung und Arbeitsweise von Hartmetallschleifscheiben. Werkst. u. Betr. Bd. 85 (1952) S. 287.

43. Lau, K.: Diamant-Feilen und Diamant-Sägedraht für Hartmetall und gehärteten Stahl. Werkst. u. Betr. Bd. 85 (1952) Heft 2.

44. Beutel, H.: Löten und Warmbehandlung von Hartmetallwerkzeugen. Werkst. u. Betr. Bd. 85 (1952) S. 505.

Anwendung von Hartmetallwerkzeugen.

45. Dawihl, W.: Die Grenzen der Wirtschaftlichkeit beim Drehen von Stahl mit Hartmetallwerkzeugen. Masch.-Bau Betrieb Bd. 17 (1938) S. 511.

46. Dawihl, W.: Grundlagen der Verwendung von Hartmetallegierungen. Masch.-Bau Betrieb Bd. 19 (1940) S. 521.

47. Ballhausen, C.: Reibungsvorgang und Reibungskraft bei Hartmetallen. Werkstattstechn. Bd. 35 (1941) S. 225.

48. Chao, B. T. u. K. J. Trigger: Cutting temperatures of metal-cutting phenomena. A. S. M. E. News Paper No. 50—A—43.

49. Dawihl, W. u. J. Hinnüber: Hartmetalldrehwerkzeuge mit Sparplättchen. Werkstattstechn. Betrieb Bd. 37/22 (1943) S. 393.

50. Blaupain, E.: La coupe négative dans le tournage. Machine mod. Oktober 1945.

51. Arnold: Das Wesen der Werkzeugschwingungen bei der Bearbeitung von Stahl. Proc. Instn. mech. Engrs., London Bd. 154 (1946) Nr. 3.

52. Doumenach, J.: Les angles charactéristiques des fraises à lames rapportées en carbure utilisées aux ADA. Mécanique Oktober 1948.

53. Crane, E. V.: Plastic Working of metals and non-metallic materials. New York, John Willey & Sons Inc. 3. Aufl. (1948).

54. Coomey, W. P.: Hochleistungshobeln mit Hartmetallwerkzeugen. Machinery Bd. 54 (1948) Nr. 12.

55. Burmester, H. J.: Über die Wahl der Schnittbedingungen beim Drehen. Werkst. u. Betr. Bd. 82 (1949) S. 185.

56. Brödner, E.: Probleme der Zerspanungsforschung. Z. VDI Bd. 92 (1950) S. 1021.

57. Eckerslay, H.: Fundamentals of carbide cutting tools. Machinist, London January (1950) S. 75.

58. Huber, J.: Die Verwendung von hartmetallbestückten Drehmeißeln auf Langdrehautomaten. Werkst. u. Betr. Bd. 83 (1950) S. 385.

59. Kölbl, F.: Neue Hartmetallsorten — höhere Leistung. Betrieb u. Fertigung Bd. 4 (1950) S. 185.

60. Lacy, M.: Schneidleistungsversuche mit in- und ausländischen Hartmetallen. Werkst. u. Betr. Bd. 83 (1950) S. 41.

61. Schimz, K.: Hartmetallwerkzeuge für Kaltstauchzwecke. Stahl u. Eisen Bd. 70 (1950) S. 715.

62. Burmester, H. J.: Verschleißmarkenbreite und Standzeit beim Drehen. Werkstattstechn. u. Maschinenbau Bd. 40 (1950) Heft 12.

63. Tour, S.: Hot spot machining. The Tool Eng. Mai 1950 S. 17, Juni 1950, S. 32.
64. Opitz, H. u. J. Kob: Auswirkungen des Hartmetalleinsatzes beim Fräsen und Hobeln. Werkst. u. Betr. Bd. 84 (1951) S. 189.
65. Pahlitzsch, G.: Schnittkraftmessungen und Standzeituntersuchungen beim Drehen mit negativen Spanwinkeln. Industrie-Anzeiger Essen Bd. 73 (1951) Nr. 54, S. 4.
66. Pahlitzsch, G.: Kühlen von Schneidwerkzeugen mit gasförmigen Kühlmitteln. Industrie-Anzeiger Essen Bd. 73 (1951) Nr. 69/70, S. 51.
67. Moulin, J. u. J. Digard de Cuissard: La mesure des efforts de coupe. Microtecnic Bd. 5 (1951) S. 179.
68. Armstrong, E. T., A. S. Cosler u. E. F. Katz: Maschining of heated metals. Trans. Amer. Soc. mech. Engrs. January 1951.
69. Holzberger, J.: Wirtschaftliche Auswirkungen von Hartmetallegierungen in der spangebenden und spanlosen Formgebung. Stahl u. Eisen Bd. 71 (1951) S. 1098.
70. Witthoff, J.: Das Drehen, Bohren und Hobeln mit Hartmetallwerkzeugen. Werkstattstechn. u. Maschinenbau Bd. 41 (1951) Heft 11.
71. Keller, F.: Messungen zum Einfluß des Schneidspaltes auf Kraftbedarf und Schnittarbeit beim Lochen von Stahlblech. Werkst. u. Betr. Bd. 84 (1951) S. 67.
72. Dinglinger, E.: Die Anwendung von Hartmetallwerkzeugen in der Kunstharz-Industrie. Z. Plastik Verarbeiter H. 1 (1951).
73. Hinnüber, J.: Wissenswertes vom schlagenden Bohren mit Hartmetall. Z. Glückauf Bd. 87 (1951) S. 14.
74. Dinglinger, E.: Tieflochbohren mit Hartmetall-Bohr- und Reibwerkzeugen bei umlaufendem Werkstück. Werkstattstechn. u. Betrieb Bd. 42 (1942) S. 122 (the Tool Engineer, September 1951, S. 29).
75. Kienzle, O.: Die Bestimmung von Kräften und Leistungen an spanenden Werkzeugen und Werkzeugmaschinen. Z. VDI Bd. 94 (1952) S. 299.
76. Dinglinger, E.: Wirtschaftlichkeitsfragen beim Einsatz von Hartmetallwerkzeugen bei der Holzbearbeitung. Z. Holz als Roh- und Werkstoff H. 2 (1952).
77. Leyensetter, W.: Ermittlung der Oberflächengüte beim Drehen durch Spangewichtsbestimmungen. Z. VDI Bd. 94 (1952) S. 825.
78. Dawihl, W.: Über den Einfluß von Gasen auf die Abnutzung von Hartmetallwerkzeugen. Werkstattstechn. u. Maschinenbau Bd. 42 (1952) S. 335.

Anhang.
Tabellen A 1 — A 43 und B 1 — B 28.

Tabelle A 1.
Hartmetall-Sortenübersicht.

A. Stahlbearbeitung.

| Arbeitsbedingungen | | Bezeich-nung | Spez. Gewicht | Zusammen-setzung | | |
Schnittge-schwindigkeit	Vorschub			% Co	% W	% Ti
hoch	unter 1,0 mm/U	S 1	11,1	7	72	12
mittel	bis 1,5 ,,	S 2	11,4	8	73	10
niedrig	bis 3,0 ,,	S 3	13,3	7	82	4
Feinstdrehen und Feinstbohren		F 1	10,0	6	60	25
		F 2	8,0	7	36	45
Hobeln		S 4	12,7	13	76	5

B. Hartgußbearbeitung.

| Werkstoff | Bezeich-nung | Spez. Gewicht | Zusammen-setzung | |
			% Co	% W
Hartguß, Schlichten von Grau-guß, siliciumhaltige Legierun-gen, Glas.	H 1	14,6	6	88
Spezialhartguß mit über 90 Shore	H 2	14,4	6	88

C. Grauguß, Nichteisenmetalle und allgemeine Verschleißteile.

Werkstoff	Bezeich-nung	Spez. Gewicht	% Co	% W
Grauguß, Nichteisenmetalle, Ver-schleißteile	G 1	14,7	6	88
Holz- und Gesteinsbearbeitung .	G 2	14,4	12	82
Matrizen, Ziehringe	G 3	14,0	15	80
Schnitte und Stanzen	G 4	13,6	20	75
Verschleißteile stark auf Schlag	G 5	13,3	25	70
beansprucht	G 6	12,9	30	66

D. Zunderfeste Legierungen.

Werkstoff	Bezeich-nung		
Düsen und Turbinenschaufeln .	C R	5 ··· 8	Chrom—Titan-karbidlegierungen

E. Universallegierung.

An Stelle von S 2, S 3, G 1 und H 1.

Tabelle A 2.
Amerikanische Hartmetalle.

DIN 4990	Standard USA	Adamas	Carboloy	Carmet	Firthite	Kennametal	Rexite	Talide	Teco	Vascoloy Ramet	Wesson	Willey's Metal
					Hersteller							
F 1	C 8	CC	831	CA 6	T 31	K 5H		S 92	CF	EH	WH	509
S 1	C 7	C	78	CA 2	T 16	K 4H		S 92	51	E	WH	606
S 2	C 6	D	78 B	CA 1	TA T 89	K 3H K 2S	CR 8	S 90	C 610 J	E A X	WM	710
S 3	C 5	DD	78 C	CA 5 CA 10	T 89 T 04 T 83	KM K 2S	CR 7 CR 6	S 88	CHD CMD	EM EE	WS	945
G 1	C 1	B	44 A 907 779	CA 3 CA 9	H HB	K 2S K 1 K 6	UC 15	C 89	A B KT 13	2A 68 2A 3	GS G 1	E 8
H 1	C 2 C 3	A AA	883 905	CA 4 CA 7	HA HE	K 6 K 44	UC 14	C 91	38 A 1	2A 5 2A 7 2A 8	GA	E 6 E 5
H 2	C 4	AA	999	CA 8 CA 7	HF	K 8		C 93	469 469 X	2A 7 2A 9	GF	E 3
Uni-versal		BB	55 A	CA 10	HC	K 12	UC 16 UC 25	C 88	KT 13 B	AW		E 12

Tabelle A 3.
Schlagfeste amerikanische Hartmetalle.

	Anwendung	Hersteller										Deutsche Hartmetall-sorte
		Standard USA	Adamas	Carboloy	Carmet	Firthite	Kennametal	Vascoloy Ramet	Wesson	Talide	Willey's Metal	
Verschleißkörper	Ohne Schlag-bean-spruchung	C 9	A	883	CA 4	HA	K 8	2A 68 1 WR	G 1	C 89	E 8	G 1
Verschleißkörper	Leichte Schläge	C 10	B	44 A	CA 3	H	K 6	2A 3 2 WR	GS	C 88	E 12	G 2
Verschleißkörper	Schwere Schläge	C 11	HD 20	55 B	CA 10	HC	K 1	2A 16 3 WR	M	C 8515	E 18	G 2
Zieh-, Schnitt- und Stanzwerkzeuge	Leichte Schläge	C 12	RDB	55 A	CA 10	DC 1 DC 2	K 1	2A 3 AW	GS	C 8515	E 12	G 3
Zieh-, Schnitt- und Stanzwerkzeuge	Mittlere Schläge	C 13	HD 20	55 B	CA 11	DCX DC 3	K 18	2A 16 AX	M	C 8020	E 18	G 3
Zieh-, Schnitt- und Stanzwerkzeuge	Schwere Schläge	C 14	HD 25	190	CA 20	DC 4	K 25	2A 20 AX AY	M	C 7525	E 25	G 4 und G 5

Englische Hartmetalle.

DIN 4990	Allenite	Annolloy	Ardoloy (Herbert)	Balfalloy	Cutanit	Escaloy	Hydraloy	Ajko	Mitia	Osbornite	Perpro	Prolite	Teco	Veraloy	Wimet
												Hersteller			
F 1								STJ					F		XX 7 FX
S 1	ES	S 1	S 200	HA	S	E	FM	SO	TE	FF	PB	8 K 4 T	$\frac{F}{\overline{E}}$	SH 2	XX
S 2	AS	S 2	S 200	BZ	T	S	RSN NQ	ST	TTA	HT	PA	6 W 14 K	EE E	SH 2 S 65	X 8
S 3	TS	S 3	S 48	HD	R	C	RIC	SS	TA 5	RW	PC	2 W	SN	S 65 U	S 58 X 7
G 1	TN	F 2	2A .	HL	M O I	L 1	HPO HPO 2	AJ	A	RI	AS	15A	A AS	U	G
H 1	N	F 1 H 1	2A 179 1A	H	I	A 1	GP CA	B	B	IC	AU	1C 21A	C B	B 1	H
H 2	CH	H 1 H 2	2A 179	H 1 FS 2	ICC	A 1	HR CA	HB	C	CR	AU	24A	C 144 B	B 1	N

Tabelle A 5.

Vergleich der Bezeichnungen kontinental-europäischer Hartmetalle.

DIN 4990	Carbo-ram	Böhle-rit	Médur	Titanit[1]		Wall-ram	Widia	Zapp H. M.
				DEW	Reutte			
F 1	S 0	FB 1	MF 1	FTi 1	FM	FW 1	FT 1	FZ 1
S 1	S 1	SB 1	MS 1	STi 1	S 1 T	SW 1	TT 1	SZ 1
S 2	S 2	SB 2	MS 2	STi 2	S 2 T	SW 2	TT 2	SZ 2
S 3	S 3	SB 3	MS 3	STi 3	S 3 T	SW 3	TT 3	SZ 3
S 4	—	SB 4	MS 4	STi 4	S 4 T	—	TT 4	SZ 4
G 1	G 1	G 1	G 1	G 1	G 1	G 1	G 1	G 1
H 1	H 1	H 1	H 1	H 1	H 1	H 1	H 1	H 1
H 2	H 2	H 2	H 2	H 2	H 2	H 2	H 2	H 2
Qualität für Stahl u. Grauguß	VH	EB	MU	U	U	AZ	AT	VZ
Zunderfeste Legierungen	—	CR	MZ 1	CR	WZ 1 WZ 2	—	CR	CR

Die schlagfesten Legierungen G 2 bis G 6 werden bei allen Herstellern gleich bezeichnet.

Die Marken Carboram, Diacarb und Safety (Frankreich); Duria, Unit (Deutschland); Médur (Saarland); Coromant, Record, Seco (Schweden); Diametal, Radiamant und Stellram (Schweiz) haben, soweit bekannt, die deutschen Normenbezeichnungen beibehalten.

Auch bei der Hartmetallmarke „Miramant" (Saar) werden die deutschen Normenbezeichnungen angewandt.

---

[1] Die in Reutte (Österreich) hergestellten Hartmetalle werden neuerdings unter der Bezeichnung „Tizit" geliefert.

Tabelle A 6.

Schnittgeschwindigkeit und Vorschub bei der Stahlbearbeitung.

Standzeit: 240 min.

(Für 120 min Standzeit sind die Geschwindigkeiten mit 1,2 zu multiplizieren.)

Werkstoff	Hart-metall-sorte	Schnittgeschwindigkeit in m/min Vorschub in mm/U						Span-winkel
		0,1	0,2	0,4	0,8	1,6	3,2	
St 34.11 C 35	S 1	260	210	190	160		—	−10°
St 37.11 C 22	S 2	—	170	130	105	90	—	bis
St 42.11								
bis 50 kg/mm²	S 3	—	—	85	70	60	50	+18°
St 50.11 C 35	S 1	230	210	170	130	—	—	−10°
50 ··· 60 kg/mm²	S 2	—	140	105	90	85	—	bis
	S 3	—	—	70	60	55	45	+15°
St 60.11 C 45	S 1	210	200	160	120	—	—	−10°
60 ··· 70 kg/mm²	S 2	—	115	90	80	70	—	bis
	S 3	—	—	60	50	45	40	+13°
St 70.11 C 60	S 1	200	170	130	106	—	—	−10°
70 ··· 85 kg/mm²	S 2	—	100	80	65	50	—	bis
	S 3	—	—	55	40	35	27	+ 8°
St 85	S 1	170	140	110	90	—	—	−15°
85 ···100 kg/mm²	S 2	—	85	70	55	45	—	bis
	S 3	—	—	45	35	30	—	+10°
Stahl	S 1	80	70	55	50	—	—	−15°
100 ···140 kg/mm²	S 2	—	40	35	30	25	—	bis
	S 3	—	—	22	20	15	—	+ 5°

Bei Schmiede-, Walz- oder Vergütungskrusten ist die Geschwindigkeit um 30 ··· 50% zu erniedrigen und großer Vorschub zu wählen.

Wenn dafür gesorgt wird, daß die Späne z. B. durch eine Spanstufe kurz gebrochen werden und keine Schläge auftreten, ist es zweckmäßig, mit positiven Spanwinkeln bis zu den angegebenen Grenzen zu arbeiten.

Tabelle A 7.

*Schnittgeschwindigkeit und Vorschub
bei der Bearbeitung legierter Stähle und Stahlguß.*

Standzeit: 240 min.
(Für 120 min Standzeit sind die Geschwindigkeiten mit 1,2 zu multiplizieren.)

Werkstoff	Hart-metall-sorte	Schnittgeschwindigkeit in m/min Vorschub in mm/U					Span-winkel
		0,1	0,2	0,4	0,8	1,6	
Mn-Stahl, CrNi-Stahl, CrMo-Stahl, CrW-Stahl und andere legierte Stähle 70 ··· 85 kg/mm²	S 1	200	170	120	95	—	—10°
	S 2	—	100	80	60	50	bis
	S 3	—	—	50	40	35	+8°
85 ···100 kg/mm²	S 1	150	115	90	70	—	—10°
	S 2	—	70	55	45	35	bis
	S 3	—	—	40	30	25	+5°
100 ···140 kg/mm²	S 1	95	75	60	50	—	—10°
	S 2	—	45	35	30	25	bis
	S 3	—	—	25	20	15	+5°
140 ···180 kg/mm²	S 1	60	50	38	30	—	—10°
	S 2	—	30	22	18	15	bis
	S 3	—	—	15	13	10	+0°
Stahlguß 30 ··· 50 kg/mm²	S 1	130	110	95	85	—	—10°
	S 2	—	75	60	50	45	bis
	S 3	—	—	40	35	30	+10°
Stahlguß 50 ··· 70 kg/mm²	S 1	120	100	85	70	—	—10°
	S 2	—	60	50	40	35	bis
	S 3	—	—	35	30	25	+6°
Stahlguß über 70 kg/mm²	S 1	80	70	55	50	—	—10°
	S 2	—	40	35	30	25	bis
	S 3	—	—	22	20	15	+10°
Nichtrostender Stahl 60 ··· 70 kg/mm²	S 1	90	70	55	48	—	—0°
	S 2	—	40	35	30	22	bis
	S 3	—	—	22	18	15	+10°
Mangan-Hartstahl	S 1	40	30	25	20	—	—3°
	S 2	—	20	15	12	10	bis
	S 3	—	—	10	8	6,5	+2°

Bei Schmiede-, Walz- oder Gußkrusten ist die Geschwindigkeit um 30 ··· 50% zu erniedrigen und großer Vorschub zu wählen.

Tabelle A 8.

*Schnittgeschwindigkeit und Vorschub
bei der Bearbeitung von Gußeisen und Metallen.*

Standzeit: 240 min.

(Für 120 min Standzeit sind die Geschwindigkeiten mit 1,1 zu multiplizieren.)

Werkstoff	Hart-metall-sorte	Schnittgeschwindigkeit in m/min Vorschub in mm/U					Span-winkel
		0,1	0,2	0,4	0,8	1,6	
Grauguß bis 200 Brinell	G 1	120	100	75	60	50	5 ⋯ 10°
Grauguß 200 ⋯ 250 Brinell . .	H 1	95	70	65	55	45	5 ⋯ 10°
Grauguß 250 ⋯ 400 Brinell . .	H 1	60	50	45	40	35	0 ⋯ 3°
Temperguß.	H 1 S 2	95	85	75	60	50	6 ⋯ 8°
Hartguß Härte 65 ⋯ 90 Shore [1]	H 2	20	17	15	13	10	0°
Kupfer	G 1	500	450	375	340	300	10 ⋯ 15°
Kupfer mit Kommuta-torglimmer (Kollek-toren)	G 1	230	190	160	125	—	12 ⋯ 14°
Messing 80 ⋯ 120 Brinell	G 1	600	530	450	400	350	5 ⋯ 8°
Rotguß	G 1	500	450	375	335	300	10 ⋯ 15°
Gußbronze	G 1	355	280	235	200	180	5 ⋯ 8°
Zinklegierungen Zn—Al 10—Cu 2 . .	G 1	250	230	225	210	200	10°
Reinaluminium	G 1	1300	1100	950	850	700	25°
Aluminiumlegierung mit hohem Si-Gehalt . .	G 1	225	190	160	140	115	18°
Kolbenlegierung Al—Si (zäh)	G 1	50	45	40	35	30	14°
Kolbenlegierung G Al—Si	G 1	25	22	20	18	17	14°
Sonstige Al-Guß- und Knetlegierungen . .							
8 ⋯ 30 kg/mm² . . .	G 1	300	250	210	180	160	14°
30 ⋯ 42 kg/mm² . . .	G 1	280	235	200	170	150	14°
42 ⋯ 58 kg/mm² . . .	H 1	260	220	190	160	140	14°
Magnesiumlegierungen .	G 1	1800	1500	1250	1000	900	6 ⋯ 8°

Bei Schmiede-, Walz- oder Gußkrusten ist die Geschwindigkeit um 30 ⋯ 50% zu erniedrigen und großer Vorschub zu wählen.

---

[1] Standzeit 60 ⋯ 120 min je nach Härte.

 Tabelle A 9.

Tabelle A 9.
Richtwerte für die spezifischen Schnittkräfte (Ks).

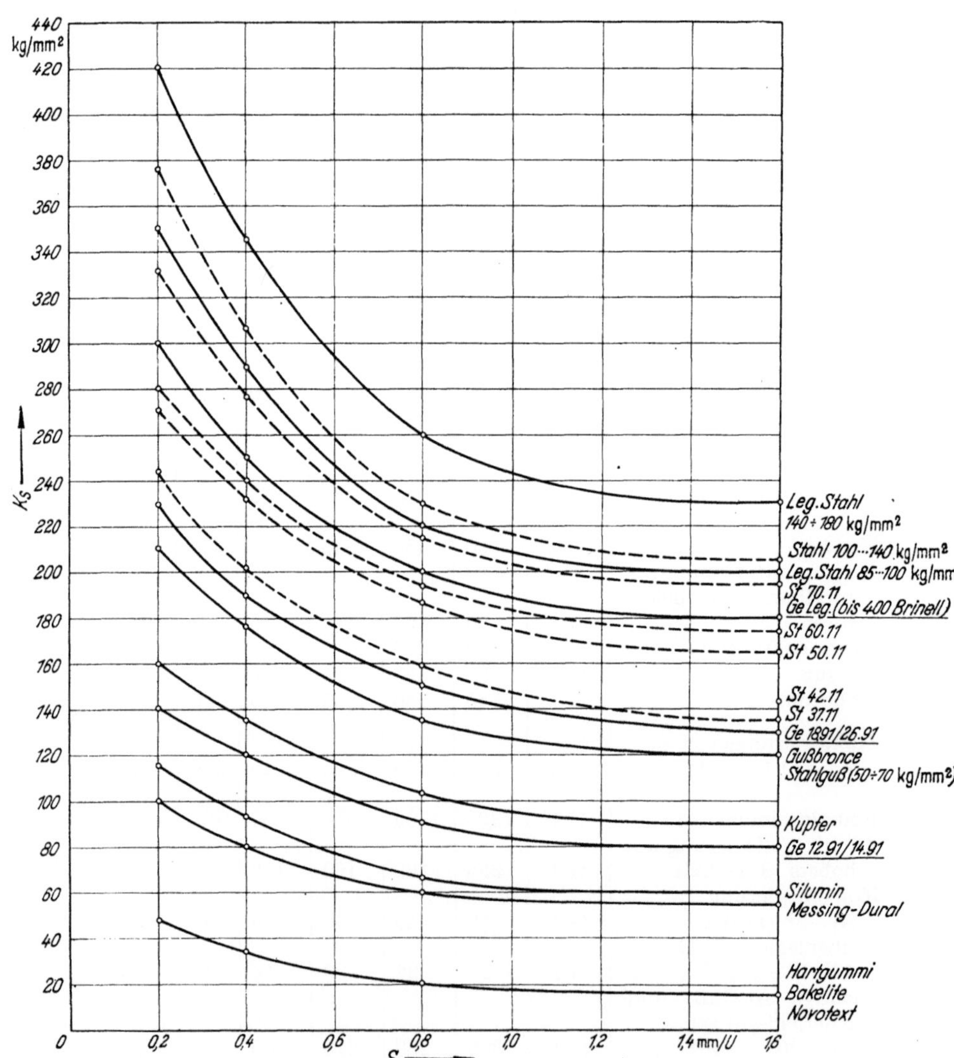

Antriebsleistung für Hartmetall-Drehmeißel:

$$KW = \frac{a \cdot s \cdot v \cdot Ks}{4500}$$

a = Spantiefe in mm
s = Vorschub in mm/Umdrehung
v = Schnittgeschwindigkeit in m/min
Ks = siehe Tabelle (kg/mm²)

Der Wirkungsgrad ist mit 0,75 in dem Faktor 4500 berücksichtigt.

Tabelle A 10.

Vergleichende Härte-Skala.

(Zusammenhang zwischen den Härtewerten Rockwell C, Vickers, Brinell und Zerreißfestigkeit.)

Rock-well HRc[1]	Vickers HV[1]	Brinell HB	Zerreiß-festigkeit bei Stahl kg/mm²	Rock-well HRc[1]	Vickers HV[1]	Brinell HB	Zerreiß-festigkeit bei Stahl kg/mm²
—	100	100	35	36	355	354	124
—	110	110	39	37	365	362	127
—	120	120	42	38	376	371	130
—	130	130	46	39	387	382	134
—	140	140	49	40	398	391	137
—	150	150	53	41	410	400	140
—	160	160	56	42	423	409	143
—	170	170	60	43	436	419	147
—	180	180	63	44	449	430	151
—	190	190	67	45	462		
14,5	200	200	70	46	476		
15,0	204	204	72	47	490		
16,0	210	210	74	48	505		
17	216	216	76	49	520		160
18	222	222	78	50	536		
19	228	228	80	51	552		
20	234	234	82	52	568		
21	240	240	84	53	585		180
22	246	246	86	54	603		
23	252	252	88	55	622		
24	258	258	91	56	641		
25	264	264	93	57	660		
26	271	271	95	58	680		200
27	278	278	98	59	700		
28	286	286	100	60	720		
29	294	294	103	61	740		
30	302	302	106	62	765		
31	310	310	109	63	790		
32	319	319	112	64	816		
33	328	328	115	65	840		235
34	337	337	118	66	870		
35	346	346	122	67	900		

Diese Tabelle ist als vorläufig zu betrachten. Der Arbeitsausschuß „Härteprüfung" arbeitet ein endgültiges Normblatt aus.

---

[1] Die Beziehungen zwischen HRc und HV ab 20 HRc sind empirisch vom Institut für Härterei-Technik, Bremen-Lesum, ermittelt worden.

Tabelle A 11.

Tabelle A 11.
Zusammenhang zwischen Rockwell A-, Rockwell C-, Vickers-, Brinell- und Shore-Härte.

HR_A	HR_C[1]	Vickers-, Brinell-, Shore-Härte		
—	45	462	425	65
—	46	476	436	67
—	48	505	458	69
—	49	520	470	71
—	50	536	482	73
—	52	568	506	75
—	54	603	530	77
—	56	641	555	79
—	57	660	568	81
—	58	680	581	83
—	60	720	607	85
—	61	740	621	87
80	63	790	650	89
83	65	920	682	93
85	69	1040	—	—
87	74	1180	—	—
88	76	1260	—	—
89	78	1360	—	—
90	80	1480	—	—
91	—	1600	—	—
92	—	1720	—	—
93	—	1850	—	—

[1] Die Beziehungen zwischen HR_A, HR_C, und der Vickershärte oberhalb $HR_A = 80$ sind von D a w i h l empirisch ermittelt worden.

Tabelle A 12.
Umdrehungszahlen/min.

Schnitt-geschwindigkeit m/min	Werkstückdurchmesser in mm											
	10	20	40	60	80	100	150	200	250	300	400	500
5	160	80	40	27	20	16	10	8	6	5	4	3
8	255	128	64	42	32	26	16	13	10	8	6	5
10	318	159	80	53	40	32	22	16	12	11	8	6
15	477	239	119	80	60	48	32	24	18	16	12	9
20	636	318	159	106	80	64	42	32	26	21	16	13
30	955	478	239	159	120	96	64	48	38	32	24	19
40	1270	635	318	212	159	127	84	64	50	42	32	25
50	1590	795	398	265	199	159	106	80	64	53	40	32
60	1910	955	478	318	239	191	128	96	76	64	48	38
80	2550	1275	638	424	319	255	170	128	102	85	64	51
100	3180	1590	795	530	398	318	212	160	128	106	80	64
125	3980	1990	995	662	498	398	264	199	160	132	100	80
150	4770	2385	1193	794	597	477	318	239	190	159	119	75
175	5580	2790	1395	928	698	558	372	279	224	186	140	112
200	6360	3180	1590	1060	795	636	424	318	254	212	159	127
225	7170	3585	1793	1192	897	717	476	359	286	238	179	143
300	9560	4780	2390	1590	1195	956	636	478	382	318	239	191
400	12700	6350	3175	2120	1588	1270	848	635	508	424	318	254
500	15900	7960	3975	2650	1988	1590	1060	795	636	530	398	318
600	19100	9550	4775	3180	2388	1910	1272	955	764	636	478	382
800	25400	12700	6350	4240	3175	2540	1696	1270	1016	848	635	508
1000	31800	15900	7950	5030	3975	3180	2012	1590	1272	1006	795	636

Die nächstliegende — an der Maschine einstellbare — Umdrehungszahl einstellen. Nicht angegebene ⌀ und Geschwindigkeiten proportional ermitteln.

Tabelle A 13.

Umdrehungen je Minute und Hartmetall-Sorte bei gegebenem Vorschub (in mm/U)
beim Drehen von
St 34.11 — St 37.11 — St 42.11.

∅ in mm	Vorschub in mm je Umdrehung										
	0,1	0,2		0,4			0,8			1,6	
	S 1	S 1	S 2	S 1	S 2	S 3	S 1	S 2	S 3	S 2	S 3
20	4460	3760	2710	3180	2230	1510	2710	1880	1270	1590	1070
30	2970	2500	1800	2120	1480	1010	1800	1250	850	1060	710
40	2230	1880	1350	1590	1110	760	1350	940	640	800	540
50	1780	1500	1080	1270	890	610	1080	750	510	640	430
60	1490	1250	900	1060	740	510	900	630	430	530	360
70	1270	1070	770	910	640	430	770	540	360	460	330
80	1120	940	680	800	560	380	680	470	320	400	270
90	990	840	600	710	500	340	600	420	280	350	240
100	890	750	540	640	450	300	540	380	260	320	210
125	710	600	430	510	360	240	430	300	200	260	170
150	600	500	360	430	300	200	360	250	170	210	140
175	510	430	310	360	260	170	310	220	150	180	120
200	450	380	270	320	220	150	270	190	130	160	110
225	400	330	240	280	200	130	240	170	110	140	95
250	360	300	220	250	180	120	220	150	100	130	85
300	300	250	180	210	150	100	180	120	85	110	70
350	260	220	160	180	130	85	160	110	75	90	60
400	220	190	140	160	110	75	140	95	65	80	55
450	200	170	120	140	100	65	120	85	55	70	45
500	180	150	110	130	90	60	110	75	50	65	40
600	150	130	90	110	75	50	90	60	40	55	35
800	110	95	70	80	55	40	70	45	30	40	25
1000	90	75	55	65	45	30	55	40	25	30	20

Die Tabelle wurde aufgestellt für 240 min HM-Werkzeug-Standzeit und
Einstellwinkel 45°; bei 60° 5% weniger; bei 90° 10% weniger.

Tabelle A 14.

Umdrehungen je Minute unter Angabe der Hartmetall-Sorte (bei gegebenem Vorschub) beim Drehen von
St 50.11 (C 35).

Ø in mm	Vorschub in mm je Umdrehung											
	0,1	0,2		0,4			0,8			1,6		3,2
	S 1	S 1	S 2	S 1	S 2	S 3	S 1	S 2	S 3	S 2	S 3	S 3
20	3980	3340	2230	2870	1830	1275	2385	1590	1035	1350	875	715
30	2660	2230	1485	1910	1220	850	1600	1060	690	900	585	480
40	1985	1670	1120	1430	915	635	1190	795	515	675	440	360
50	1590	1340	890	1145	730	510	950	640	410	540	350	285
60	1325	1115	745	955	610	425	795	530	345	450	295	240
70	1140	960	640	820	525	365	685	455	295	385	250	205
80	995	835	560	720	460	320	600	400	260	340	220	180
90	885	740	495	635	405	285	530	353	230	300	195	160
100	800	670	445	575	365	250	480	320	205	265	170	140
125	635	540	355	460	295	205	385	255	165	220	140	115
150	530	445	295	380	245	170	320	210	140	180	115	95
175	455	380	255	330	210	145	275	180	120	155	100	82
200	400	335	225	290	185	130	240	160	105	135	90	72
225	355	300	200	255	165	115	210	145	90	120	78	64
250	320	270	180	230	145	100	190	125	85	110	70	57
300	265	225	150	190	120	85	160	105	70	90	58	48
350	230	190	130	160	105	73	135	90	60	78	50	41
400	200	170	110	145	95	65	120	80	52	68	44	36
450	180	150	100	130	80	55	105	70	45	60	39	32
500	160	135	90	115	75	50	95	65	41	54	35	29
600	130	110	75	95	60	42	80	55	35	45	29	24
800	100	85	55	70	45	32	60	40	26	34	22	18
1000	80	70	45	58	36	25	48	35	20	27	17	14

Die Tabelle wurde aufgestellt für 240 min HM-Werkzeug-Standzeit und Einstellwinkel 45°; bei 60° 5% weniger; bei 90° 10% weniger.

Tabelle A 15.

Tabelle A 15.

Umdrehungen je Minute unter Angabe der Hartmetall-Sorte (bei gegebenem Vorschub) beim Drehen von
St 60.11.

∅ in mm	Vorschub in mm je Umdrehung										
	0,1	0,2		0,4			0,8			1,6	
	S 1	S 1	S 2	S 1	S 2	S 3	S 1	S 2	S 3	S 2	S 3
20	3760	3180	1880	2710	1590	1070	2230	1350	890	1130	770
30	2500	2120	1250	1800	1060	710	1480	900	600	760	510
40	1880	1590	940	1350	800	540	1110	680	450	570	380
50	1500	1270	750	1080	640	430	890	540	360	450	300
60	1250	1060	630	900	530	360	740	450	300	380	250
70	1070	910	540	770	460	300	630	390	260	320	220
80	940	800	470	680	400	270	560	340	220	280	190
90	830	710	420	600	350	240	500	300	200	250	170
100	750	640	370	540	320	210	450	270	180	230	150
125	600	510	300	430	260	170	360	220	140	180	120
150	500	430	250	360	210	140	300	180	120	150	100
175	430	370	220	310	180	120	260	150	100	130	90
200	380	320	190	270	160	110	230	130	90	115	80
225	330	280	170	240	140	95	200	120	80	100	70
250	300	250	150	220	130	85	180	110	70	90	60
300	250	210	120	180	110	70	150	90	60	75	50
350	220	180	110	160	90	60	130	80	50	65	45
400	190	160	95	140	80	55	110	70	45	55	40
450	170	140	85	120	70	45	100	60	40	50	35
500	150	120	75	110	65	40	90	55	35	45	30
600	120	110	60	90	55	35	75	45	30	40	25
800	95	80	50	70	40	25	55	35	20	30	20
1000	75	65	40	55	30	20	45	25	15	25	15

Die Tabelle wurde aufgestellt für 240 min HM-Werkzeug-Standzeit und Einstellwinkel 45°; bei 60° 5% weniger; bei 90° 10% weniger.

Tabelle A 16.

Umdrehungen je Minute unter Angabe der Hartmetall-Sorte
(bei gegebenem Vorschub) beim Drehen von
St 70.11 (C 60).

Ø in mm	Vorschub in mm je Umdrehung											
	0,1	0,2		0,4			0,8			1,6		3,2
	S 1	S 1	S 2	S 1	S 2	S 3	S 1	S 2	S 3	S 2	S 3	S 3
20	3180	2700	1590	2050	1300	875	1680	1040	635	800	550	430
30	2120	1800	1060	1350	850	585	1120	690	425	530	370	285
40	1590	1360	800	1020	640	440	850	520	320	400	280	215
50	1280	1080	640	830	545	350	670	410	255	320	225	170
60	1060	900	540	690	425	295	560	345	210	265	185	145
70	915	775	460	590	365	250	480	295	180	225	160	120
80	785	675	400	510	320	220	420	260	160	200	140	105
90	710	600	350	460	285	195	370	230	140	175	125	95
100	635	540	320	410	255	175	325	205	125	160	110	85
125	510	430	255	330	205	140	270	165	100	125	90	70
150	425	360	210	275	170	115	225	140	85	105	75	57
175	365	320	180	235	145	100	195	120	72	90	64	50
200	320	270	160	205	130	90	170	105	64	80	55	43
225	280	240	140	185	115	80	150	90	57	70	50	38
250	255	215	125	165	100	70	135	83	50	64	44	34
300	210	180	105	140	85	58	115	70	43	53	37	29
350	180	155	90	120	75	50	95	60	36	45	32	25
400	160	135	80	105	65	44	85	50	32	40	28	22
450	140	120	70	90	55	39	75	45	28	35	25	19
500	125	110	65	83	50	35	67	40	25	32	23	17
600	105	90	55	70	42	30	55	35	21	27	19	15
800	80	70	40	50	32	22	42	25	16	20	14	11
1000	65	55	35	40	25	18	33	20	13	16	11	9

Die Tabelle wurde aufgestellt für 240 min HM-Werkzeug-Standzeit und Einstellwinkel 45°; bei 60° 5% weniger; bei 90° 10% weniger.

Tabelle A 17.

Tabelle A 17.

*Umdrehungen je Minute unter Angabe der Hartmetall-Sorte
(bei gegebenem Vorschub) beim Drehen von*
St 85.

∅ in mm	Vorschub in mm je Umdrehung										
	0,1	0,2		0,4			0,8			1,6	
	S 1	S 1	S 2	S 1	S 2	S 3	S 1	S 2	S 3	S 2	S 3
20	2710	2230	1350	1780	1070	720	1430	840	570	680	450
30	1800	1480	900	1190	710	480	960	560	380	460	300
40	1350	1110	680	890	540	360	720	420	290	340	220
50	1080	890	540	710	430	290	570	340	230	270	180
60	900	740	450	590	360	240	480	280	190	230	150
70	770	630	390	510	300	200	410	240	160	200	130
80	680	560	340	450	270	180	360	210	140	170	110
90	600	500	300	400	240	160	320	190	120	150	100
100	540	450	270	360	210	140	290	170	110	140	90
125	430	360	220	290	170	115	230	140	90	110	70
150	360	300	180	240	140	95	190	110	75	90	60
175	310	260	150	200	120	80	160	95	65	80	50
200	270	230	130	180	110	70	140	85	55	70	45
225	240	200	120	160	95	65	120	75	50	60	40
250	220	180	110	140	85	60	110	70	45	55	35
300	180	150	90	120	70	50	95	55	40	45	30
350	160	130	80	100	60	41	80	48	33	40	25
400	140	110	70	90	55	36	70	42	29	35	22
450	120	100	60	80	45	32	65	38	25	30	20
500	110	90	55	70	40	29	55	34	23	27	18
600	90	75	45	60	35	25	50	28	19	23	15
800	70	55	35	45	25	20	35	20	14	17	11
1000	55	45	25	35	20	15	30	15	11	14	9

Die Tabelle wurde aufgestellt für 240 min HM-Werkzeug-Standzeit und
Einstellwinkel 45°; bei 60° 5% weniger; bei 90° 10% weniger.

Tabelle A 18.

Umdrehungen je Minute unter Angabe der Hartmetall-Sorte (bei gegebenem Vorschub) beim Drehen von
Leg. Stahl 100 ÷ 140 kg/mm².

∅ in mm	Vorschub in mm je Umdrehung											
	0,1	0,2		0,4			0,8			1,6		3,2
	S 1	S 1	S 2	S 1	S 2	S 3	S 1	S 2	S 3	S 2	S 3	S 3
20	1500	1200	720	950	550	400	800	475	320	400	235	205
30	1000	800	480	630	370	265	530	320	210	265	160	140
40	760	600	360	475	280	200	400	240	160	200	120	105
50	600	475	285	380	225	160	320	190	130	160	95	82
60	500	400	240	325	185	130	265	160	105	130	80	70
70	430	340	205	270	160	115	225	135	90	115	68	60
80	380	300	180	240	140	100	200	120	80	100	60	50
90	325	265	160	215	125	88	175	105	70	88	52	46
100	300	240	145	190	110	80	160	95	64	80	48	41
125	240	190	115	155	90	63	125	75	50	63	38	33
150	200	160	95	130	75	53	105	63	42	53	32	28
175	170	135	82	110	64	45	90	55	36	45	27	24
200	150	120	72	95	55	40	80	48	32	40	24	21
225	130	105	64	85	50	35	70	42	28	35	21	18
250	120	95	57	75	44	32	64	38	25	31	19	16
300	100	80	48	63	37	27	53	32	21	27	16	13,5
350	85	70	41	54	32	23	45	27	18	23	14	12
400	75	60	36	48	28	20	40	24	16	20	12	10,5
450	68	50	32	42	25	18	35	21	14	18	10,5	9
500	60	48	29	38	23	16	32	19	13	16	9,5	8
600	50	40	24	33	19	13	27	16	10,5	13	8	7
800	38	30	18	24	14	10	20	12	8	10	6	5
1000	30	24	14	19	11	8	16	10	6,5	8	5	4

Die Tabelle wurde aufgestellt für 240 min HM-Werkzeug-Standzeit und Einstellwinkel 45°; bei 60° 5% weniger; bei 90° 10% weniger.

Tabelle A 19.

Tabelle A 19.

Umdrehungen je Minute unter Angabe der Hartmetall-Sorte (bei gegebenem Vorschub) beim Drehen von
Leg. Stahl 140 ÷ 180 kg/mm².

∅ in mm	Vorschub in mm je Umdrehung											
	0,1	0,2		0,4			0,8			1,6		3,2
	S 1	S 1	S 2	S 1	S 2	S 3	S 1	S 2	S 3	S 2	S 3	S 3
20	950	800	475	600	350	235	475	285	205	235	160	128
30	630	530	320	400	230	160	320	190	140	160	105	95
40	475	400	240	305	180	120	240	145	105	120	80	64
50	380	320	190	240	140	95	190	115	82	95	64	51
60	325	265	160	200	120	80	160	95	70	80	53	43
70	270	225	135	170	100	68	135	85	60	68	45	36
80	240	200	120	150	90	60	120	70	50	60	40	32
90	215	175	105	135	78	52	105	65	46	52	35	28
100	190	160	95	120	70	48	95	57	41	48	32	25
125	155	125	75	95	56	38	75	46	33	38	25	20
150	130	105	63	80	47	32	63	38	28	32	21	17
175	110	90	55	68	40	27	55	33	24	27	18	15
200	95	80	48	60	35	24	48	29	21	24	16	13
225	85	70	42	55	31	21	42	25	18	21	14	11
250	75	64	38	48	28	19	38	23	16	19	13	10
300	63	53	32	40	23	16	32	19	13,5	16	10	8
350	54	45	27	34	20	14	27	16	12	14	9	7
400	48	40	24	30	18	12	24	14	10,5	12	8	6
450	42	35	21	27	16	10,5	21	13	9	10,5	7	5
500	38	32	19	24	14	9,5	19	11	8	9,5	6	5
600	33	27	16	20	12	8	16	10	7	8	5	4
800	24	20	12	15	9	6	12	7	5	6	4	3
1000	19	16	10	12	7	5	10	6	4	5	3	2

Die Tabelle wurde aufgestellt für 240 min HM-Werkzeug-Standzeit und Einstellwinkel 45°; bei 60° 5% weniger; bei 90° 10% weniger.

Tabelle A 20.

*Umdrehungen je Minute unter Angabe der Hartmetall-Sorte
(bei gegebenem Vorschub) beim Drehen von*
Stahlguß 30 ÷ 50 kg/mm².

⌀ in mm	Vorschub in mm je Umdrehung											
	0,1	0,2		0,4			0,8			1,6		3,2
	S 1	S 1	S 2	S 1	S 2	S 3	S 1	S 2	S 3	S 2	S 3	S 3
20	2400	2000	1200	1670	950	640	1440	800	560	720	475	400
30	1600	1325	795	1120	630	425	955	530	370	480	320	265
40	1200	1000	600	840	475	320	720	400	280	360	240	200
50	950	795	480	670	380	255	575	320	225	290	190	160
60	800	665	400	555	325	210	475	265	185	240	160	130
70	680	570	340	475	270	180	410	225	160	205	135	115
80	600	500	300	420	240	160	360	200	140	180	120	100
90	530	440	265	370	215	140	320	175	125	160	105	90
100	480	400	240	335	190	130	290	160	110	145	95	80
125	380	320	195	270	155	100	230	125	90	115	75	64
150	320	265	160	220	136	85	190	105	75	95	63	53
175	270	225	135	190	110	73	165	90	64	82	54	45
200	240	200	120	165	95	64	145	80	56	72	48	40
225	210	175	105	150	85	57	130	70	50	64	42	35
250	190	160	95	135	75	51	115	64	45	57	38	32
300	160	130	80	110	63	42	95	53	37	48	32	26
350	135	115	68	95	54	36	84	45	32	41	27	23
400	120	100	60	84	48	32	72	40	28	36	24	20
450	105	88	53	75	42	28	64	35	25	32	21	18
500	95	80	48	67	38	26	57	32	22	29	19	16
600	80	66	40	55	33	21	48	27	19	24	16	13
800	60	50	30	42	24	16	36	20	14	18	12	10
1000	48	40	24	33	19	13	29	16	11	14	10	8

Die Tabelle wurde aufgestellt für 240 min HM-Werkzeug-Standzeit und Einstellwinkel 45°; bei 60° 5% weniger; bei 90° 10% weniger.

Tabelle A 21.

Tabelle A 21.

Umdrehungen je Minute unter Angabe der Hartmetall-Sorte
(bei gegebenem Vorschub) beim Drehen von
Stahlguß 50 ÷ 70 kg/mm².

Ø in mm	Vorschub in mm je Umdrehung											
	0,1	0,2		0,4			0,8			1,6		3,2
	S 1	S 1	S 2	S 1	S 2	S 3	S 1	S 2	S 3	S 2	S 3	S 3
20	1920	1590	950	1360	800	560	1120	640	475	560	400	320
30	1270	1060	630	900	530	370	745	425	320	370	265	210
40	960	800	475	680	400	280	560	320	240	280	200	160
50	765	635	380	540	320	225	445	255	190	225	160	125
60	635	530	325	455	265	185	370	210	160	185	130	105
70	545	455	270	390	225	160	320	180	135	160	115	90
80	480	400	240	340	200	140	280	160	120	140	100	80
90	425	355	215	305	175	125	250	140	105	125	90	70
100	380	320	190	270	160	110	225	130	95	110	80	64
125	305	255	155	215	125	90	180	100	75	90	64	51
150	225	210	130	180	105	75	150	85	63	75	53	42
175	220	180	110	155	90	64	125	73	55	64	45	36
200	190	160	95	135	80	56	110	64	48	56	40	32
225	170	140	85	120	70	50	100	57	42	50	35	28
250	155	125	75	110	64	45	90	51	38	45	32	25
300	125	105	63	90	53	37	75	42	32	37	26	21
350	110	90	54	75	45	32	64	36	27	32	23	18
400	96	80	48	68	40	28	56	32	24	28	20	16
450	85	71	42	60	35	25	50	28	21	25	18	14
500	75	63	38	54	32	22	45	26	19	22	16	13
600	63	53	33	45	27	19	37	21	16	19	13	11
800	48	40	24	34	20	14	28	16	12	14	10	8
1000	38	32	19	27	16	11	22	13	10	11	8	6

Die Tabelle wurde aufgestellt für 240 min HM-Werkzeug-Standzeit und
Einstellwinkel 45°; bei 60° 5% weniger; bei 90° 10% weniger.

Tabelle A 22.

*Umdrehungen je Minute unter Angabe der Hartmetall-Sorte
(bei gegebenem Vorschub) beim Drehen von*
Ge 12.91/14.91 — Ge 18.91/26.91 — Ge leg.

⌀ in mm	Ge 12.91/14.91 Brinellhärte bis 200					Ge 18.91/26.91 — Ge leg. Brinellhärte 200 bis 400				
	Vorschub in mm je Umdrehung									
	0,1 G 1	0,2 G 1	0,4 G 1	0,8 G 1	1,6 G 1	0,1 H 1	0,2 H 1	0,4 H 1	0,8 H 1	1,6 H 1
20	1560	1310	1060	890	750	1050	890	760	600	420
30	1040	880	710	590	500	700	590	510	400	280
40	780	660	530	450	370	520	450	380	300	210
50	630	530	420	360	300	420	360	310	240	170
60	520	440	350	300	250	350	300	260	200	140
70	450	380	300	250	210	300	250	220	170	120
80	390	330	260	220	190	260	220	190	150	105
90	350	290	230	200	170	230	200	170	130	90
100	310	260	210	180	150	210	180	150	120	80
125	250	210	170	140	120	170	140	120	95	65
150	210	180	140	120	100	140	120	100	80	55
175	180	150	120	100	85	120	100	85	70	47
200	160	130	105	90	75	105	90	75	60	42
225	140	115	95	80	65	95	80	65	55	37
250	125	105	85	70	60	85	70	60	50	33
300	100	90	70	60	50	70	60	50	40	28
350	90	75	60	50	45	60	50	45	35	24
400	80	65	50	45	40	50	45	40	30	21
450	70	55	45	40	35	45	40	35	27	18
500	60	50	40	35	30	40	35	30	24	16
600	50	45	35	30	25	35	30	25	20	14
800	40	35	25	22	20	25	22	20	15	10
1000	30	25	20	18	15	20	18	15	12	8

Die Tabelle wurde aufgestellt für 240 min HM-Werkzeug-Standzeit und
Einstellwinkel 45°; bei 60° 5% weniger; bei 90° 10% weniger.

Tabelle A 23.

Tabelle A 23.

*Umdrehungen je Minute unter Angabe der Hartmetall-Sorte
(bei gegebenem Vorschub) beim Drehen von*
Rotguß und Kupfer.

⌀ in mm	Vorschub mm/U					⌀ in mm	Vorschub mm/U				
	0,1 G 1	0,2 G 1	0,4 G 1	0,8 G 1	1,6 G 1		0,1 G 1	0,2 G 1	0,4 G 1	0,8 G 1	1,6 G 1
20	7200	6400	5400	4800	4300	200	720	650	540	480	430
30	4800	4300	3600	3200	2900	225	640	570	480	420	380
40	3600	3200	2700	2400	2150	250	570	520	430	380	340
50	2900	2600	2200	1900	1720	300	480	430	360	320	280
60	2400	2150	1800	1590	1430	350	410	370	310	270	250
70	2000	1850	1550	1360	1230	400	360	320	270	240	220
80	1790	1600	1350	1190	1070	450	320	290	240	210	190
90	1590	1400	1200	1060	960	500	280	260	220	190	170
100	1440	1300	1080	960	860	600	240	210	180	160	140
125	1150	1030	860	760	690	800	180	160	140	120	110
150	960	860	720	640	570	1000	140	130	110	95	85
175	820	740	620	550	490						

Die Tabelle wurde aufgestellt für 240 min HM-Werkzeug-Standzeit und
Einstellwinkel 45°; bei 60° 5% weniger; bei 90° 10% weniger.

Tabelle A 24.

Umdrehungen je Minute unter Angabe der Hartmetall-Sorte (bei gegebenem Vorschub) beim Drehen von
Messing und Gußbronze.

⌀ in mm	Messing Brinellhärte 80 ÷ 120					Gußbronze				
	Vorschub in mm je Umdrehung									
	H 1		G 1			H 1		G 1		
	0,1	0,2	0,4	0,8	1,6	0,1	0,2	0,4	0,8	1,6
20	960	850	720	640	560	565	455	375	320	285
30	640	560	480	425	370	375	300	250	210	190
40	490	425	360	320	280	285	225	190	160	145
50	380	340	285	255	225	230	180	150	130	115
60	320	280	240	215	185	190	150	125	105	95
70	275	240	205	180	160	160	125	105	90	80
80	240	210	180	160	140	140	110	95	80	72
90	210	190	160	140	125	125	100	85	71	64
100	190	170	145	130	110	110	90	75	64	57
125	155	135	115	100	90	90	70	60	51	46
150	130	110	95	85	74	74	60	50	43	38
175	110	95	82	73	64	64	50	43	36	33
200	96	85	72	64	56	56	45	37	32	28
225	85	75	64	57	50	50	40	33	28	26
250	77	68	57	51	45	45	36	30	25	23
300	64	56	48	42	37	37	30	25	21	19
350	55	48	41	36	32	32	25	21	18	16
400	49	42	36	32	28	28	22	19	16	14
450	43	38	32	28	25	25	20	17	14	13
500	38	34	28	25	22	22	18	15	13	11
600	32	28	24	21	18	18	15	12	10	9
800	24	21	18	16	14	14	11	9	8	7
1000	19	17	14	13	11	11	9	7	6	6

Die Tabelle wurde aufgestellt für 240 min HM-Werkzeug-Standzeit und Einstellwinkel 45°; bei 60° 5% weniger; bei 90° 10% weniger.

Tabelle A 25.

Umdrehungen je Minute unter Angabe der Hartmetall-Sorte
(bei gegebenem Vorschub) beim Drehen von
Silumin und Dural.

∅ in mm	Silumin Aluminiumleg. mit hohem Si-Gehalt (11 ÷ 13,5% Si)					Dural Aluminum-Knetlegierung 42 ÷ 58 kg/mm² Festigkeit				
	H 1 oder H 2			H 1, G 1 oder AT		H 1 oder H 2			H 1, S 2 oder AT	
	0,1	0,2	0,4	0,8	1,6	0,1	0,2	0,4	0,8	1,6
20	360	300	255	220	185	415	350	300	255	220
30	240	200	170	150	120	275	235	200	170	150
40	180	150	130	110	90	210	185	150	130	110
50	145	120	100	90	73	165	140	120	100	90
60	120	100	85	74	61	140	115	100	85	74
70	100	85	73	64	52	120	100	85	73	64
80	90	76	64	56	46	100	90	76	64	56
90	80	67	57	49	41	90	78	67	57	49
100	72	60	51	44	37	80	70	60	51	44
125	59	49	41	37	29	66	56	49	41	37
150	48	40	34	30	24	55	47	40	34	30
175	41	35	29	25	21	47	40	35	29	25
200	36	30	25	22	18	41	35	30	25	22
225	32	27	23	20	16	37	31	27	23	20
250	29	24	20	18	15	33	28	24	20	18
300	24	20	17	15	12	27	23	20	17	15
350	20	17	15	13	10	24	20	17	15	13
400	18	15	13	11	9	21	18	15	13	11
450	16	13	11	10	8	18	16	13	11	10
500	14	12	10	9	7	16	14	12	10	9
600	12	10	8	7	6	14	11	10	8	7
800	9	8	6	6	5	10	9	8	6	6
1000	7	6	5	4	4	8	7	6	5	4

Die Tabelle wurde aufgestellt für 240 min HM-Werkzeug-Standzeit und
Einstellwinkel 45°; bei 60° 5% weniger; bei 90° 10% weniger.

Tabelle A 26.
Stahl St 50.11.
Größtmögliche Spantiefe mm. $x = 45°$.

KW	Vorschub pro Umdr.	Schnittgeschwindigkeit: $v = $ m/min									
		50	63	80	100	125	140	160	180	200	250
1,6	0,2	2,8	2,2	1,8	1,4	1,1	1,0	0,9	0,75	0,7	0,6
	0,4	1,7	1,3	1,0	0,9	0,7	0,6	0,5	0,5	0,4	0,3
	0,8	1,0	0,7	0,6	0,5	0,4	0,4	0,3	0,3	0,2	0,2
	1,6	0,6	0,4	0,3	0,3	0,2	0,2	0,2	0,1	0,1	0,1
2,5	0,2	4,5	3,5	2,8	2,2	1,7	1,5	1,4	1,2	1,1	0,9
	0,4	2,6	2,1	1,6	1,3	1,0	0,9	0,8	0,7	0,6	0,5
	0,8	1,5	1,2	1,0	0,8	0,6	0,5	0,5	0,4	0,4	0,3
	1,6	0,9	0,7	0,5	0,4	0,3	0,3	0,3	0,2	0,2	0,2
4	0,2	7,2	5,6	4 5	3,5	2,8	2,5	2,2	1,9	1,7	1,4
	0,4	4,2	3,4	2,6	2,1	1,7	1,5	1,3	1,2	1,0	0,8
	0,8	2,5	2,0	1,6	1,2	1,0	0,9	0,8	0,7	0,6	0,5
	1,6	1,4	1,1	0,9	0,7	0,6	0,5	0,4	0,4	0,3	0,3
6,3	0,2	11,2	8,9	7,0	5,6	4,5	4,0	3,4	3,1	2,8	2,2
	0,4	6,6	5,3	4,1	3,3	2,6	2,3	2,1	1,8	1,6	1,3
	0,8	3,9	3,1	2,4	1,9	1,6	1,3	1,2	1,1	1,0	0,8
	1,6	2,1	1,7	1,3	1,1	0,9	0,8	0,7	0,6	0,5	0,4
10	0,2	17,9	14,2	12,0	8,8	7,2	6,3	5,5	4,9	4,4	3,5
	0,4	10,5	8,3	6,6	5,2	4,2	3,7	3,3	2,9	2,6	2,1
	0,8	6,2	4,9	3,9	3,1	2,5	2,2	1,9	1,7	1,5	1,2
	1,6	3,4	2,8	2,2	1,7	1,4	1,2	1,1	1,0	0,9	0,7
16	0,2	28,5	22,5	17,8	14,2	11,5	10,1	8,9	7,9	7,1	5,6
	0,4	16,8	13,4	10,5	8,4	6,7	6,0	5,2	4,6	4,2	3,4
	0,8	9,9	7,9	6,1	4,9	3,9	3,6	3,1	2,7	2,4	2,0
	1,6	5,5	4,4	3,4	2,8	2,2	1,9	1,7	1,5	1,4	1,1
25	0,2	44,5	35,0	27,6	22,0	17,8	15,7	13,8	12,4	11,0	8,8
	0,4	26,3	20,8	16,5	13,2	10,5	9,4	8,1	7,3	6,5	5,2
	0,8	15,4	12,4	9,6	7,7	6,2	5,6	4,8	4,3	3,8	3,1
	1,6	8,6	6,9	5,4	4,3	3,4	3,1	2,7	2,4	2,2	1,7
32	0,2	57,5	45,5	36,0	28,6	23,0	20,5	18,0	16,0	14,5	12,2
	0,4	33,6	26,8	21,2	16,8	13,6	12,0	10,5	9,3	8,4	6,7
	0,8	19,8	15,8	12,4	9,9	7,9	7,0	6,2	5,5	5,0	4,0
	1,6	11,0	8,9	6,9	5,5	4,3	3,9	3,5	3,1	2,8	2,2
40	0,2	71,0	56,0	44,5	35,2	28,5	25,5	22,1	19,5	17,5	14,2
	0,4	42,1	33,6	26,2	21,0	16,9	15,0	13,3	11,6	10,5	8,4
	0,8	24,7	19,7	15,6	12,4	10,0	8,9	7,8	6,9	6,2	5,0
	1,6	13,8	11,0	9,2	7,0	5,6	5,0	4,3	3,9	3,5	2,8

 Tabelle A 27.

Tabelle A 27.
Stahl St 60.11.
Größtmögliche Spantiefe mm. $x = 45°$.

KW	Vor-schub pro Umdr.	Schnittgeschwindigkeit: $v = $ m/min									
		50	63	80	100	125	140	160	180	200	250
1,6	0,2	2,6	2,1	1,6	1,3	1,0	0,9	0,8	0,7	0,6	0,5
	0,4	1,4	1,1	0,9	0,7	0,6	0,5	0,5	0,4	0,4	0,3
	0,8	0,8	0,6	0,5	0,4	0,3	0,3	0,2	0,2	0,2	0,2
	1,6	0,4	0,3	0,3	0,2	0,2	0,2	0,1	0,1	0,1	0,1
2,5	0,2	4,1	3,2	2,6	2,1	1,6	1,4	1,3	1,1	1,0	0,8
	0,4	2,3	1,8	1,4	1,1	0,9	0,8	0,7	0,6	0,6	0,5
	0,8	1,3	1,0	0,8	0,6	0,5	0,5	0,4	0,4	0,3	0,3
	1,6	0,7	0,5	0,4	0,3	0,3	0,2	0,2	0,2	0,2	0,1
4	0,2	6,6	5,2	4,1	3,3	2,6	2,3	2,1	1,8	1,6	1,3
	0,4	3,7	2,9	2,3	1,8	1,5	1,3	1,1	1,0	0,9	0,7
	0,8	2,0	1,6	1,3	1,0	0,8	0,7	0,6	0,6	0,5	0,4
	1,6	1,1	0,8	0,7	0,5	0,4	0,4	0,3	0,3	0,3	0,2
6,3	0,2	10,4	8,2	6,5	5,2	4,1	3,7	3,2	2,8	2,6	2,1
	0,4	5,7	4,6	3,6	2,9	2,3	2,1	1,8	1,6	1,4	1,1
	0,8	3,2	2,6	2,0	1,6	1,3	1,1	1,0	0,9	0,8	0,6
	1,6	1,7	1,3	1,0	0,8	0,7	0,6	0,5	0,5	0,4	0,3
10	0,2	16,4	13,0	10,2	8,1	6,5	5,8	5,1	4,5	4,1	3,3
	0,4	9,2	7,3	5,7	4,6	3,6	3,3	2,8	2,6	2,3	1,8
	0,8	5,1	4,1	3,2	2,5	2,0	1,8	1,6	1,4	1,3	1,0
	1,6	2,7	2,1	1,6	1,3	1,0	0,9	0,8	0,7	0,6	0,5
16	0,2	26,2	21,0	16,3	13,1	10,5	9,3	8,2	7,3	6,5	5,3
	0,4	14,7	11,7	9,2	7,4	5,9	5,0	4,5	4,1	3,7	3,0
	0,8	8,2	6,5	5,1	4,1	3,2	2,9	2,5	2,2	2,0	1,6
	1,6	4,3	3,4	2,7	2,1	1,7	1,5	1,3	1,2	1,1	0,9
25	0,2	41,0	32,4	25,5	20,5	16,3	14,6	12,7	11,3	10,2	8,2
	0,4	23,0	18,4	14,4	11,5	9,1	8,2	7,1	6,3	5,7	4,6
	0,8	12,7	10,0	8,0	6,4	5,1	4,5	4,0	3,5	3,1	2,5
	1,6	6,7	5,2	4,1	3,3	2,6	2,3	2,0	1,8	1,6	1,3
32	0,2	52,5	42,0	32,6	26,0	21,0	18,6	16,2	14,5	13,0	10,5
	0,4	29,4	23,4	18,2	14,7	11,7	10,4	9,0	8,1	7,3	5,8
	0,8	16,2	13,0	10,2	8,2	6,5	5,8	5,1	4,5	4,1	3,2
	1,6	8,5	6,7	5,3	4,3	3,4	3,1	2,6	2,3	2,1	1,7
40	0,2	66,0	52,5	41,0	32,8	26,2	23,2	20,5	18,2	16,4	13,2
	0,4	36,6	29,2	23,0	18,4	14,6	13,0	11,4	10,1	9,2	7,4
	0,8	20,5	16,2	12,8	10,2	8,1	7,3	6,3	5,6	5,1	4,1
	1,6	10,6	8,5	6,7	5,3	4,3	3,8	3,3	2,9	2,6	2,1

Tabelle A 28.
Stahl St 70.11.
Größtmögliche Spantiefe mm. $\quad x = 45°$.

KW	Vorschub pro Umdr.	Schnittgeschwindigkeit: $v = \text{m/min}$									
		50	63	80	100	125	140	160	180	200	250
1,6	0,2	1,7	1,4	1,1	0,8	0,7	0,6	0,5	0,5	0,4	0,3
	0,4	1,1	0,9	0,7	0,5	0,4	0,4	0,3	0,3	0,3	0,2
	0,8	0,7	0,5	0,4	0,3	0,3	0,2	0,2	0,2	0,2	0,1
	1,6	0,4	0,3	0,2	0,2	0,2	0,1	0,1	0,1	0,1	0,1
2,5	0,2	2,7	2,1	1,7	1,3	1,1	1,0	0,8	0,7	0,7	0,5
	0,4	1,7	1,4	1,1	0,9	0,7	0,6	0,5	0,5	0,4	0,3
	0,8	1,1	0,8	0,7	0,5	0,4	0,4	0,3	0,3	0,3	0,2
	1,6	0,6	0,5	0,4	0,3	0,2	0,2	0,2	0,2	0,1	0,1
4	0,2	4,3	3,4	2,7	2,1	1,7	1,5	1,3	1,2	1,1	0,9
	0,4	2,7	2,2	1,7	1,4	1,1	1,0	0,8	0,7	0,7	0,5
	0,8	1,7	1,4	1,1	0,9	0,7	0,6	0,5	0,5	0,4	0,3
	1,6	0,9	0,7	0,6	0,5	0,4	0,3	0,3	0,3	0,2	0,2
6,3	0,2	6,8	5,4	4,2	3,4	2,7	2,4	2,1	1,9	1,7	1,3
	0,4	4,3	3,4	2,7	2,1	1,7	1,5	1,3	1,2	1,1	0,9
	0,8	1,8	1,5	1,2	0,9	0,7	0,7	0,6	0,5	0,5	0,4
	1,6	1,5	1,2	0,9	0,7	0,6	0,5	0,5	0,4	0,4	0,3
10	0,2	10,8	8,6	6,8	5,4	4,3	3,9	3,4	3,0	2,7	2,1
	0,4	6,9	5,5	4,3	3,4	2,7	2,5	2,1	1,9	1,7	1,4
	0,8	4,3	3,4	2,7	2,1	1,7	1,5	1,3	1,2	1,1	0,9
	1,6	2,3	1,8	1,5	1,2	0,9	0,8	0,7	0,7	0,6	0,5
16	0,2	17,3	13,8	10,8	8,7	6,9	6,2	5,4	4,8	4,3	3,4
	0,4	10,9	8,7	6,9	5,4	4,4	3,9	3,4	3,0	2,7	2,2
	0,8	6,9	5,5	4,3	3,4	2,7	2,5	2,1	1,9	1,7	1,4
	1,6	3,7	3,0	2,3	1,9	1,5	1,3	1,2	1,0	0,9	0,7
25	0,2	27,0	21,5	16,9	13,5	10,8	9,7	8,5	7,5	6,8	5,4
	0,4	17,3	13,8	10,8	8,6	6,9	6,1	5,4	4,8	4,3	3,4
	0,8	10,8	8,6	6,8	5,4	4,3	3,8	3,4	3,0	2,7	2,2
	1,6	5,8	4,6	3,7	2,9	2,3	2,1	1,8	1,6	1,5	1,2
32	0,2	34,5	27,5	21,5	17,2	13,8	12,3	10,8	9,7	8,5	6,9
	0,4	21,8	17,4	13,8	10,8	8,8	7,9	6,8	6,0	5,5	4,4
	0,8	13,8	11,0	8,6	6,9	5,5	4,9	4,3	3,8	3,4	2,7
	1,6	7,5	5,9	4,6	3,7	3,0	2,7	2,3	2,1	1,9	1,5
40	0,2	43,0	34,5	27,0	21,5	17,2	15,4	13,5	12,0	10,8	8,6
	0,4	27,5	21,7	17,2	13,7	11,0	9,7	8,6	7,5	6,9	5,5
	0,8	17,2	13,8	10,8	8,6	6,9	6,1	5,4	4,8	4,3	3,4
	1,6	9,4	7,4	5,8	4,6	3,7	3,4	2,9	2,6	2,3	1,9

Bei der größeren Toleranz der Eigenschaften von St 70.11 sind die mindest erreichbaren Spanquerschnitte eingesetzt worden.

　Tabelle A 29.

Tabelle A 29.
CrNi-Stahl, CrMo-Stahl und andere leg. Stähle. Festigkeit 85···100.
Größtmögliche Spantiefe mm.　　　　　$x = 45°$.

KW	Vor-schub pro Umdr.	Schnittgeschwindigkeit: $v = \text{m/min}$									
		50	63	80	100	125	140	160	180	200	250
1,6	0,2	2,1	1,7	1,3	1,0	0,9	0,8	0,7	0,6	0,5	0,4
	0,4	1,3	1,0	0,8	0,6	0,5	0,5	0,4	0,4	0,3	0,2
	0,8	0,8	0,7	0,5	0,4	0,3	0,3	0,3	0,2	0,2	0,2
	1,6	0,5	0,4	0,3	0,2	0,2	0,2	0,2	0,1	0,1	0,1
2,5	0,2	3,3	2,6	2,1	1,6	1,3	1,2	1,0	0,9	0,8	0,7
	0,4	2,0	1,6	1,2	1,0	0,8	0,7	0,6	0,5	0,5	0,4
	0,8	1,3	1,0	0,8	0,7	0,5	0,5	0,4	0,4	0,3	0,3
	1,6	0,7	0,6	0,4	0,4.	0,3	0,3	0,2	0,2	0,2	0,1
4	0,2	5,2	4,2	3,3	2,6	2,1	1,9	1,6	1,4	1,3	1,0
	0,4	3,2	2,5	2,0	1,6	1,3	1,1	1,0	0,9	0,8	0,6
	0,8	2,1	1,7	1,3	1,0	0,8	0,8	0,7	0,6	0,5	0,4
	1,6	1,1	0,9	0,7	0,6	0,5	0,4	0,4	0,3	0,3	0,2
6,3	0,2	8,3	6,6	5,2	4,1	3,3	2,9	2,6	2,3	2,1	1,6
	0,4	5,0	4,0	3,1	2,5	2,0	1,8	1,5	1,4	1,2	1,0
	0,8	3,3	2,6	2,1	1,6	1,3	1,2	1,0	0,9	0,8	0,7
	1,6	1,8	1,4	1,1	0,9	0,7	0,6	0,6	0,5	0,5	0,4
10	0,2	13,0	10,4	8,2	6,6	5,2	4,7	4,1	3,6	3,3	2,6
	0,4	8,0	6,3	5,0	4,0	3,2	2,8	2,5	2,2	2,0	1,6
	0,8	5,2	4,2	3,3	2,6	2,1	1,9	1,6	1,5	1,3	1,0
	1,6	2,9	2,3	1,8	1,4	1,1	1,0	0,9	0,8	0,7	0,6
16	0,2	21,0	17,0	13,2	10,5	8,5	7,6	6,6	5,9	5,3	4,2
	0,4	12,7	10,0	8,0	6,3	5,1	4,5	4,0	3,5	3,2	2,5
	0,8	8,4	6,6	5,2	4,2	3,3	3,0	2,6	2,3	2,1	1,7
	1,6	4,6	3,6	2,9	2,3	1,8	1,6	1,4	1,3	1,1	0,9
25	0,2	33,0	26,0	20,5	16,4	13,0	11,6	10,2	9,1	8,2	6,5
	0,4	19,6	15,6	12,3	9,9	7,9	7,0	6,2	5,5	5,0	4,0
	0,8	13,0	10,4	8,2	6,5	5,2	4,7	4,1	3,6	3,2	2,6
	1,6	7,2	5,7	4,5	3,6	2,8	2,5	2,2	2,0	1,8	1,4
32	0,2	42,0	33,0	26,0	21,0	16,7	15,0	13,0	11,6	10,4	8,4
	0,4	25,5	20,0	16,0	12,7	10,1	9,1	7,9	7,1	6,4	5,1
	0,8	16,7	13,3	10,5	8,3	6,7	6,0	5,2	4,6	4,2	3,3
	1,6	9,2	7,3	5,7	4,6	3,6	3,2	2,8	2,5	2,3	1,8
40	0,2	52,5	41,5	32,5	26,2	21,0	18,6	16,4	14,5	13,1	10,5
	0,4	32,0	25,0	20,0	15,8	12,6	11,3	9,9	8,8	7,9	6,3
	0,8	21,0	16,6	13,1	10,4	·8,4	7,5	6,6	5,8	5,2	4,2
	1,6	11,4	9,1	7,2	5,7	4,5	4,1	3,6	3,2	2,8	2,3

Tabelle A 30.
CrNi-Stahl, CrMo-Stahl und andere leg. Stähle. Festigkeit 140···180.

Größtmögliche Spantiefe mm. $x = 45°$.

KW	Vor-schub pro Umdr.	Schnittgeschwindigkeit: $v = $ m/min									
		50	63	80	100	125	140	160	180	200	250
1,6	0,2	1,7	1,4	1,1	0,9	0,7	0,6	0,6	0,5	0,4	0,4
	0,4	1,1	0,9	0,7	0,5	0,4	0,4	0,3	0,3	0,3	0,2
	0,8	0,7	0,6	0,5	0,4	0,3	0,3	0,2	0,2	0,2	0,1
	1,6	0,4	0,3	0,3	0,2	0,2	0,2	0,1	0,1	0,1	0,1
2,5	0,2	2,7	2,2	1,7	1,4	1,1	1,0	0,9	0,8	0,7	0,6
	0,4	1,7	1,3	1,0	0,8	0,7	0,6	0,5	0,5	0,4	0,3
	0,8	1,1	0,9	0,7	0,6	0,4	0,4	0,3	0,3	0,3	0,2
	1,6	0,6	0,5	0,4	0,3	0,3	0,2	0,2	0,2	0,1	0,1
4	0,2	4,4	3,5	2,7	2,2	1,7	1,5	1,4	1,2	1,1	0,9
	0,4	2,7	2,1	1,7	1,3	1,1	1,0	0,8	0,7	0,7	0,5
	0,8	1,8	1,4	1,1	0,9	0,7	0,6	0,6	0,5	0,4	0,3
	1,6	1,0	0,8	0,6	0,5	0,4	0,4	0,3	0,3	0,2	0,2
6,3	0,2	6,9	5,5	4,3	3,4	2,7	2,4	2,2	1,9	1,7	1,4
	0,4	4,2	3,3	2,6	2,1	1,7	1,5	1,3	1,2	1,0	0,8
	0,8	2,8	2,2	1,7	1,4	1,1	1,0	0,9	0,8	0,7	0,6
	1,6	1,6	1,2	1,0	0,8	0,6	0,6	0,5	0,4	0,4	0,3
10	0,2	10,9	8,7	6,9	5,5	4,3	3,9	3,4	3,0	2,7	2,2
	0,4	6,7	5,3	4,2	3,3	2,7	2,4	2,1	1,8	1,7	1,3
	0,8	4,4	3,5	2,8	2,2	1,8	1,6	1,4	1,2	1,1	0,9
	1,6	2,5	2,0	1,6	1,2	1,0	0,9	0,8	0,7	0,6	0,5
16	0,2	17,5	13,8	10,9	8,7	7,0	6,3	5,5	4,8	4,3	3,5
	0,4	10,6	8,5	6,7	5,3	4,3	3,8	3,3	2,9	2,7	2,1
	0,8	7,1	5,6	4,4	3,5	2,8	2,5	2,2	2,0	1,8	1,4
	1,6	4,0	3,2	2,5	2,0	1,6	1,4	1,2	1,1	1,0	0,8
25	0,2	27,3	21,7	17,0	13,7	10,9	9,8	8,6	7,6	6,8	5,5
	0,4	16,6	14,2	10,4	8,3	6,6	5,9	5,2	4,6	4,2	3,3
	0,8	11,0	8,8	6,9	5,5	4,4	3,9	3,4	3,0	2,7	2,2
	1,6	6,2	5,0	3,9	3,1	2,5	2,2	2,0	1,7	1,6	1,2
32	0,2	35,0	27,7	22,0	17,5	14,0	12,5	11,0	9,7	8,8	7,0
	0,4	21,0	17,0	13,3	10,6	8,5	7,6	6,7	5,9	5,3	4,2
	0,8	14,0	11,2	8,8	7,1	5,7	5,0	4,3	3,9	3,5	2,8
	1,6	8,0	6,4	5,0	4,0	3,2	2,8	2,5	2,2	2,0	1,6
40	0,2	43,5	35,0	27,0	21,8	17,4	15,5	13,6	12,0	10,8	8,7
	0,4	26,5	21,0	16,6	13,3	10,6	9,5	8,3	7,4	6,6	5,3
	0,8	17,6	14,0	11,0	8,8	7,1	6,3	5,5	4,9	4,4	3,5
	1,6	10,0	7,9	6,3	5,0	4,0	3,5	3,1	2,8	2,5	2,0

  Tabelle A 31.

Tabelle A 31.
Stahl 18 CrNi 6.
Größtmögliche Spantiefe mm. $x = 45$.

KW	Vor-schub pro Umdr.	Schnittgeschwindigkeit: $v = $ m/min									
		50	63	80	100	125	140	160	180	200	250
1,6	0,2	1,8	1,4	1,1	0,9	0,7	0,6	0,6	0,5	0,5	0,4
	0,4	1,2	0,9	0,7	0,6	0,5	0,4	0,4	0,3	0,3	0,2
	0,8	0,7	0,6	0,4	0,4	0,3	0,2	0,2	0,2	0,2	0,2
	1,6	0,4	0,3	0,3	0,2	0,2	0,1	0,1	0,1	0,1	0,1
2,5	0,2	2,8	2,2	1,7	1,4	1,1	1,0	0,9	0,8	0,7	0,6
	0,4	1,8	1,5	1,2	0,9	0,7	0,7	0,6	0,5	0,5	0,4
	0,8	1,1	0,9	0,7	0,6	0,5	0,4	0,4	0,3	0,3	0,2
	1,6	0,6	0,5	0,4	0,3	0,3	0,2	0,2	0,2	0,2	0,1
4	0,2	4,5	3,6	2,8	2,3	1,8	1,6	1,4	1,3	1,1	0,9
	0,4	3,0	2,4	1,8	1,5	1,2	1,0	0,9	0,8	0,7	0,6
	0,8	1,8	1,4	1,1	0,9	0,7	0,6	0,6	0,5	0,4	0,4
	1,6	0,9	0,7	0,6	0,5	0,4	0,3	0,3	0,3	0,3	0,2
6,3	0,2	7,1	5,6	4,5	3,6	2,9	2,6	2,2	2,0	1,8	1,4
	0,4	4,7	3,7	2,9	2,3	1,9	1,7	1,5	1,3	1,2	0,9
	0,8	2,8	2,2	1,7	1,4	1,1	1,0	0,9	0,8	0,7	0,6
	1,6	1,5	1,2	0,9	0,7	0,6	0,5	0,5	0,4	0,4	0,3
10	0,2	11,4	9,1	7,0	5,6	4,5	4,0	3,5	3,1	2,8	2,3
	0,4	7,4	5,8	4,6	3,7	2,9	2,6	2,3	2,0	1,8	1,5
	0,8	4,4	3,5	2,8	2,2	1,8	1,6	1,4	1,2	1,1	0,9
	1,6	2,4	1,9	1,5	1,2	1,0	0,9	0,7	0,7	0,6	0,5
16	0,2	18,2	14,4	11,3	9,1	7,2	6,5	5,6	5,0	4,5	3,6
	0,4	11,8	9,4	7,4	5,9	4,7	4,2	3,7	3,3	3,0	2,4
	0,8	7,0	5,6	4,4	3,5	2,8	2,5	2,2	2,0	1,8	1,4
	1,6	4,2	3,0	2,4	1,9	1,5	1,3	1,2	1,0	0,9	0,7
25	0,2	28,5	22,5	17,6	14,0	11,2	10,0	8,7	7,8	7,0	5,6
	0,4	18,4	14,7	11,5	9,2	7,4	6,6	5,7	5,1	4,6	3,7
	0,8	11,0	8,8	6,9	5,5	4,4	3,9	3,4	3,1	2,8	2,2
	1,6	5,0	4,7	3,7	3,0	2,4	2,1	1,8	1,7	1,5	1,2
32	0,2	36,0	28,6	22,6	18,0	14,4	12,8	11,3	10,0	9,1	7,3
	0,4	23,5	18,7	14,8	11,8	9,4	7,6	7,3	6,5	5,9	4,7
	0,8	14,0	11,2	8,9	7,0	5,5	5,0	4,3	3,9	3,5	2,8
	1,6	8,4	6,1	4,8	3,8	3,0	2,7	2,3	2,1	1,9	1,5
40	0,2	45,0	36,0	28,2	22,6	18,0	16,1	14,1	12,5	11,2	9,0
	0,4	29,5	23,5	18,4	14,7	11,8	10,5	9,2	8,2	7,4	5,9
	0,8	17,6	14,0	11,0	8,7	7,0	6,2	5,5	4,9	4,4	3,5
	1,6	9,5	7,6	6,0	4,8	3,8	3,4	3,0	2,6	2,4	1,9

Tabelle A 32. ·
Stahl C 15.
Größtmögliche Spantiefe mm. $x = 45°$.

KW	Vor-schub pro Umdr.	Schnittgeschwindigkeit: $v = $ m/min									
		50	63	80	100	125	140	160	180	200	250
1,6	0,2	3,2	2,5	2,0	1,6	1,3	1,1	1,0	0,9	0,8	0,6
	0,4	1,8	1,5	1,2	0,9	0,7	0,7	0,6	0,5	0,5	0,4
	0,8	1,0	0,8	0,6	0,5	0,4	0,4	0,3	0,3	0,3	0,2
	1,6	0,6	0,5	0,4	0,3	0,2	0,2	0,2	0,2	0,2	0,1
2,5	0,2	5,0	4,0	3,1	2,5	2,0	1,8	1,5	1,4	1,2	1,0
	0,4	2,9	2,2	1,8	1,4	1,1	1,0	0,9	0,8	0,7	0,6
	0,8	1,6	1,3	1,0	0,8	0,7	0,6	0,5	0,5	0,4	0,3
	1,6	0,9	0,7	0,6	0,5	0,4	0,3	0,3	0,3	0,2	0,2
4	0,2	8,0	6,3	5,0	4,0	3,2	2,8	2,5	2,2	2,0	1,6
	0,4	4,6	3,6	2,9	2,3	1,8	1,6	1,4	1,3	1,1	0,9
	0,8	2,6	2,1	1,6	1,3	1,0	0,9	0,8	0,7	0,7	0,5
	1,6	1,4	1,1	0,9	0,7	0,6	0,5	0,5	0,4	0,4	0,3
6,3	0,2	12,6	10,0	7,9	6,2	5,0	4,5	3,9	3,5	3,1	2,5
	0,4	7,2	5,7	4,5	3,6	2,8	2,5	2,2	2,0	1,8	1,4
	0,8	4,1	3,3	2,6	2,0	1,6	1,5	1,3	1,1	1,0	0,8
	1,6	2,2	1,8	1,4	1,1	0,9	0,8	0,7	0,6	0,6	0,5
10	0,2	20,0	16,0	13,5	10,0	8,0	7,1	6,2	5,6	5,0	4,0
	0,4	11,4	9,1	7,2	5,7	4,6	4,1	3,5	3,2	2,9	2,3
	0,8	6,5	5,2	4,1	3,2	2,6	2,3	2,0	1,8	1,6	1,3
	1,6	3,6	2,9	2,3	1,8	1,4	1,3	1,1	1,0	0,9	0,7
16	0,2	32,0	25,5	20,0	16,0	12,9	11,4	10,0	8,8	8,0	6,4
	0,4	18,4	14,5	11,5	9,1	7,3	6,5	5,7	5,1	4,6	3,7
	0,8	10,3	8,3	6,5	5,2	4,1	3,7	3,3	2,9	2,6	2,1
	1,6	5,7	4,6	3,6	2,9	2,3	2,0	1,8	1,6	1,4	1,2
25	0,2	50,0	40,0	31,5	25,0	20,0	17,8	15,7	13,9	12,5	10,0
	0,4	28,6	22,8	18,0	14,3	11,5	10,3	8,8	8,0	7,2	5,7
	0,8	16,3	12,9	10,2	8,2	6,5	5,8	5,1	4,5	4,1	3,2
	1,6	8,8	7,1	5,6	4,5	3,6	3,2	2,8	2,5	2,3	1,8
32	0,2	64,0	50,8	39,7	31,6	25,5	22,7	20,0	17,8	15,9	12,7
	0,4	36,6	29,0	22,7	18,2	14,5	13,0	11,4	10,2	9,1	7,3
	0,8	20,7	16,5	13,0	10,3	8,3	7,4	6,5	5,8	5,2	4,1
	1,6	11,5	9,1	7,1	5,7	4,6	4,1	3,6	3,2	2,8	2,3
40	0,2	80,0	63,0	50,0	40,0	32,0	28,5	25,0	22,3	20,0	15,9
	0,4	46,0	36,5	28,7	23,0	18,4	16,4	14,4	12,8	11,5	9,2
	0,8	26,0	20,5	16,2	13,0	10,4	9,3	8,1	7,2	6,5	5,2
	1,6	14,3	11,4	8,9	7,1	5,7	5,1	4,4	4,0	3,5	2,8

Tabelle A 33.
Stahl C 45.
Größtmögliche Spantiefe mm. $x = 45^\circ$.

KW	Vor-schub pro Umdr.	Schnittgeschwindigkeit: $v = $ m min								
		50	63	80	100	125	140	160	180	200	250
1,6	0,2	2,5	2,0	1,6	1,3	1,0	0,9	0,8	0,7	0,6	0,5
	0,4	1,4	1,1	0,9	0,7	0,6	0,5	0,4	0,4	0,4	0,3
	0,8	0,8	0,6	0,5	0,4	0,3	0,3	0,2	0,2	0,2	0,2
	1,6	0,4	0,3	0,3	0,2	0,2	0,2	0,1	0,1	0,1	0,1
2,5	0,2	4,0	3,2	2,5	2,0	1,6	1,4	1,2	1,1	1,0	0,8
	0,4	2,2	1,8	1,4	1,1	0,9	0,8	0,7	0,6	0,6	0,5
	0,8	1,2	1,0	0,7	0,6	0,5	0,4	0,4	0,3	0,3	0,2
	1,6	0,6	0,5	0,4	0,3	0,3	0,2	0,2	0,2	0,2	0,1
4	0,2	6,3	5,0	4,0	3,1	2,5	2,3	2,0	1,8	1,6	1,3
	0,4	3,5	2,8	2,2	1,8	1,4	1,3	1,1	1,0	0,9	0,7
	0,8	1,9	1,5	1,2	1,0	0,7	0,7	0,6	0,5	0,5	0,4
	1,6	1,0	0,8	0,6	0,5	0,4	0,4	0,3	0,3	0,2	0,2
6,3	0,2	10,0	7,9	6,2	5,0	4,0	3,5	3,1	2,8	2,5	2,0
	0,4	5,5	4,4	3,4	2,8	2,2	2,0	1,7	1,5	1,4	1,1
	0,8	3,0	2,4	1,9	1,5	1,2	1,1	1,0	0,9	0,7	0,6
	1,6	1,6	1,3	1,0	0,8	0,7	0,6	0,5	0,5	0,4	0,3
10	0,2	16,0	12,6	9,9	7,9	6,3	5,6	4,9	4,4	3,9	3,1
	0,4	8,9	7,0	5,5	4,4	3,5	3,1	2,8	2,5	2,2	1,8
	0,8	4,8	3,9	3,0	2,4	2,0	1,7	1,5	1,4	1,2	1,0
	1,6	2,5	2,0	1,6	1,3	1,0	0,9	0,8	0,7	0,6	0,5
16	0,2	25,0	20,0	16,0	12,6	10,2	9,0	7,9	7,0	6,3	5,0
	0,4	14,2	11,2	8,8	7,0	5,6	5,0	4,4	3,9	3,5	2,8
	0,8	7,7	6,2	4,8	3,8	3,1	2,8	2,4	2,1	1,8	1,5
	1,6	4,0	3,2	2,6	2,0	1,6	1,5	1,3	1,1	1,0	0,8
25	0,2	40,0	31,5	24,7	19,8	15,8	14,0	12,3	10,9	9,8	7,9
	0,4	22,0	17,6	13,8	11,0	8,9	7,9	6,9	6,2	5,5	4,4
	0,8	12,2	9,7	7,6	6,1	4,9	4,3	3,7	3,4	3,0	2,4
	1,6	7,1	5,0	4,0	3,2	2,5	2,2	2,0	1,8	1,6	1,3
32	0,2	50,0	40,0	32,0	25,0	20,3	18,0	15,8	14,1	12,6	10,0
	0,4	28,4	22,5	17,6	14,1	11,2	10,0	8,9	7,8	7,0	5,5
	0,8	15,5	12,3	9,6	7,7	6,2	5,5	4,8	4,2	3,8	3,1
	1,6	8,2	6,4	4,8	4,0	3,3	2,9	2,5	2,2	2,0	1,6
40	0,2	63,5	50,0	39,5	31,7	25,2	22,5	19,6	17,6	15,7	12,6
	0,4	35,3	28,0	22,2	17,6	14,2	12,6	11,0	9,9	8,9	7,1
	0,8	19,5	15,5	12,2	9,7	7,7	6,9	6,1	5,4	4,9	3,9
	1,6	10,2	8,1	6,4	5,1	4,1	3,6	3,2	2,8	2,5	2,0

Tabelle A 34.
Ge 12.91/14.91. Brinellhärte bis 200.
Größtmögliche Spantiefe mm. $x = 45°$.

KW	Vor-schub pro Umdr.	Schnittgeschwindigkeit: $v = $ m/min									
		50	63	80	100	125	140	160	180	200	250
1,6	0,2	5,2	4,2	3,3	2,6	2,1	1,9	1,6	1,5	1,3	1,0
	0,4	3,1	2,4	1,9	1,5	1,2	1,1	1,0	0,9	0,8	0,6
	0,8	2,1	1,6	1,3	1,0	0,8	0,7	0,6	0,6	0,5	0,4
	1,6	1,1	0,9	0,7	0,6	0,5	0,4	0,4	0,3	0,3	0,2
2,5	0,2	8,2	6,5	5,1	4,1	3,3	2,9	2,6	2,3	2,0	1,6
	0,4	4,8	3,8	3,0	2,4	1,9	1,7	1,5	1,3	1,2	1,0
	0,8	3,2	2,5	2,0	1,6	1,3	1,1	1,0	0,9	0,8	0,6
	1,6	1,8	1,4	1,1	0,9	0,7	0,6	0,6	0,5	0,5	0,4
4	0,2	13,0	10,4	8,2	6,6	5,2	4,7	4,1	3,6	3,3	2,6
	0,4	7,6	6,1	4,8	3,8	3,1	2,8	2,4	2,1	1,9	1,5
	0,8	5,1	4,1	3,2	2,6	2,0	1,8	1,6	1,4	1,3	1,0
	1,6	2,9	2,3	1,8	1,4	1,1	1,0	0,9	0,8	0,7	0,6
6,3	0,2	20,6	16,4	13,0	10,3	8,3	7,4	6,5	5,7	5,2	4,1
	0,4	12,0	9,6	7,6	6,0	4,8	4,3	3,8	3,4	3,0	2,4
	0,8	8,1	6,4	5,0	4,0	3,2	2,8	2,5	2,2	2,0	1,6
	1,6	4,5	3,6	2,8	2,3	1,8	1,6	1,4	1,3	1,1	0,9
10	0,2	32,7	26,0	20,4	16,4	13,0	11,6	10,2	9,1	8,2	6,5
	0,4	19,2	15,2	11,9	9,6	7,7	6,9	6,0	5,3	4,8	3,8
	0,8	12,7	10,1	8,0	6,4	5,1	4,6	4,0	3,5	3,2	2,6
	1,6	7,2	5,7	4,5	3,6	2,9	2,6	2,2	2,0	1,8	1,4
16	0,2	52,5	41,6	32,8	26,2	21,0	18,8	16,4	14,6	13,1	10,5
	0,4	30,5	24,3	19,2	15,3	12,2	10,9	9,6	8,5	7,7	6,2
	0,8	20,5	16,2	12,8	10,2	8,3	7,3	6,4	5,7	5,1	4,1
	1,6	11,4	9,1	7,2	5,7	4,6	4,1	3,6	3,2	2,9	2,3
25	0,2	81,5	65,0	51,0	41,0	32,5	29,0	25,5	22,6	20,4	16,3
	0,4	48,0	38,0	30,0	23,9	19,1	17,0	14,9	13,2	11,9	9,6
	0,8	31,7	25,3	20,0	15,9	12,7	11,4	10,0	8,8	8,0	6,4
	1,6	17,9	14,2	11,2	9,0	7,1	6,4	5,6	5,0	4,5	3,6
32	0,2	105,0	83,0	66,0	52,5	42,0	37,5	32,7	29,1	26,2	21,0
	0,4	61,2	49,0	38,5	30,6	24,5	22,0	19,2	17,0	15,4	12,3
	0,8	40,6	32,4	25,5	20,4	16,3	14,5	12,7	11,3	10,2	8,3
	1,6	23,0	18,2	14,3	11,5	9,2	8,2	7,2	6,4	5,7	4,6
40	0,2	131,0	104,0	83,0	65,5	52,0	47,0	41,0	36,0	33,0	26,0
	0,4	77,0	61,0	48,0	38,0	30,0	27,0	24,0	21,0	19,0	15,0
	0,8	51,0	40,0	32,0	25,5	20,5	18,3	16,0	14,2	12,8	10,2
	1,6	28,5	23,0	18,0	14,0	11,5	10,2	9,0	8,0	7,2	5,7

Tabelle A 35.
Ge 18.91/26.91. Brinellhärte 200···250.
Größtmögliche Spantiefe mm. $x = 45°$.

KW	Vor-schub pro Umdr.	Schnittgeschwindigkeit: $v = $ m/min									
		50	63	80	100	125	140	160	180	200	250
1,6	0,2	3,2	2,5	2,0	1,6	1,3	1,1	1,0	0,9	0,8	0,7
	0,4	1,9	1,5	1,2	1,0	0,8	0,7	0,6	0,5	0,5	0,4
	0,8	1,2	1,0	0,8	0,6	0,5	0,4	0,4	0,3	0,3	0,2
	1,6	0,7	0,6	0,4	0,4	0,3	0,3	0,2	0,2	0,2	0,1
2,5	0,2	5,0	4,0	3,1	2,5	2,0	1,8	1,6	1,4	1,2	1,0
	0,4	3,0	2,4	1,9	1,5	1,2	1,1	0,9	0,8	0,7	0,6
	0,8	1,9	1,5	1,2	1,0	0,8	0,7	0,6	0,5	0,5	0,4
	1,6	1,1	0,9	0,7	0,6	0,5	0,4	0,3	0,3	0,3	0,2
4	0,2	8,0	6,3	5,0	4,0	3,2	2,9	2,5	2,2	2,0	1,6
	0,4	4,8	3,8	3,0	2,4	1,9	1,7	1,5	1,3	1,2	1,0
	0,8	3,1	2,5	1,9	1,5	1,2	1,1	1,0	0,9	0,8	0,6
	1,6	1,8	1,4	1,1	0,9	0,7	0,6	0,6	0,5	0,4	0,3
6,3	0,2	12,5	10,0	7,9	6,3	5,0	4,5	3,9	3,5	3,1	2,5
	0,4	7,7	6,1	4,8	3,8	3,0	2,7	2,4	2,1	1,9	1,5
	0,8	4,8	3,9	3,0	2,4	1,9	1,7	1,5	1,3	1,2	1,0
	1,6	2,8	2,2	1,7	1,4	1,1	1,0	0,9	0,8	0,7	0,6
10	0,2	20,0	15,8	12,4	10,0	8,0	7,1	6,2	5,5	5,0	4,0
	0,4	12,1	9,6	7,6	6,0	4,8	4,3	3,8	3,3	3,0	2,4
	0,8	7,7	6,1	4,8	3,8	3,0	2,7	2,4	2,1	1,9	1,5
	1,6	4,4	3,5	2,8	2,2	1,8	1,6	1,4	1,2	1,1	0,9
16	0,2	32,0	25,5	20,0	16,0	12,8	11,5	10,0	8,9	8,0	6,4
	0,4	19,2	15,2	12,0	9,7	7,7	6,8	6,0	5,3	4,8	3,8
	0,8	12,3	9,7	7,7	6,1	4,9	4,4	3,8	3,4	3,1	2,5
	1,6	7,1	5,6	4,4	3,5	2,8	2,5	2,2	2,0	1,8	1,4
25	0,2	50,0	40,0	31,0	25,0	20,0	17,7	15,5	13,7	12,4	10,0
	0,4	30,0	24,0	19,0	15,0	12,0	10,7	9,5	8,4	7,5	6,1
	0,8	19,0	15,0	11,8	9,6	7,7	6,8	6,0	5,3	4,8	3,8
	1,6	11,0	8,8	6,9	5,5	4,4	4,0	3,5	3,1	2,7	2,2
32	0,2	64,0	50,0	40,0	32,0	25,5	22,5	20,0	17,7	15,8	12,7
	0,4	38,5	30,5	24,0	19,3	15,4	13,7	12,0	10,6	9,7	7,7
	0,8	24,5	19,5	15,4	12,2	9,8	8,8	7,6	6,8	6,2	4,9
	1,6	14,0	11,2	8,8	7,1	5,6	5,0	4,4	3,9	3,5	2,8
40	0,2	80,0	63,0	50,0	40,0	32,0	28,5	25,0	22,0	20,0	16,0
	0,4	49,0	39,0	30,0	24,0	19,3	17,3	15,0	13,4	12,0	9,7
	0,8	30,5	24,5	19,2	15,3	12,2	10,9	9,6	8,5	7,7	6,1
	1,6	17,6	14,0	11,0	8,8	7,0	6,3	5,5	4,9	4,4	

Tabelle A 36.
Ge legiert. Brinellhärte 250 ··· 400.
Größtmögliche Spantiefe mm.　　　　　　$x = 45°$.

KW	Vorschub pro Umdr.	Schnittgeschwindigkeit: $v = $ m/min									
		50	63	80	100	125	140	160	180	200	250
1,6	0,2	2,5	2,0	1,5	1,2	1,0	0,9	0,8	0,7	0,6	0,5
	0,4	1,5	1,2	0,9	0,7	0,6	0,5	0,5	0,4	0,4	0,3
	0,8	0,9	0,7	0,6	0,5	0,4	0,3	0,3	0,3	0,2	0,2
	1,6	0,5	0,4	0,3	0,3	0,2	0,2	0,2	0,1	0,1	0,1
2,5	0,2	3,8	3,1	2,4	1,9	1,5	1,4	1,2	1,1	1,0	0,8
	0,4	2,3	1,8	1,5	1,1	0,9	0,8	0,7	0,6	0,6	0,5
	0,8	1,4	1,1	0,9	0,7	0,6	0,5	0,4	0,4	0,4	0,3
	1,6	0,8	0,6	0,5	0,4	0,3	0,3	0,3	0,2	0,2	0,2
4	0,2	6,1	4,9	3,8	3,0	2,4	2,2	1,9	1,7	1,5	1,2
	0,4	3,7	2,9	2,3	1,8	1,5	1,3	1,1	1,0	0,9	0,7
	0,8	2,3	1,8	1,4	1,1	0,9	0,8	0,7	0,7	0,6	0,5
	1,6	1,3	1,0	0,8	0,6	0,5	0,5	0,4	0,4	0,3	0,3
6,3	0,2	9,6	7,7	6,0	4,8	3,8	3,4	3,0	2,6	2,4	1,9
	0,4	5,8	4,6	3,6	2,9	2,3	2,1	1,8	1,6	1,4	1,2
	0,8	3,6	2,9	2,3	1,8	1,4	1,3	1,1	1,0	0,9	0,7
	1,6	2,0	1,6	1,3	1,0	0,8	0,7	0,6	0,6	0,5	0,4
10	0,2	15,4	12,1	9,6	7,6	6,1	5,5	4,8	4,3	3,8	3,1
	0,4	9,2	7,3	5,7	4,6	3,7	3,2	2,8	2,5	2,3	1,8
	0,8	5,7	4,6	3,6	2,9	2,3	2,1	1,8	1,6	1,4	1,2
	1,6	3,2	2,5	2,0	1,6	1,3	1,1	1,0	0,9	0,8	0,6
16	0,2	24,5	19,5	15,4	12,2	9,8	8,8	7,7	6,8	6,2	4,9
	0,4	14,7	11,6	9,2	7,3	5,9	5,2	4,6	4,0	3,7	2,9
	0,8	9,1	7,3	5,7	4,6	3,6	3,3	2,9	2,5	2,3	1,8
	1,6	5,1	4,0	3,2	2,6	2,0	1,8	1,6	1,5	1,3	1,0
25	0,2	38,5	30,5	24,0	19,1	15,2	13,6	11,9	10,6	9,6	7,7
	0,4	23,0	18,3	14,4	11,5	9,2	8,2	7,2	6,4	5,8	4,6
	0,8	14,3	11,4	9,0	7,2	5,7	5,1	4,5	4,0	3,6	2,9
	1,6	8,0	6,3	5,0	4,0	3,2	2,8	2,5	2,2	2,0	1,6
32	0,2	49,0	39,0	30,5	24,5	19,5	17,4	15,2	13,5	12,2	9,8
	0,4	29,5	23,5	18,4	14,7	11,7	10,5	9,2	8,2	7,4	5,9
	0,8	18,3	14,5	11,5	9,2	7,3	6,5	5,7	5,1	4,6	3,6
	1,6	10,2	8,1	6,4	5,1	4,1	3,6	3,2	2,8	2,5	2,0
40	0,2	62,0	49,0	38,0	30,6	24,5	22,0	19,0	17,0	15,3	12,2
	0,4	37,0	29,5	23,0	18,4	14,7	13,0	11,5	10,2	9,2	7,4
	0,8	23,0	18,3	14,4	11,5	9,2	8,2	7,2	6,4	5,7	4,6
	1,6	12,7	10,1	7,9	6,4	5,1	4,5	4,0	3,5	3,2	2,5

Tabelle A 37.

Gußbronze und Stahlguß (50···70 kg/mm².)

Größtmögliche Spantiefe mm. $x = 45°$.

KW	Vorschub pro Umdr.	Schnittgeschwindigkeit: v = m/min									
		50	63	80	100	125	140	160	180	200	250
1,6	0,2	3,5	2,8	2,2	1,7	1,4	1,2	1,1	1,0	0,9	0,7
	0,4	2,1	1,6	1,3	1,0	0,8	0,7	0,7	0,6	0,5	0,4
	0,8	1,4	1,1	0,9	0,7	0,5	0,5	0,4	0,4	0,3	0,3
	1,6	0,8	0,6	0,5	0,4	0,3	0,3	0,2	0,2	0,2	0,1
2,5	0,2	5,4	4,3	3,4	2,7	2,2	2,0	1,7	1,5	1,3	1,1
	0,4	3,2	2,5	2,0	1,6	1,3	1,1	1,0	0,9	0,8	0,6
	0,8	2,1	1,7	1,3	1,0	0,9	0,8	0,7	0,6	0,5	0,4
	1,6	1,2	1,0	0,8	0,6	0,5	0,4	0,4	0,3	0,3	0,2
4	0,2	8,8	6,9	5,5	4,4	3,5	3,1	2,7	2,4	2,2	1,8
	0,4	5,1	4,0	3,2	2,6	2,0	1,8	1,6	1,4	1,3	1,0
	0,8	3,4	2,7	2,1	1,7	1,3	1,2	1,1	0,9	0,9	0,7
	1,6	1,9	1,5	1,2	1,0	0,8	0,7	0,6	0,5	0,5	0,4
6,3	0,2	13,8	11,0	8,5	6,9	5,5	4,9	4,3	3,8	3,4	2,7
	0,4	8,0	6,4	5,0	4,0	3,2	2,9	2,5	2,2	2,0	1,6
	0,8	5,3	4,2	3,3	2,7	2,1	1,9	1,7	1,5	1,3	1,1
	1,6	3,0	2,4	1,9	1,5	1,2	1,1	1,0	0,8	0,7	0,6
10	0,2	21,8	17,4	13,6	10,9	8,7	7,8	6,8	6,1	5,5	4,4
	0,4	12,7	10,0	8,0	6,4	5,0	4,5	4,0	3,6	3,2	2,5
	0,8	8,5	6,7	5,3	4,2	3,4	3,0	2,7	2,4	2,1	1,7
	1,6	4,8	3,8	3,0	2,4	1,9	1,7	1,5	1,3	1,2	1,0
16	0,2	34,5	27,8	22,0	17,5	13,9	12,4	10,8	9,7	8,7	6,9
	0,4	20,5	16,2	12,8	10,2	8,2	7,2	6,3	5,7	5,1	4,0
	0,8	13,6	10,8	8,5	6,8	5,4	4,8	4,2	3,7	3,4	2,7
	1,6	7,6	6,0	4,8	3,8	3,0	2,7	2,4	2,1	1,9	1,5
25	0,2	55,0	43,0	34,0	27,3	21,8	19,4	17,0	15,0	13,6	10,8
	0,4	32,0	25,4	20,0	15,9	12,7	11,3	10,0	8,8	8,0	6,4
	0,8	21,4	17,0	13,4	10,6	8,5	7,6	6,7	5,9	5,3	4,3
	1,6	12,0	9,5	7,5	6,0	4,7	4,2	3,7	3,3	3,0	2,4
32	0,2	70,0	56,0	44,0	35,0	28,0	25,0	21,7	19,4	17,5	14,0
	0,4	41,0	32,5	25,5	20,4	16,3	14,6	12,7	11,3	10,2	8,2
	0,8	27,0	21,5	17,0	13,6	10,8	9,7	8,5	7,5	6,8	5,4
	1,6	15,2	12,2	9,6	7,6	6,1	5,4	4,8	4,3	3,8	3,0
40	0,2	83,0	69,0	55,0	44,0	35,0	31,0	27,0	24,0	22,0	17,4
	0,4	51,0	41,0	32,0	25,5	20,3	18,2	16,0	14,1	12,7	10,2
	0,8	34,0	27,0	21,3	17,0	13,6	12,1	10,6	9,4	8,5	6,8
	1,6	19,2	15,1	12,0	9,6	7,6	6,8	6,0	5,3	4,8	3,8

Tabelle A 38.
Kupfer.
Größtmögliche Spantiefe mm. $\qquad x = 45°$

KW	Vor-schub pro Umdr.	Schnittgeschwindigkeit: $v = $ m/min									
		50	63	80	100	125	140	160	180	200	250
1,6	0,2	4,6	3,6	2,9	2,3	1,8	1,6	1,4	1,3	1,1	0,9
	0,4	2,7	2,1	1,7	1,4	1,1	1,0	0,9	0,8	0,7	0,5
	0,8	1,8	1,4	1,1	0,9	0,7	0,6	0,6	0,5	0,4	0,3
	1,6	1,0	0,8	0,6	0,5	0,4	0,4	0,3	0,3	0,3	0,2
2,5	0,2	7,1	5,7	4,5	3,6	2,8	2,5	2,2	2,0	1,8	1,4
	0,4	4,2	3,4	2,7	2,1	1,7	1,5	1,3	1,2	1,0	0,9
	0,8	2,8	2,2	1,7	1,4	1,1	1,0	0,9	0,8	0,7	0,5
	1,6	1,6	1,3	1,0	0,8	0,6	0,6	0,5	0,4	0,4	0,3
4	0,2	11,4	9,1	7,2	5,7	4,6	4,1	3,6	3,2	2,9	2,3
	0,4	6,8	5,4	4,3	3,4	2,7	2,4	2,1	1,9	1,7	1,4
	0,8	4,4	3,5	2,8	2,2	1,8	1,6	1,4	1,2	1,1	0,9
	1,6	2,6	2,0	1,6	1,3	1,0	0,9	0,8	0,7	0,6	0,5
6,3	0,2	18,0	14,3	11,3	9,0	7,2	6,5	5,6	5,0	4,5	3,6
	0,4	10,7	8,5	6,7	5,3	4,3	3,8	3,3	3,0	2,7	2,1
	0,8	6,9	5,5	4,3	3,4	2,8	2,5	2,1	1,9	1,7	1,4
	1,6	4,0	3,2	2,5	2,0	1,6	1,4	1,2	1,1	1,0	0,8
10	0,2	28,5	22,5	17,8	14,3	11,3	10,1	8,9	7,9	7,1	5,7
	0,4	17,0	13,5	10,6	8,5	6,8	6,1	5,3	4,7	4,2	3,4
	0,8	11,0	8,8	6,9	5,5	4,4	4,0	3,5	3,1	2,8	2,2
	1,6	6,4	5,0	4,0	3,2	2,5	2,3	2,0	1,8	1,6	1,3
16	0,2	46,0	36,5	28,5	23,0	18,3	16,3	14,2	12,6	11,4	9,2
	0,4	27,0	21,5	17,0	13,6	10,8	9,7	8,5	7,5	6,8	5,4
	0,8	17,9	14,2	11,1	8,9	7,2	6,4	5,6	5,0	4,5	3,6
	1,6	10,2	8,1	6,3	5,1	4,0	3,6	3,1	2,8	2,5	2,0
25	0,2	71,0	57,0	45,0	35,8	28,5	25,5	22,5	20,0	18,0	14,3
	0,4	42,5	33,5	26,5	21,2	17,0	15,0	13,2	11,7	10,6	8,5
	0,8	27,5	22,0	17,2	13,8	11,0	9,8	8,6	7,7	6,9	5,5
	1,6	16,0	12,6	10,0	8,0	6,3	5,7	5,0	4,4	4,0	3,2

Tabelle A 39.

Tabelle A 39.
Messing und Dur-Aluminium. Brinellhärte 80 ⋯ 120.
Größtmögliche Spantiefe mm. $x = 45°$

KW	Vor-schub pro Umdr.	Schnittgeschwindigkeit: $v = $ m/min									
		50	63	80	100	125	140	160	180	200	250
1,6	0,2	7,3	5,8	4,6	3,7	3,0	2,6	2,3	2,1	1,8	1,5
	0,4	4,6	3,6	2,9	2,3	1,8	1,6	1,4	1,3	1,1	0,9
	0,8	3,1	2,4	1,9	1,5	1,2	1,1	1,0	0,9	0,8	0,6
	1,6	1,7	1,3	1,0	0,8	0,7	0,6	0,5	0,5	0,4	0,3
2,5	0,2	11,4	9,1	7,2	5,7	4,6	4,1	3,6	3,2	2,9	2,3
	0,4	7,2	5,7	4,5	3,6	2,9	2,6	2,3	2,0	1,8	1,4
	0,8	4,8	3,8	3,0	2,4	1,9	1,7	1,5	1,3	1,2	1,0
	1,6	2,6	2,1	1,6	1,3	1,0	0,9	0,8	0,7	0,6	0,5
4	0,2	18,4	14,6	11,5	9,2	7,3	6,6	5,7	5,1	4,6	3,7
	0,4	11,5	9,1	7,2	5,7	4,6	4,1	3,6	3,2	2,8	2,3
	0,8	7,7	6,1	4,8	3,8	3,1	2,7	2,4	2,1	1,9	1,5
	1,6	4,2	3,3	2,6	2,1	1,7	1,5	1,3	1,2	1,0	0,8
6,3	0,2	29,0	23,0	18,0	14,4	11,6	10,4	9,1	8,1	7,3	5,8
	0,4	18,0	14,3	11,2	9,0	7,2	6,4	5,6	5,0	4,5	3,6
	0,8	12,0	9,6	7,5	6,0	4,8	4,3	3,7	3,3	3,0	2,4
	1,6	6,6	5,2	4,1	3,3	2,6	2,3	2,0	1,8	1,6	1,3
10	0,2	46,0	36,5	29,0	23,0	18,4	16,4	14,4	12,7	11,5	9,2
	0,4	28,6	22,7	18,0	14,3	11,4	10,2	9,0	8,0	7,2	5,7
	0,8	19,0	15,2	12,0	9,6	7,7	6,8	6,0	5,3	4,8	3,8
	1,6	10,5	8,3	6,5	5,2	4,2	3,7	3,3	2,9	2,6	2,1
16	0,2	74,0	58,0	46,0	36,7	29,5	26,4	23,0	20,5	18,5	14,8
	0,4	46,0	36,0	29,0	23,0	18,4	16,5	14,5	12,8	11,6	9,3
	0,8	30,5	24,5	19,2	15,3	12,3	10,9	9,6	8,5	7,7	6,2
	1,6	16,7	13,2	10,4	8,3	6,7	6,0	5,2	4,6	4,2	3,3
25	0,2	115,0	91,0	72,0	57,4	46,0	41,0	36,0	32,0	28,5	23,0
	0,4	72,0	57,0	45,0	35,8	28,5	25,5	22,5	20,0	18,0	14,3
	0,8	48,0	38,0	30,0	23,9	19,2	17,0	15,0	13,3	12,0	9,6
	1,6	26,0	20,7	16,3	13,0	10,4	9,3	8,2	7,2	6,5	5,2

Tabelle A 40.
Silumin, Alu-Legierungen mit hohem Si-Gehalt.
Größtmögliche Spantiefe mm. $x = 45°$

KW	Vor-schub pro Umdr.	Schnittgeschwindigkeit: v = m/min									
		50	63	80	100	125	140	160	180	200	250
1,6	0,2	6,4	5,0	4,0	3,2	2,6	2,3	2,0	1,8	1,6	1,3
	0,4	4,0	3,1	2,5	2,0	1,6	1,4	1,2	1,1	1,0	0,8
	0,8	2,7	2,2	1,7	1,4	1,1	1,0	0,8	0,8	0,7	0,5
	1,6	1,5	1,2	1,0	0,8	0,6	0,6	0,5	0,4	0,4	0,3
2,5	0,2	10,0	8,0	6,2	5,0	4,0	3,5	3,1	2,7	2,5	2,0
	0,4	6,2	4,9	3,9	3,1	2,5	2,2	1,9	1,7	1,5	1,2
	0,8	4,2	3,3	2,6	2,1	1,7	1,5	1,3	1,2	1,0	0,8
	1,6	2,4	1,9	1,5	1,2	1,0	0,9	0,7	0,7	0,6	0,5
4	0,2	16,0	12,6	10,0	8,0	6,3	5,7	5,0	4,4	4,0	3,2
	0,4	10,0	7,8	6,2	4,9	3,9	3,5	3,1	2,7	2,5	2,0
	0,8	6,8	5,4	4,2	3,4	2,7	2,4	2,1	1,9	1,7	1,3
	1,6	3,8	3,0	2,4	1,9	1,5	1,3	1,2	1,1	1,0	0,8
6,3	0,2	25,0	20,0	15,6	12,6	10,0	9,0	7,8	7,0	6,3	5,0
	0,4	15,5	12,3	9,8	7,8	6,2	5,5	4,8	4,3	3,9	3,1
	0,8	10,6	8,5	6,7	5,3	4,2	3,8	3,3	2,9	2,7	2,1
	1,6	6,0	4,8	3,8	3,0	2,4	2,1	1,9	1,7	1,5	1,2
10	0,2	40,0	32,0	25,0	20,0	15,9	14,2	12,4	11,0	10,0	8,0
	0,4	25,0	19,6	15,4	12,3	9,8	8,8	7,7	6,8	6,2	4,1
	0,8	16,8	13,4	10,5	8,4	6,8	6,0	5,3	4,7	4,2	3,4
	1,6	9,6	7,6	6,0	4,8	3,8	3,4	3,0	2,7	2,4	1,9
16	0,2	64,0	50,5	40,0	31,9	25,5	22,5	20,0	17,6	15,9	12,7
	0,4	39,5	31,5	24,5	19,8	15,5	14,0	12,3	10,9	9,9	7,9
	0,8	27,0	21,5	16,8	13,5	10,7	9,6	8,4	7,5	6,7	5,4
	1,6	15,3	12,2	9,6	7,6	6,1	5,4	4,8	4,3	3,8	3,1
25	0,2	100,0	79,0	62,5	49,9	40,0	35,5	31,0	27,5	25,0	20,0
	0,4	62,0	49,0	38,5	30,8	24,6	22,0	19,2	17,1	15,4	12,4
	0,8	42,0	33,5	26,5	21,1	16,8	15,0	13,2	11,7	10,5	8,5
	1,6	24,0	19,0	15,0	12,0	9,6	8,5	7,5	6,7	6,0	4,8

Tabelle A 41.

Vergleich deutscher und amerikanischer Siebgrößen.

GewebeNr.		Lichte Maschen-weite in mm		Gewebe Nr.		Lichte Maschen-weite in mm	
DIN 1171	USA	DIN 1171	USA	DIN 1171	USA	DIN 1171	USA
—	8	—	2,38	20	50	0,30	0,297
—	10	—	2,00	24	60	0,25	0,250
—	12	—	1,68	30	70	0,20	0,210
4	14	1,50	1,41	—	80	—	0,177
5	16	1,20	1,19	40	100	0,15	0,149
6	18	1,00	1,00	50	120	0,12	0,125
—	20	—	0,84	60	140	0,100	0,105
8	25	0,75	0,71	70	170	0,090	0,088
10	30	0,60	0,59	80	200	0,075	0,074
12	35	0,50	0,50	100	230	0,060	0,062
16	40	0,40	0,42	—	325	—	0,044
—	45	—	0,35				

Tabelle A 42.
Diamantkörnungen für Schleif- und Polierzwecke.
(Grundlage für DIN 848.)   (Normenbezeichnung.)

Körnungs-bezeichnung	Körnungszusammensetzung	
	Hauptanteil	Streuung
Schlämmkörnungen		
D 0,7	$0,5\cdots 1\ \mu$	bis $1\ \mu$ ⎫ Polierkörnungen
D 1	$1\cdots 2\ \mu$	$0,5\cdots 3\ \mu$ ⎭
D 3	$2\cdots 5\ \mu$	$1\cdots 8\ \mu$ ⎫
D 7	$5\cdots 10\ \mu$	$3\cdots 15\ \mu$ ⎪ Feinschliff-Bohr-
D 15	$10\cdots 20\ \mu$	$7\cdots 25\ \mu$ ⎬ Läppkörnungen
D 30	$20\cdots 40\ \mu$	$10\cdots 50\ \mu$ ⎪
D 50	$40\cdots 60\ \mu$	$30\cdots 70\ \mu$ ⎭
Siebkörnungen		
D 70	$60\cdots 80\ \mu$	⎫
D 100	$80\cdots 120\ \mu$	⎪
D 150	$120\cdots 200\ \mu$	⎬ Grobschliff- und Sägekörnungen
D 250	$200\cdots 300\ \mu$	⎪
D 350	$300\cdots 400\ \mu$	⎪
D 500	$400\cdots 600\ \mu$	⎭

Die Zahlen bei den Körnungsbezeichnungen bedeuten die mittlere Korngröße des betreffenden Bereiches in μ, der vorgesetzte Buchstabe „D" weist auf den Rohstoff Diamant hin, zum Unterschied von Körnungen aus anderen Schleifstoffen.

Der Hauptanteil soll mindestens 70% der Körnung betragen. Für die Herstellung der Siebkörnungen werden Siebe nach DIN 1171 verwendet; ein Streubereich ist nicht angegeben, da er durch die im Normblatt DIN 1171 angegebenen Toleranzen der Siebe bestimmt ist. Beim Messen länglicher Körner ist das kleinste Maß der Umgrenzung zugrunde zu legen.

Bei Mischkörnungen werden die Körnungsbezeichnungen durch schrägen Strich voneinander getrennt und das Mischungsverhältnis in Prozent hinter die Körnungsbezeichnung in Klammern gesetzt.

Beispiel: Mischung aus 40% D 30 und 60% D 70: D 30 (40%)/D 70 (60%).

Tabelle A 43.
Kennzeichnung von Schneidölen.
(Nach dem Shell-Dienst.)

	Stahl	Guß-eisen	Stahl-guß	Bunt-metalle	Aluminium-legierungen
Bohren und Drehen für höhere An- sprüche	MZ 17	—	—	—	—
Gewindeschneiden leichte Bedin- gungen	MZ 25	trocken	MZ 25	—	—
schwere Bedin- gungen	MB 31	MB 31	MB 31	—	—
Automatendrehen allgemein	MZ 25 M 2/30 [1]	trocken	MZ 25 M 2/50	M 2/50 MZ 17	MZ 17 M 2/50
für schwer zerspan- bare Werkstoffe .	MZ 25	M 2/50 [1]	MZ 25	—	—
Fräsen	trocken (MZ 25)	trocken	trocken	trocken	trocken
Reiben und Räumen	MB 31	M 2/30	MB 31	MZ 25 M 2/30	MZ 25 M 2/30

[1] M 2/30 bzw. M 2/50 = Emulsion aus Shell-Öl M 2 und Wasser, Mischungsverhältnis 1:30 bzw. 1:50.

Tabelle B 1.
Hartmetall-Schneidplatten nach DIN E 4966
1. Ausgabe — 1940.

Form A und Form B.

Länge *l*	Breite *b*	Dicke *s*	Radius *r*
8	5	3	3
10	6	4	3
12	8	4	4
16	10	5	4
20	12	6	8
25	16	8	8
32	20	10	10
40	25	12	10
50	32	16	12

Form C.

Länge *l*	Breite *b*	Dicke *s*
8	5	3
10	6	4
12	8	4
16	10	5
20	12	6
25	16	8
32	20	10
40	25	12
50	32	16

Form D,

Länge *l*	Breite *b*	Dicke *s*
4	6	3
5	8	4
6	10	5
8	12	6
10	16	8
12	20	10
16	25	12

Form E.

Länge *l*	Breite *b*	Dicke *s*
8	4	3
10	5	3
12	6	3
16	8	4
20	10	5
25	12	6
32	16	8

Tabelle B 2.
Hartmetall-Schneidplatten.
(Nach DIN 4966; Ausgabe 1943, Blatt 1 und 2.)

Für schwere Schnitte:

Form A (B u. C)	20	25	32	40	50
Länge l mm	20	25	32	40	50
Breite t mm	12	14	16	18	20
Dicke s mm	6	7	8	10	12

Form D	3	4	5	6	8	10	12
Breite l mm	3	4	5	6	8	10	12
Länge t mm	7	8	10	12	14	17	20
Dicke s mm	2	3	4	5	6	8	10

Für leichte Schnitte:

Form F	4	5	6	8	10	12
Breite l mm	4	5	6	8	10	12
Länge t mm	12	14	16	18	20	25
Dicke s mm	2	2,5	3	4	5	6

Form G (H u. J)	6	8	10	12	16
Länge l mm	6	8	10	12	16
Breite t mm	4	5	6	8	10
Dicke s mm	2	2	2,5	3	4

Form K u. L	8	10	12	16	20
Länge l mm	8	10	12	16	20
Breite t mm	4	5	6	8	10
Dicke s mm	2	2,5	3	4	5

Bei 3 mm Dicke einschließlich werden die Schneidplatten ohne Freiwinkel und ohne Bodenrundung geliefert. Bei Bestellung z. B. einer Platte Form A von 20 mm Länge ist nur anzugeben: A 20. Hartmetall-Qualitäts-Bezeichnung (z. B. S 2 - H 1 - G 1 usw.) *nicht vergessen.* Die Preise für die Qualitäten S 1, S 2, S 3, F 1, H 1, G 1, G 2 sind dieselben.

Tabelle B 3.
Englische Hartmetallplatten.
Norm Wickman, Coventry.

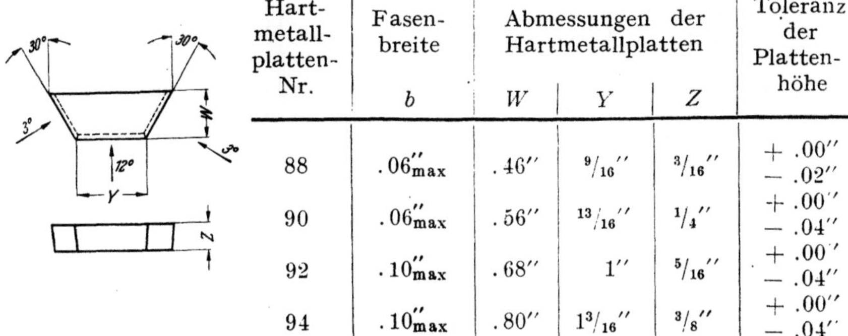

Hartmetallplatten-Nr. rechts	links	Fasenbreite b	Abmessungen der Hartmetallplatten W	Y	Z	Toleranz der Plattenhöhe
0160	0160	$.04''_{\text{max}}$	$^3/_{16}''$	$^1/_2''$	$^3/_{32}''$	$+.00''$ $-.02''$
0162	0162	$.04''_{\text{max}}$	$^1/_4''$	$^5/_8''$	$^1/_8''$	$+.00''$ $-.02''$
0164	0165	$.04''_{\text{max}}$	$^3/_{16}''$	$^1/_2''$	$^5/_{32}''$	$+.00''$ $-.02''$
0166	0167	$.06''_{\text{max}}$	$^5/_{16}''$	$^3/_4''$	$^5/_{32}''$	$+.00'$ $-.02'$
0168	0169	$.04''_{\text{max}}$	$^1/_4''$	$^5/_8''$	$^3/_{16}''$	$+.00''$ $-.02'$
0170	0171	$.06''_{\text{max}}$	$^3/_8''$	$^7/_8''$	$^3/_{16}''$	$+.00''$ $-.02''$
0172	0173	$.06''_{\text{max}}$	$^5/_{16}''$	$^3/_4''$	$^1/_4''$	$+.00''$ $-.04''$
0174	0175	$.06''_{\text{max}}$	$^3/_8''$	$^7/_8''$	$^1/_4''$	$+.00'$ $-.04''$
0176	0177	$.06''_{\text{max}}$	$^1/_2''$	$1^3/_{16}''$	$^1/_4''$	$+.00''$ $-.04''$
0178	0179	$.06''_{\text{max}}$	$^3/_8''$	$^7/_8''$	$^5/_{16}''$	$+.00'$ $-.04'$
0180	0181	$.10''_{\text{max}}$	$^1/_2''$	$1^3/_{16}''$	$^5/_{16}''$	$+.00''$ $-.04''$
0182	0183	$.10''_{\text{max}}$	$^1/_2''$	$1^3/_{16}''$	$^3/_8''$	$+.00''$ $-.04'$

Hartmetallplatten-Nr.	Fasenbreite b	Abmessungen der Hartmetallplatten W	Y	Z	Toleranz der Plattenhöhe
88	$.06''_{\text{max}}$	$.46''$	$^9/_{16}''$	$^3/_{16}''$	$+.00''$ $-.02''$
90	$.06''_{\text{max}}$	$.56''$	$^{13}/_{16}''$	$^1/_4''$	$+.00''$ $-.04''$
92	$.10''_{\text{max}}$	$.68''$	$1''$	$^5/_{16}''$	$+.00'$ $-.04''$
94	$.10''_{\text{max}}$	$.80''$	$1^3/_{16}''$	$^3/_8''$	$+.00''$ $-.04''$

Tabelle B 4.
Genormte schwedische HM-Platten (Seco).
(Von der Fa. Fagersta zur Verfügung gestellt.)

Typ AN rechts

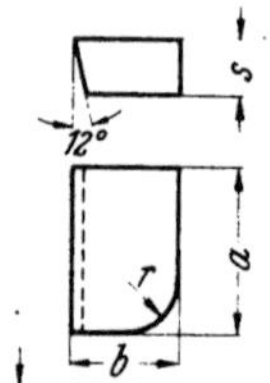

Typ BN links

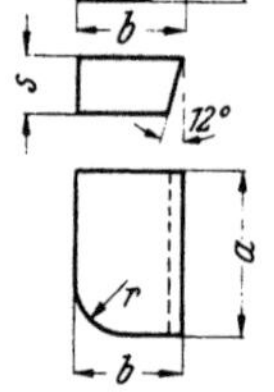

Typ CN

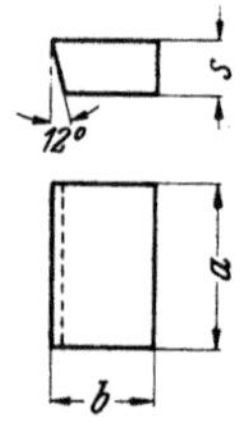

Typ DN

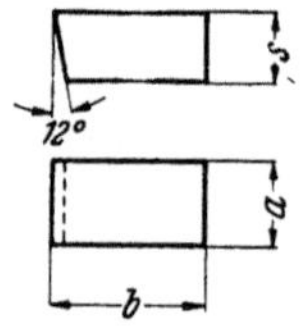

Typ EN

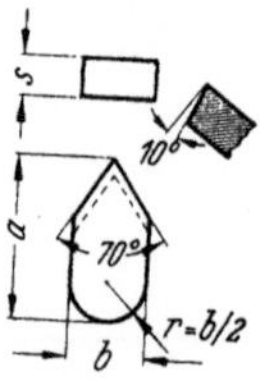

Typ G

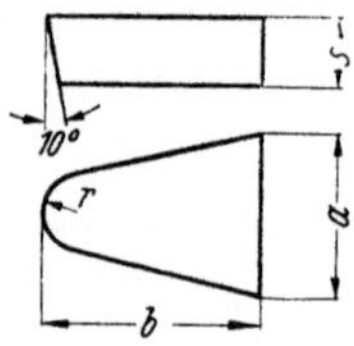

Typ KN

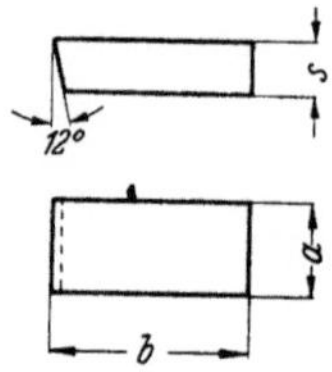

Typ Nr.		a	b	s	r	Ungef. Gewicht g
AN 6	BN 6	6	4	3	2	1,0
AN 8	BN 8	8	5	3	3	1,6
AN 10	BN 10	10	6	4	3	3,3
AN 12	BN 12	12	8	4	4	5,0
AN 16	BN 16	16	10	5	4	10,6
AN 20	BN 20	20	12	6	8	18,6
AN 25	BN 25	25	16	8	8	41,3
AN 32	BN 32	32	16	8	10	54,5
AN 40	BN 40	40	18	10	10	96,5
AN 50	BN 50	50	20	12	12	160
CN 6		6	4	3		1,0
CN 8		8	5	3		1,7
CN 10		10	6	4		3,5
CN 12		12	8	4		5,3
CN 16		16	10	5		10,9
CN 20		20	12	6		19,7
CN 25		25	16	8		44,2
CN 32		32	16	8		57,1
CN 40		40	18	10		99,8
CN 50		50	20	12		165
DN 3		3	7	3		0,9
DN 4		4	8	3		1,4
DN 5		5	10	4		2,9
DN 6		6	12	5		5,1
DN 8		8	14	6		9,5
DN 10		10	16	8		17,8
DN 12		12	20	10		34,1
DN 16		16	25	12		67,8
EN 12		12	4	3		2,1
EN 14		14	5	3		2,9
EN 16		16	6	3		3,7
EN 18		18	8	4		6,8
EN 20		20	10	5		11,4
EN 25		25	12	6		20,7
EN 32		32	16	8		45,1
G 8		8	12	4	1,	3,3
G 10		10	14	4	1,5	5,0
G 12		12	17	5	2,5	9,7
G 16		16	20	6	3,5	18,5
G 20		20	24	6	4,5	27,7
G 25		25	28	8	6	54,5
G 30		30	34	10	8	103
KN 2		2,5	15	4		2,1
KN 3		3,5	15	4		3
KN 4		4,5	15	4		3,8
KN 5		5,5	15	4		4,6
KN 6		6,5	15	4		5,5
KN 7		7,5	15	4		6,3
KN 8		8,5	20	6		14
KN 9		9,5	20	6		16
KN 10		10,5	20	6		17
KN 12		12,5	20	6		21

Tabelle B 5.
Gewichte der Hartmetall-Platten nach DIN E 4966.
1. Ausgabe (1940).

Form	Länge in mm	Sorten							
		S 1	S 2	S 3 U	S 4	F 1	G 1 H 1	G 2	H 2
A	8	1,1	1,3	1,4	1,4	0,9	1,6	1,5	1,6
und	10	2,3	2,7	2,9	2,8	1,9	3,3	3,2	3,2
B	12	3,5	4,0	4,5	4,3	2,9	5,0	4,8	4,9
	16	7,7	8,8	9,7	9,3	6,2	10,9	10,5	10,7
	20	13,2	15,1	16,6	15,8	10,6	18,6	18,0	18,2
	25	29,2	33,4	36,8	35,1	23,6	41,3	39,9	40,5
	32	59,6	68,2	75,1	71,7	48,2	84,3	41,4	82,6
	40	114,3	130,8	144,0	137,4	92,3	161,6	156,1	158,3
	50	238,3	272,6	300,0	286,4	192,5	336,8	325,3	329,9
C	8	1,2	1,4	1,5	1,4	1,0	1,7	1,6	1,7
	10	2,3	2,7	2,8	2,8	1,9	3,3	3,2	3,2
	12	3,7	4,3	4,7	4,5	3,0	5,3	5,1	5,2
	16	7,7	8,8	9,7	9,3	6,2	10,9	10,5	10,7
	20	13,9	15,9	17,6	16,8	11,3	19,7	19,0	19,3
	25	31,3	35,8	39,4	37,6	25,3	44,2	42,7	43,3
	32	61,6	70,5	77,6	74,1	49,8	87,1	84,1	85,3
	40	116,8	133,7	147,1	140,4	94,3	165,1	159,1	161,7
	50	244,7	280,0	308,2	294,1	197,7	345,9	334,1	338,8
D	4	1,0	1,1	1,2	1,2	0,8	1,4	1,4	1,4
	5	1,8	2,0	2,2	2,1	1,4	2,5	2,4	2,4
	6	3,0	3,5	3,8	3,7	2,5	4,3	4,2	4,2
	8	5,9	6,8	7,5	7,1	4,8	8,4	8,1	8,2
	10	12,6	14,4	15,9	15,1	10,2	17,8	17,2	17,4
	12	24,1	27,6	30,4	29,0	19,5	34,1	32,9	33,4
	16	48,0	54,9	60,4	57,7	38,7	67,8	65,5	66,4
E	8	1,0	1,1	1,2	1,2	0,8	1,4	1,4	1,4
	10	1,4	1,6	1,8	1,7	1,1	2,0	1,9	2,0
	12	1,8	2,1	2,3	2,2	1,5	2,6	2,5	2,5
	16	4,1	4,7	5,2	4,9	3,3	5,8	5,6	5,7
	20	8,1	9,2	10,2	9,7	6,5	11,4	11,0	11,2
	25	14,6	16,8	18,4	17,6	11,8	20,7	20,0	20,3
	32	31,9	36,5	40,2	38,4	25,8	45,1	43,6	44,2

Tabelle B 6.

Tabelle B 6.
Gewichte der neuen Hartmetall-Platten nach DIN 4966.
2. Ausgabe (Dezember 1943).

Form	Länge in mm	Sorten							
		S 1	S 2	S 3 U	S 4	F 1	G 1 H 1	G 2	H 2
A	20	13,2	15,1	16,6	15,8	10,6	18,6	18,0	18,2
und	25	23,3	26,7	29,4	28,1	18,9	33,0	31,9	32,3
B	32	38,0	43,5	47,9	45,7	30,7	53,7	51,9	52,6
	40	67,8	77,6	85,4	81,5	54,7	95,8	92,5	93,8
	50	113,9	130,3	143,5	136,9	92,0	161,0	155,5	157,7
C	20	13,9	15,9	17,6	16,8	11,3	19,7	19,0	19,3
	25	24,2	27,7	30,5	29,1	19,5	34,2	33,0	33,5
	32	40,0	45,7	50,3	48,0	32,3	56,5	54,6	55,3
	40	70,7	81,0	89,1	85,0	57,1	100,0	96,6	98,0
	50	117,4	134,4	147,9	141,2	94,9	166,0	160,4	162,6
D	3[+])	0,5	0,6	0,6	0,6	0,4	0,7	0,7	0,7
	4	1,1	1,2	1,3	1,3	0,9	1,5	1,4	1,5
	5	2,0	2,3	2,5	2,4	1,6	2,8	2,7	2,7
	6	3,5	4,0	4,5	4,3	2,9	5,0	4,8	4,9
	8	6,8	7,8	8,6	8,2	5,5	9,6	9,3	9,4
	10	14,3	16,4	18,0	17,2	11,5	20,2	19,5	19,8
	12	24,8	28,3	31,2	29,8	20,0	35,0	33,8	34,3
F	4[+])	0,6	0,6	0,7	0,7	0,5	0,8	0,8	0,8
	5	1,1	1,2	1,3	1,3	0,9	1,5	1,4	1,5
	6	1,7	1,9	2,1	2,0	1,4	2,4	2,3	2,4
	8	4,4	5,0	5,5	5,3	3,5	6,2	6,0	6,1
	10	8,6	9,9	10,9	10,4	7,0	12,2	11,8	12,0
	12	14,1	16,2	17,8	17,0	11,4	20,0	19,3	19,6
G	6	0,5	0,6	0,6	0,6	0,4	0,7	0,7	0,7
bis	8	0,8	0,9	1,0	0,9	0,6	1,1	1,1	1,1
H	10	1,4	1,6	1,8	1,7	1,1	2,0	1,9	2,0
	12	2,8	3,2	3,6	3,4	2,3	4,0	3,9	3,9
	16	6,2	7,1	7,8	7,5	5,0	8,8	8,5	8,6
J	6	0,5	0,6	0,6	0,6	0,4	0,7	0,7	0,7
	8	0,8	0,9	1,0	0,9	0,6	1,1	1,1	1,1
	10	1,5	1,7	1,9	1,8	1,2	2,1	2,0	2,1
	12	2,9	3,3	3,7	3,5	2,3	4,1	4,0	4,0
	16	6,6	7,5	8,3	7,9	5,3	9,3	9,0	9,1
K	8	0,6	0,6	0,7	0,7	0,5	0,8	0,8	0,8
bis	10	1,1	1,2	1,3	1,3	0,9	1,5	1,4	1,5
L	12	1,9	2,2	2,4	2,3	1,5	2,7	2,6	2,6
	16	4,4	5,0	5,5	5,3	3,5	6,2	6,0	6,1
	20	8,6	9,9	10,9	10,4	7,0	12,2	11,8	12,0

+) Breite der Platte.

Tabelle B 7.

Hartmetallplatten nach französischer Norm.
NF E 66 — 305

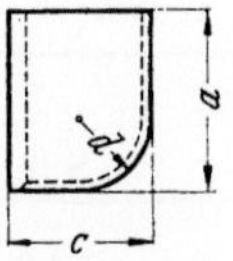

Type	Bezeichnung a—b	Maße in mm			
		a	b	c	d
A B	8—3	8	3	6	3
	8—4	8	4	6	3
	10—4	10	4	8	4
	10—5	10	5	8	4
	12—5	12	5	10	5
	12—6	12	6	10	5
	16—6	16	6	12	6
	16—8	16	8	12	6
	20—8	20	8	16	8
	20—10	20	10	16	8
	25—10	25	10	20	10
	32—10	32	10	25	10
C	8—3	8	3	6	
	10—4	10	4	8	
	10—5	10	5	8	
	12—5	12	5	10	
	12—6	12	6	10	
	16—6	16	6	12	
	16—8	16	8	12	
	20—8	20	8	16	
	20—10	20	10	16	
	25—10	25	10	20	
	32—10	32	10	25	
	40—12	40	12	25	
D	10—4	10	4	4	
	12—5	12	5	5	
	16—6	16	6	6	
	20—8	20	8	8	
	25—10	25	10	10	
	32—12	32	12	12	
E	12—5	12	5	8	
	16—5	16	5	10	
	16—6	16	6	10	
	20—6	20	6	12	
	20—8	20	8	12	

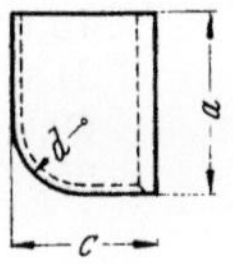

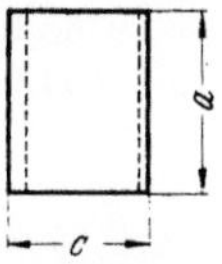

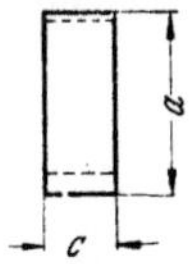

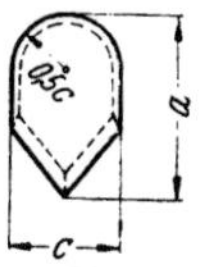

b = Dicke. Bodenfase: 0,7 bis 1 mm auf 45°. Freiwinkel $\alpha = 14°$.

Tabelle B 8.

Tabelle B 8.

Gewichte der Hartmetallplatten nach französischer Norm.

Form	Länge	Gewichte in Gramm		
		G 1, H 1, H 2	S 1, S 2	S 3
A B	8	2,8	2,1	2,5
	10	4,5	3,4	4,1
	12	8,4	6,4	7,6
	16	17,5	13,2	15,9
	20	34,0	26,0	31,0
	25	66,0	50,5	60,0
	32	105,0	80,0	95,0
C	8	2,8	2,2	2,6
	10	4,7	3,6	4,3
	12	8,6	6,6	7,8
	16	17,9	13,7	16,2
	20	36,7	28,0	33,0
	25	72,0	55,0	65,0
	32	115,0	88,0	104.0
D	4[+])	2,3	1,8	2,1
	5	4,4	3,4	4,0
	6	9,0	6,8	8,2
	8	18,5	14,1	16,7
	10	36,0	27,7	32,5
	12	66,0	50,0	60,0
E	8[+])	5	5	5
	10	10	8	7
	12	18	13	13

[+]) Breite.

Tabelle B 9.
Gerade Hartmetall-Schruppmeißel nach DIN 4971
mit Hartmetall-Schneidplatten nach DIN 4966.

Freiwinkel α Einstellwinkel $\varkappa$
Keilwinkel β Spitzenwinkel ε
Spanwinkel γ Neigungswinkel λ

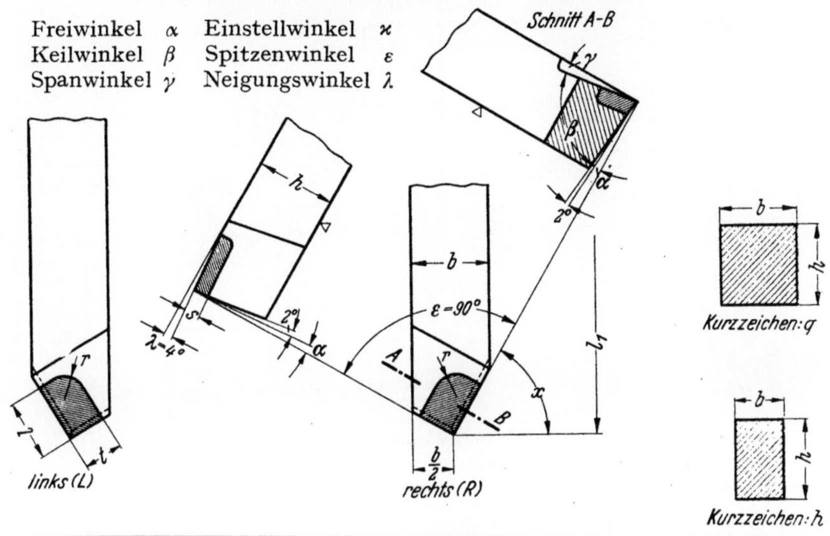

Schaftabmessungen						Hartmetallplatten nach DIN 4966 Form für		Abmessungen der Hartmetall-platten			
quadratischer Querschnitt			rechteckiger Querschnitt								
Kurz-zeichen	$b \times h$ mm	l_1 mm	Kurz-zeichen	$b \times h$ mm	l_1 mm	linken	rechten Schruppmeißel	l mm	t mm	s mm	r mm
10 q	10×10	100	—	—	—	H 8	G 8	8	5	2	3
12 q	12×12	110	16 h	10×16	125	H 10	G 10	10	6	2,5	4
16 q	16×16	140	20 h	12×20	140	H 12	G 12	12	8	3	5
20 q	20×20	160	25 h	16×25	180	H 16	G 16	16	10	4	6
25 q	25×25	200	32 h	20×32	220	B 20	A 20	20	12	6	8
32 q	32×32	250	40 h	25×40	280	B 25	A 25	25	14	7	8
40 q	40×40	315	50 h	32×50	315	B 32	A 32	32	16	8	10
50 q	50×50	355	63 h	40×63	355	B 40	A 40	40	18	10	10
63 q	63×63	400	80 h	50×80	400	B 50	A 50	50	20	12	12

Bezeichnung eines mit Schneidplatte aus Hartmetall G 1 versehenen geraden rechten Schruppmeißels (R) vom Querschnitt Kurzzeichen 25 q:

Gerader Schruppmeißel G1 R 25q DIN 4971.

Bezeichnung eines mit Schneidplatte aus Hartmetall G 1 versehenen geraden linken Schruppmeißels (L) vom Querschnitt Kurzzeichen 32 h mit Freiwinkel $\alpha = 5°$, Spanwinkel $\gamma = 10°$ und Einstellwinkel $\varkappa = 75°$:

Gerader Schruppmeißel G1 L 32h 5/10/75 DIN 4971.

Wahl der Schneidwinkel für den zu bearbeitenden Werkstoff gemäß Schneidwinkeltabellen S. 33 und S. 35 und A 6 bis A 8.

Wahl der Hartmetall-Sorte: Siehe Hartmetall-Sortentabelle (A 1).

Tabelle B 10.

Gebogene Hartmetall-Schruppmeißel nach DIN 4972
mit Hartmetall-Schneidplatten nach DIN 4966.

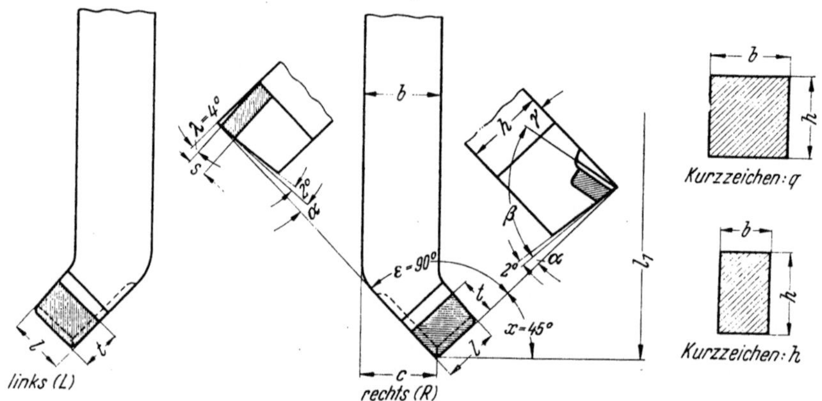

Freiwinkel α Spanwinkel γ Spitzenwinkel ε
Keilwinkel β Einstellwinkel $\varkappa$ Neigungswinkel λ

Kurz-zeichen	quadratischer Querschnitt $b \times h$ mm	l_1 mm	C Größt-maß	Kurz-zeichen	rechteckiger Querschnitt $b \times h$ mm	l_1 mm	C Größt-maß	Hartmetall-platten nach DIN 4966 Form	l mm	t mm	s mm
10 q	10×10	100	10	—	—	—	—	J 8	8	5	2
12 q	12×12	110	12	16 h	10×16	125	10	J 10	10	6	2,5
16 q	16×16	140	16	20 h	12×20	140	12	J 12	12	8	3
20 q	20×20	160	20	25 h	16×25	180	16	J 16	16	10	4
25 q	25×25	200	25	32 h	20×32	220	20	C 20	20	12	6
32 q	32×32	250	32	40 h	25×40	280	25	C 25	25	14	7
40 q	40×40	315	40	50 h	32×50	315	32	C 32	32	16	8
50 q	50×50	355	50	63 h	40×63	355	40	C 40	40	18	10
63 q	63×63	400	63	80 h	50×80	400	50	C 50	50	20	12

Bezeichnung eines mit Schneidplatte aus Hartmetall G 1 versehenen gebogenen rechten Schruppmeißels (R) vom Querschnitt Kurzzeichen 16 q:

Gebogener Schruppmeißel G 1 R 16q DIN 4972.

Bezeichnung eines mit Schneidplatte aus Hartmetall G 1 versehenen gebogenen linken Schruppmeißels (L) vom Querschnitt Kurzzeichen 32 h mit Freiwinkel $\alpha = 5°$ und Spanwinkel $\gamma = 10°$:

Gebogener Schruppmeißel G 1 L 32 h 5/10 DIN 4972.

Wahl der Schneidwinkel für den zu bearbeitenden Werkstoff gemäß Schneidwinkeltabellen S. 33 und S. 35 und A 6 bis A 8.

Wahl der Hartmetall-Sorte: Siehe Hartmetall-Sortentabelle (A 1).

Tabelle B 11.

Innenschruppmeißel (Bohrschruppmeißel) nach DIN 4973
mit Hartmetall-Schneidplatten nach DIN 4966.

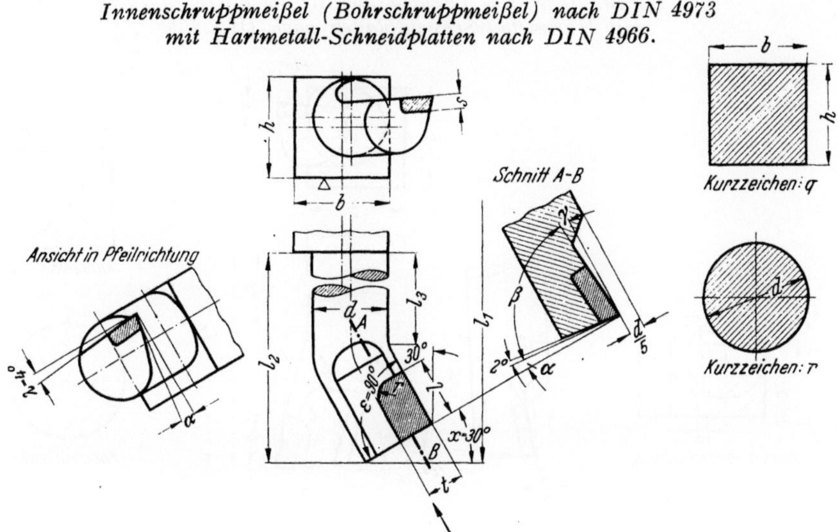

Freiwinkel α Spanwinkel γ Spitzenwinkel ε
Keilwinkel β Einstellwinkel $\varkappa$ Neigungswinkel λ
Freiwinkel α von Haupt- und Nebenschneide gleich.

| | Schaftabmessungen | | | | | | | | Kleinster Bohrdurchmesser | Hartmetallplatten nach DIN 4966 | Abmessungen der Hartmetallplatten | | | |
| | quadratisch | | | | | rund | | | | | | | | |
Kurzzeichen	$b \times h$ mm	l_1 mm	l_2 mm	l_3 mm	d mm	Kurzzeichen	d mm	l_1 mm		Form und Größe	l mm	t mm	s mm	r mm
10 q	10×10	125	32	20	8	—	—	—	15	G 6	6	4	2	2
12 q	12×12	140	40	25	10	10r	10	160	20	G 8	8	5	2	3
16 q	16×16	180	50	32	12	12r	12	180	22	G 8	8	5	2	3
20 q	20×20	220	80	56	16	16r	16	220	30	G 10	10	6	2,5	4
25 q	25×25	250	100	70	20	20r	20	250	36	G 12	12	8	3	5
—	—	—	—	—	—	25r	25	315	44	G 16	16	10	4	6
—	—	—	—	—	—	32r	32	355	56	A 20	20	12	6	8

Bezeichnung eines mit Schneidplatte aus Hartmetall G 1 versehenen
Innenschruppmeißels vom Querschnitt Kurzzeichen 20 q:

Innenschruppmeißel G 1 20 q DIN 4973.

Bezeichnung eines mit Schneidplatte aus Hartmetall G 1 versehenen
Innenschruppmeißels vom Querschnitt Kurzzeichen 16 r mit Freiwinkel α
= 5° und Spanwinkel γ = 10°:

Innenschruppmeißel G 1 16 r 5/10 DIN 4973.

Wahl der Schneidwinkel für den zu bearbeitenden Werkstoff gemäß
Schneidwinkeltabellen S. 33 und S. 35 und A 6 bis A 8.

Wahl der Hartmetall-Sorte: Siehe Hartmetall-Sortentabelle (A 1).

Tabelle B 12.
Innenseitenmeißel (Eckbohrmeißel) nach DIN 4974
mit Hartmetall-Schneidplatten nach DIN 4966.

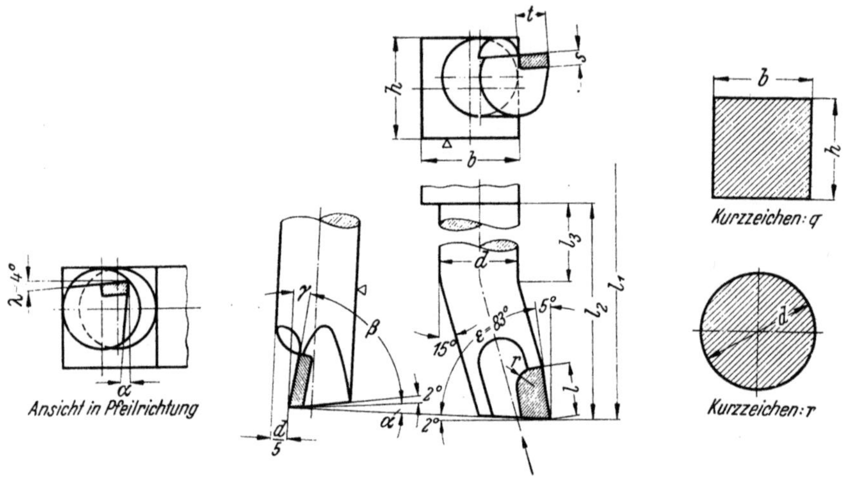

Freiwinkel α Spanwinkel γ Neigungswinkel λ

Keilwinkel β Spitzenwinkel ε

Freiwinkel α von Haupt- und Nebenschneide gleich.

Kurz-zeichen	Schaftabmessungen quadratisch					Kurz-zeichen	rund		Kleinster Bohr-durchmesser	Kleinster Bohrdurchmesser für Planzug	Hart-metall-patten nach DIN 4966	Abmessungen der Hartmetallplatten			
	$b \times h$	l_1	l_2	l_3	d		d	l_1			Form und Größe	l	t	s	r
	mm	mm	mm	mm	mm		mm	mm	mm			mm	mm	mm	mm
10 q	10×10	125	32	12	8	—	—	—	15	24	G 6	6	4	2	2
12 q	12×12	140	40	16	10	10r	10	160	20	30	G 8	8	5	2	3
16 q	16×16	180	50	20	12	12r	12	180	22	40	G 8	8	5	2	3
20 q	20×20	220	80	40	16	16r	16	220	30	50	G 10	10	6	2,5	4
25 q	25×25	250	100	50	20	20r	20	250	36	62	G 12	12	8	3	5
—	—	—	—	—	—	25r	25	315	44	78	G 16	16	10	4	6
—	—	—	—	—	—	32r	32	355	56	100	A 20	20	12	6	8

Bezeichnung eines mit Schneidplatte aus Hartmetall G 1 versehenen Innenseitenmeißels vom Querschnitt Kurzzeichen 20 q:

Innenseitenmeißel G 1 20q DIN 4974.

Bezeichnung eines mit Schneidplatte aus Hartmetall G 1 versehenen Innenseitenmeißels vom Querschnitt Kurzzeichen 16 r mit Freiwinkel $\alpha = 5°$ und Spanwinkel $\gamma = 10°$:

Innenseitenmeißel G 1 16r 5/10 DIN 4974.

Wahl der Schneidwinkel für den zu bearbeitenden Werkstoff gemäß Schneidwinkeltabellen S. 33 und S. 35 und A 6 — A 8.

Wahl der Hartmetall-Sorte: Siehe Hartmetall-Sortentabelle (A 1).

Tabelle B 13.

Gerade Schlichtmeißel nach DIN 4975
mit Hartmetall-Schneidplatten nach DIN 4966.

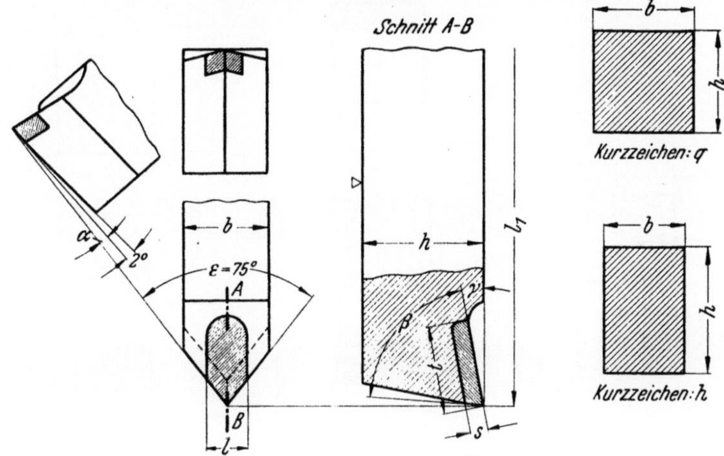

Freiwinkel α Keilwinkel β Spanwinkel γ Spitzenwinkel ε
Freiwinkel α an beiden Schneidkanten geich.

| Schaftabmessungen | | | | | | Hartmetall-platten nach DIN 4966 | Abmessungen der Hartmetall-platten | | |
| quadratisch | | | rechteckig | | | | | | |
Kurz-zeichen	$b \times h$ mm	l_1 mm	Kurz-zeichen	$b \times h$ mm	l_1 mm	Form und Größe	l mm	t mm	s mm
10 q	10×10	100	—	—	—	F 4	4	12	2
12 q	12×12	110	16 h	10×16	125	F 5	5	14	2,5
16 q	16×16	140	20 h	12×20	140	F 6	6	16	3
20 q	20×20	160	25 h	16×25	180	F 8	8	18	4
25 q	25×25	200	32 h	20×32	220	F 10	10	20	5
32 q	32×32	250	40 h	25×40	280	F 12	12	25	6

Bezeichnung eines mit Schneidplatte aus Hartmetall G 1 versehenen geraden Schlichtmeißels vom Querschnitt Kurzzeichen 20 q:

Gerader Schlichtmeißel G 1 20q DIN 4975.

Bezeichnung eines mit Schneidplatte aus Hartmetall G 1 versehenen geraden Schlichtmeißels vom Querschnitt Kurzzeichen 25 h mit Freiwinkel $\alpha = 5°$ und Spanwinkel $\gamma = 10°$:

Gerader Schlichtmeißel G 1 25h 5/10 DIN 4975.

Wahl der Schneidwinkel für den zu bearbeitenden Werkstoff gemäß Schneidwinkeltabellen S. 33 und S. 35 und A 6 — A 8.

Wahl der Hartmetall-Sorte: Siehe Hartmetall-Sortentabelle (A 1).

Tabelle B 14.
Breitschlichtmeißel (Kopfmeißel) nach DIN 4976
mit Hartmetall-Schneidplatten nach DIN 4966.

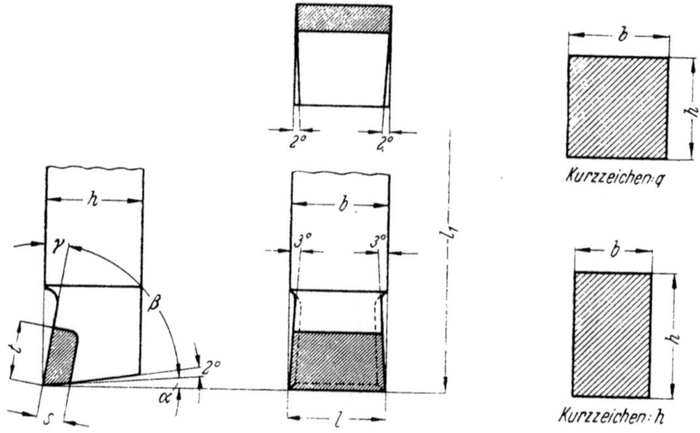

Freiwinkel α   Keilwinkel β   Spanwinkel γ

| Schaftabmessungen | | | | | | Hartmetall-platten nach DIN 4966 | Abmessungen der Hartmetall-platten | | |
| quadratisch | | | rechteckig | | | | | | |
Kurz-zeichen	$b \times h$ mm	l_1 mm	Kurz-zeichen	$b \times h$ mm	l_1 mm	Form und Größe	l mm	t mm	s mm
10 q	10×10	100	16 h	10×16	125	J 10	10	6	2,5
12 q	12×12	110	20 h	12×20	140	J 12	12	8	3
16 q	16×16	140	25 h	16×25	180	J 16	16	10	4
20 q	20×20	160	32 h	20×32	220	C 20	20	12	6
25 q	25×25	200	40 h	25×40	280	C 25	25	14	7
32 q	32×32	250	50 h	32×50	315	C 32	32	16	8

Bezeichnung eines mit Schneidplatte aus Hartmetall G 1 versehenen Breitschlichtmeißels vom Querschnitt Kurzzeichen 20 q:

Breitschlichtmeißel G1 20q DIN 4976.

Bezeichnung eines mit Schneidplatte aus Hartmetall G 1 versehenen Breitschlichtmeißels vom Querschnitt Kurzzeichen 25 h mit Freiwinkel α = 5° und Spanwinkel γ = 10°:

Breitschlichtmeißel G1 25h 5/10 DIN 4976.

Wahl der Schneidwinkel für den zu bearbeitenden Werkstoff gemäß Schneidwinkeltabellen S. 33 und S. 35 und A 6 — A 8.

Wahl der Hartmetall-Sorte: Siehe Hartmetall-Sortentabelle (A 1).

Tabelle B 15.
*Gebogene Schlichtmeißel (Eckmeißel) nach DIN 4978
mit Hartmetall-Schneidplatten nach DIN 4966.*

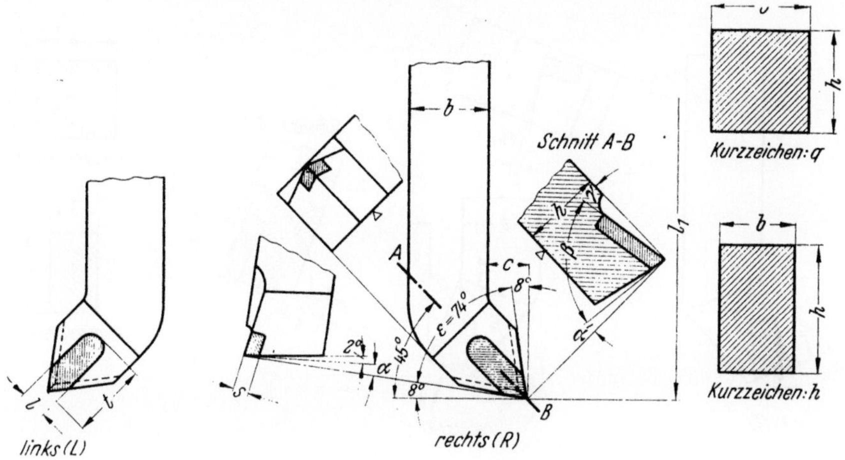

Freiwinkel α Spanwinkel γ
Keilwinkel β Spitzenwinkel ε
Freiwinkel α an beiden Schneidkanten gleich.

| | Schaftabmessungen | | | | | | | Hartmetall-platten nach DIN 4966 | Abmessungen der Hartmetallplatten | | |
| | quadratisch | | | | rechteckig | | | | | | |
Kurz-zeichen	$b \times h$ mm	l_1 mm	C Größt-maß	Kurz-zeichen	$b \times h$ mm	l_1 mm	C Größt-maß	Form und Größe	l mm	t mm	s mm
10 q	10×10	100	8	—	—	—	—	F 4	4	12	2
12 q	12×12	110	9	16 h	10×16	125	9	F 5	5	14	2,5
16 q	16×16	140	10	20 h	12×20	140	10	F 6	6	16	3
20 q	20×20	160	12	25 h	16×25	180	12	F 8	8	18	4
25 q	25×25	200	14	32 h	20×32	220	14	F 10	10	20	5
32 q	32×32	250	16	40 h	25×40	280	16	F 12	12	25	6

Bezeichnung eines mit Schneidplatte aus Hartmetall G 1 versehenen gebogenen rechten Schlichtmeißels (R) vom Querschnitt Kurzzeichen 16 q:

Gebogener Schlichtmeißel G 1 R 16q DIN 4978.

Bezeichnung eines mit Schneidplatte aus Hartmetall G 1 versehenen gebogenen linken Schlichtmeißels (L) vom Querschnitt Kurzzeichen 25 h mit Freiwinkel $\alpha = 5°$ und Spanwinkel $\gamma = 10°$:

Gebogener Schlichtmeißel G 1 L 25h 5/10 DIN 4978.

Wahl der Schneidwinkel für den zu bearbeitenden Werkstoff gemäß Schneidwinkeltabellen S. 33 und S. 35 und A 6 — A 8.

Wahl der Hartmetall-Sorte: Siehe Hartmetall-Sortentabelle (A 1).

Tabelle B 16.

Gebogene Hartmetall-Seitendrehmeißel nach DIN 4979
mit Hartmetall-Schneidplatten nach DIN 4966.

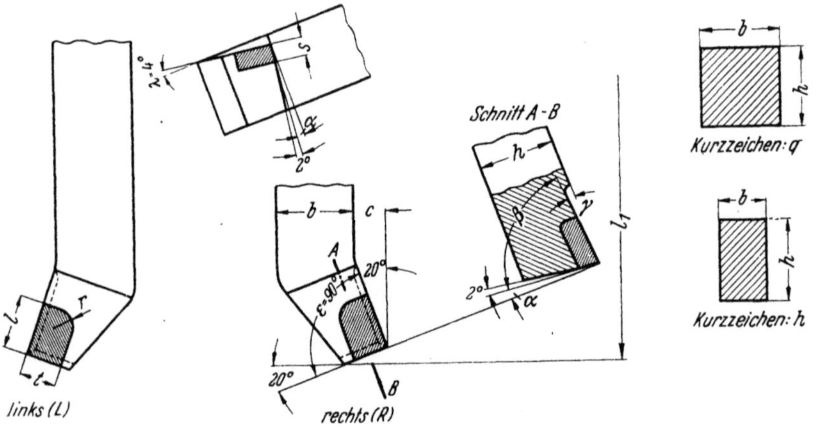

Freiwinkel α   Spanwinkel γ Neigungswinkel λ
Keilwinkel β   Spitzenwinkel ε

Schaftabmessungen								Hartmetall-platten nach DIN 4966 Form für		Abmessungen der Hartmetallplatten			
quadratischer Querschnitt				rechteckiger Querschnitt				linken	rechten				
Kurzzeichen	$b \times h$	l_1	C Größt-maß	Kurzzeichen	$b \times h$	l_1	C Größt-maß	Seiten-drehmeißel		l	t	s	r
	mm	mm			mm	mm				mm	mm	mm	mm
10 q	10 × 10	100	4	—	—	—	—	H 8	G 8	8	5	2	3
12 q	12 × 12	110	5	16 h	10 × 16	125	5	H 10	G 10	10	6	2,5	4
16 q	16 × 16	140	6	20 h	12 × 20	140	6	H 12	G 12	12	8	3	5
20 q	20 × 20	160	8	25 h	16 × 25	180	8	H 16	G 16	16	10	4	6
25 q	25 × 25	200	10	32 h	20 × 32	220	10	B 20	A 20	20	12	6	8
32 q	32 × 32	250	12	40 h	25 × 40	280	12	B 25	A 25	25	14	7	8

Bezeichnung eines mit Schneidplatte aus Hartmetall G 1 versehenen gebogenen rechten Seitendrehmeißels (R) vom Querschnitt Kurzzeichen 16 q:

Gebogener Seitendrehmeißel G 1 R 16q DIN 4979.

Bezeichnung eines mit Schneidplatte aus Hartmetall G 1 versehenen gebogenen linken Seitendrehmeißels (L) vom Querschnitt Kurzzeichen 40 h mit Freiwinkel α = 5° und Spanwinkel γ = 10°:

Gebogener Seitendrehmeißel G 1 L 40h 5/10 DIN 4979.

Wahl der Schneidwinkel für den zu bearbeitenden Werkstoff gemäß Schneidwinkeltabellen S. 33 und S. 35 und A 6 — A 8.

Wahl der Hartmetall-Sorte: Siehe Hartmetall-Sortentabelle (A 1).

Tabelle B 17.

*Abgesetzte Seitenmeißel (Messermeißel) nach DIN 4980
mit Hartmetall-Schneidplatten nach DIN 4966.*

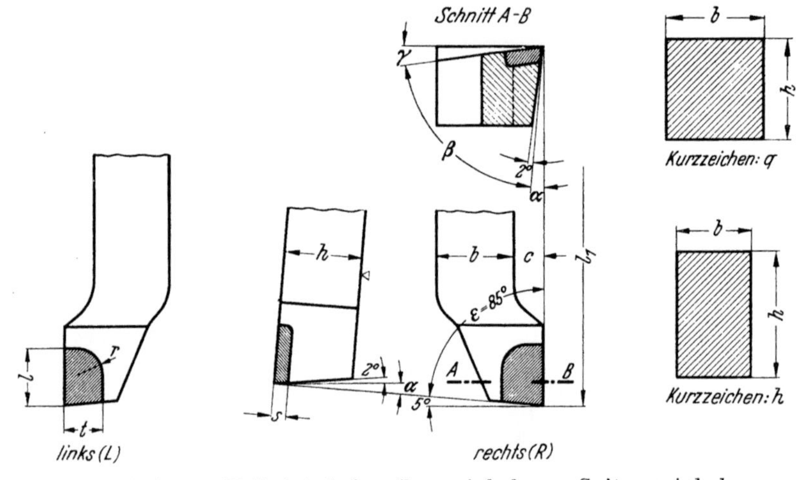

Kurz-zeichen	Schaftabmessungen								Hartmetall-platten nach DIN 4966		Abmessungen der Hartmetallplatten			
	quadratisch			Kurz-zeichen	rechteckig				Form und Größe					
	$b \times h$	l_1	C Größt-maß		$b \times h$	l_1	C Größt-maß		für linken	für rechten	l	t	s	r
	mm	mm			mm	mm			Seitenmeißel		mm	mm	mm	mm
10 q	10×10	100	4	—	—	—	—		H 8	G 8	8	5	2	3
12 q	12×12	110	5	16 h	10×16	125	4		H 10	G 10	10	6	2,5	4
16 q	16×16	140	6	20 h	12×20	140	5		H 12	G 12	12	8	3	5
20 q	20×20	160	8	25 h	16×25	180	6		H 16	G 16	16	10	4	6
25 q	25×25	200	10	32 h	20×32	220	8		B 20	A 20	20	12	6	8
32 q	32×32	250	12	40 h	25×40	280	10		B 25	A 25	25	14	7	8
40 q	40×40	315	14	50 h	32×50	315	12		B 32	A 32	32	16	8	10
50 q	50×50	355	16	63 h	40×63	355	14		B 40	A 40	40	18	10	10

Bezeichnung eines mit Schneidplatte aus Hartmetall G 1 versehenen abgesetzten rechten Seitenmeißels (R) vom Querschnitt Kurzzeichen 16 q:

Abgesetzter Seitenmeißel G 1 R 16q DIN 4980.

Bezeichnung eines mit Schneidplatte aus Hartmetall G 1 versehenen abgesetzten linken Seitenmeißels (L) vom Querschnitt Kurzzeichen 32 h mit Freiwinkel $\alpha = 5°$ und Spanwinkel $\gamma = 10°$:

Abgesetzter Seitenmeißel G 1 L 32h 5/10 DIN 4980.

Wahl der Schneidwinkel für den zu bearbeitenden Werkstoff gemäß Schneidwinkeltabellen S. 33 und S. 35 und A 6 — A 8.

Wahl der Hartmetall-Sorte: Siehe Hartmetall-Sortentabelle (A 1).

Tabelle B 18.
Stechmeißel nach DIN 4981 mit Hartmetall-Schneidplatten nach DIN 4966.

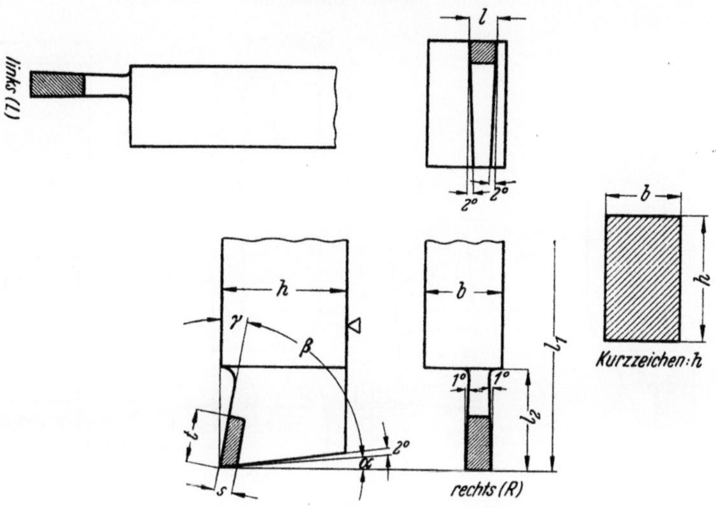

Freiwinkel α Keilwinkel β Spanwinkel γ

| Kurz-zeichen | Schaftabmessungen rechteckiger Querschnitt | | | Hartmetall-platten nach DIN 4966 | Abmessungen der Hartmetall-platten | | |
	$b \times h$ mm	l_1 mm	l_2 mm	Form und Größe	l mm	t mm	s mm
10 h	6×10	100	10	D 3	3	7	2
12 h	8×12	110	10	D 3	3	7	2
16 h	10×16	125	12	D 3	3	7	2
20 h	12×20	140	16	D 4	4	8	3
25 h	16×25	180	20	D 5	5	10	4
32 h	20×32	220	25	D 6	6	12	5
40 h	25×40	280	32	D 8	8	14	6
50 h	32×50	315	40	D 10	10	17	8

Bezeichnung eines mit Schneidplatte aus Hartmetall G 1 versehenen rechten Stechmeißels (R) vom Querschnitt Kurzzeichen 25 h:

Stechmeißel G1 R 25h DIN 4981.

Bezeichnung eines mit Schneidplatte aus Hartmetall G 1 versehenen linken Stechmeißels (L) vom Querschnitt Kurzzeichen 25 h mit Freiwinkel $x = 5°$ und Spanwinkel $\gamma = 10°$:

Stechmeißel G1 L 25h 5/10 DIN 4981.

Wahl der Schneidwinkel für den zu bearbeitenden Werkstoff gemäß Schneidwinkeltabellen S. 33 und S. 35 und A 6 — A 8.
Wahl der Hartmetall-Sorte: Siehe Hartmetall-Sortentabelle (A 1).

Tabelle B 19.
Hartmetallplatten für Plandreh- und Hobelmeißel.

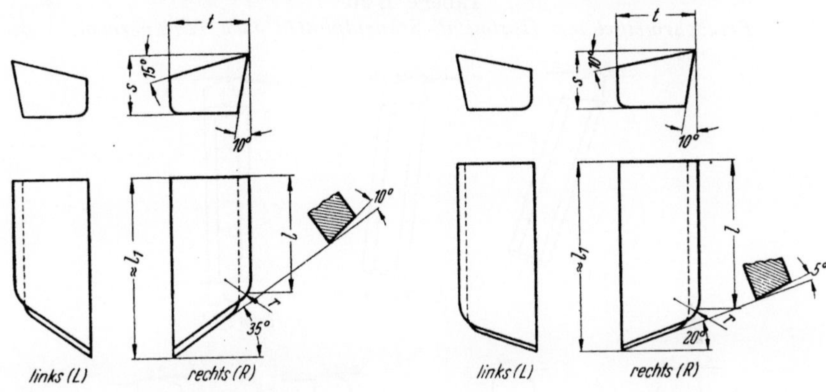

für Gußeisen   für Stahl

l mm	t mm	s mm	r mm	$\approx l_1$ mm	l mm	t mm	s mm	r mm	$\approx l_1$ mm
12	10	8	2	19	16	10	8	2	20
16	12	9	3	24	20	12	9	3	24
20	14	10	4	30	25	14	10	4	30
25	16	12	5	36	32	16	12	5	38
32	20	14	6	46	40	20	14	6	47
40	25	18	6	57	50	25	18	6	59

l	Schaft- querschnitt ⌗
12	20 × 32
16	25 × 40
20	32 × 50
25	40 × 63
32	50 × 50
40	63 × 63

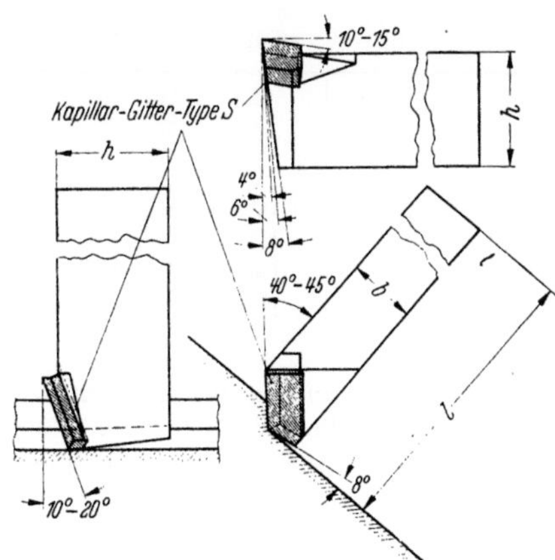

Tabelle B 20.

Feinbohrmeißel mit Hartmetall-Schneidplatten nach Werknormen.

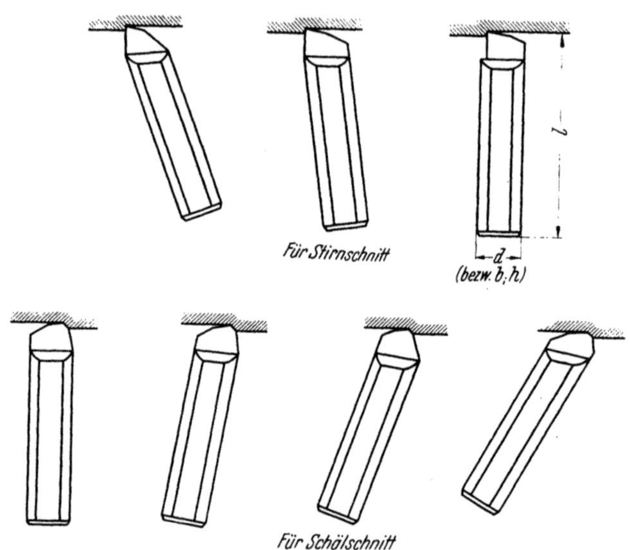

Schaftabmessungen				Hartmetall-platten nach DIN 4966	Abmessungen der Hartmetall-platten		
quadratisch		rund					
$b \times h$	l	d	l	Form und Größe	l	t	s
mm	mm	mm	mm		mm	mm	mm
6 × 6	Bei Bestellung angeben!	6	Bei Bestellung angeben!	J 6	6	4	2
7 × 7		7		J 8	8	5	2
8 × 8		8		J 8	8	5	2
10 × 10		10		J 10	10	6	2,5
12 × 12		12		J 12	12	8	3
14 × 14		14		J 16	16	10	4
16 × 16		16		J 16	16	10	4

Wahl der Schneidwinkel für den zu bearbeitenden Werkstoff gemäß Schneidwinkeltabellen S. 33 und S. 35 und A 6 — A 8.

Wahl der Hartmetall-Sorte: Siehe Hartmetall-Sortentabelle (A 1).

Tabelle B 21.

Drehbankmeißel nach Werknormen. Gewindemeißel.

Freiwinkel α

Keilwinkel β

Spanwinkel γ

Spitzenwinkel ε

Gewünschte Winkel bei Bestellung angeben!

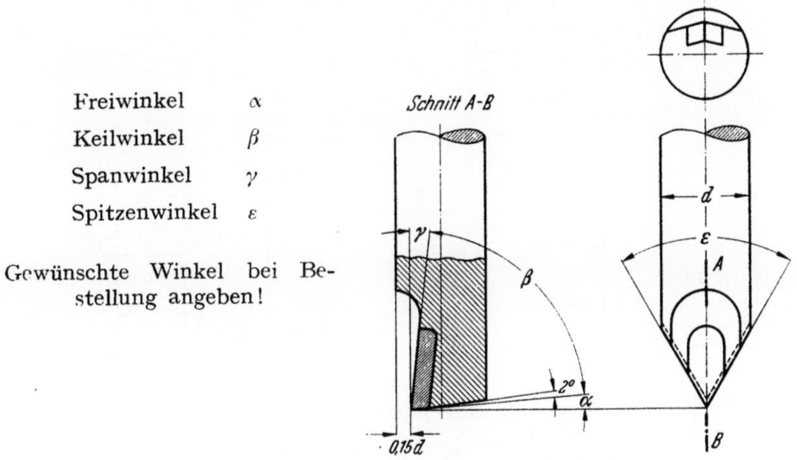

Schaft-abmessungen		Hartmetall-platten nach DIN 4966	Abmessungen der Hartmetall-platten		
d	l	Form und	l	t	s
mm	mm	Größe	mm	mm	mm
10	100	F 4	4	12	2
12	110	F 5	5	14	2,5
16	140	F 6	6	16	3
20	160	F 8	8	18	4
25	200	F 10	10	20	5
30	250	F 12	12	25	6

Wahl der Schneidwinkel für den zu bearbeitenden Werkstoff gemäß Schneidwinkeltabellen S. 33 und S. 35 und A 6 — A 8.

Wahl der Hartmetall-Sorte: Siehe Hartmetall-Sortentabelle (A 1).

Tabelle B 22.
Revolver-Automatenmeißel nach Werknormen.   Hakenmeißel.

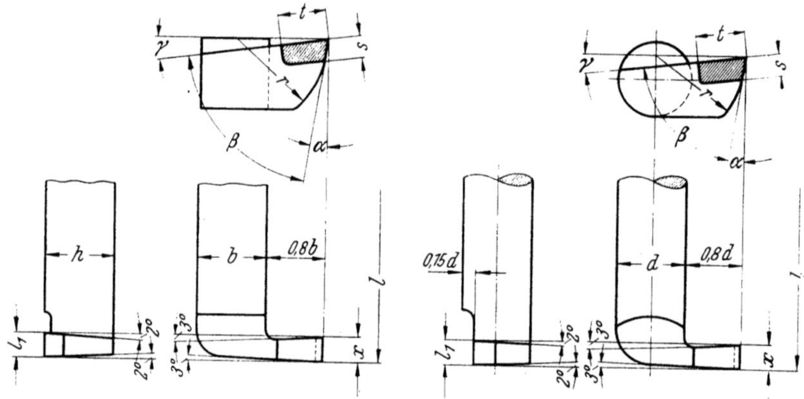

gezeichnet: rechter Hakenmeißel; linker wie Spiegelbild.

Freiwinkel α Keilwinkel β Spanwinkel γ
Gewünschte Winkel bei Bestellung angeben!

Schaftabmessungen						Hartmetall-platten nach DIN 4966	Abmessungen der Hartmetall-platten		
quadratisch			rund						
$b \times h$	l	x	d	l	x	Form und Größe	l_1	t	s
mm	mm	mm	mm	mm	mm		mm	mm	mm
6×6	3		6	3		D 3	3	7	2
8×8	3		8	3		D 3	3	7	2
10×10	4		10	4		D 4	4	8	3
12×12	4		12	4		D 4	4	8	3
14×14	5		14	5		D 5	5	10	4
16×16	5		16	5		D 5	5	10	4
20×20	6		20	6		D 6	6	12	5

(In den Spalten x quadratisch bzw. rund steht senkrecht: „Bei Bestellung angeben!" und „oder entspr. Bestellung"; in der Spalte Form und Größe senkrecht: „oder Sonderform entspr. x".)

Wahl der Schneidwinkel für den zu bearbeitenden Werkstoff gemäß Schneidwinkeltabellen S. 33 und S. 35 und A 6 — A 8.
Wahl der Hartmetall-Sorte: Siehe Hartmetall-Sortentabelle (A 1).

Tabelle B 23.
Revolver-Automatenmeißel nach Werknormen. Innengewindemeißel.

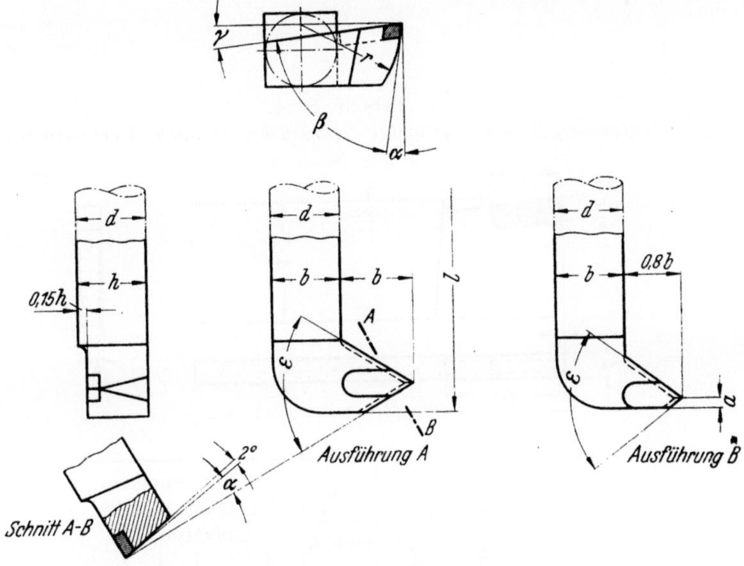

gezeichnet: rechter Gewindemeißel; linker wie Spiegelbild.

Freiwinkel α   Keilwinkel β   Spanwinkel γ   Spitzenwinkel ε
Gewünschte Winkel bei Bestellung angeben!

Schaftabmessungen						Hartmetall-platten nach DIN 4966	Abmessungen der Hartmetall-platten		
quadratisch			rund						
$b \times h$	l	a	d	l	a	Form und Größe	l	t	s
mm	mm	mm	mm	mm	mm		mm	mm	mm
6×6	Bei Bestellung angeben!	1,5	6	Bei Bestellung angeben!	1,5	F 4	4	12	2
8×8		1,5	8		1,5	F 4	4	12	2
10×10		1,5	10		1,5	F 4	4	12	2
12×12		1,5	12		1,5	F 5	5	14	2,5
14×14		1,5	14		1,5	F 5	5	14	2,5
16×16		2	16		2	F 6	6	16	3
20×20		2,5	20		2,5	F 8	8	18	4

Wahl der Schneidwinkel für den zu bearbeitenden Werkstoff gemäß Schneidwinkeltabellen S. 33 und S. 35 und A 6 — A 8.
Wahl der Hartmetall-Sorte: Siehe Hartmetall-Sortentabelle (A 1).

Tabelle B 24.

Nutenmeißel mit Hartmetall-Schneidplatten nach Werknormen.

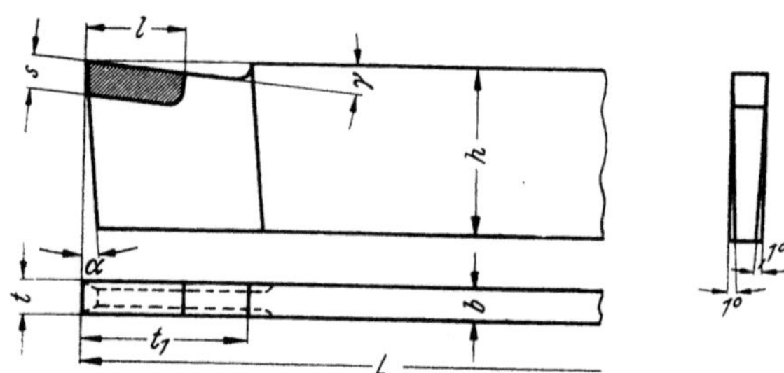

Schaft-abmessungen			Ein-stech-tiefe t_1	Abmessungen der Hartmetall-platten		
b	h	L		l	t	s
mm	mm	mm	mm	mm	mm	mm
2,5	15	150	15	10	2,5	3
3	15	150	15	10	3	3
3,5	15	150	15	10	3,5	4
4	20	200	20	12	4	4
4,5	20	200	20	12	4,5	4
5	20	200	25	14	5	5
5,5	20	200	25	14	5,5	5
6	20	200	25	16	6	6
7	20	200	30	18	7	6
8	30	225	30	20	8	7
9	30	225	30	20	9	7
10	30	250	30	20	10	7

Tabelle B 24 (Fortsetzung).
Kopfmeißel mit Hartmetall-Schneidplatten nach Werknormen.

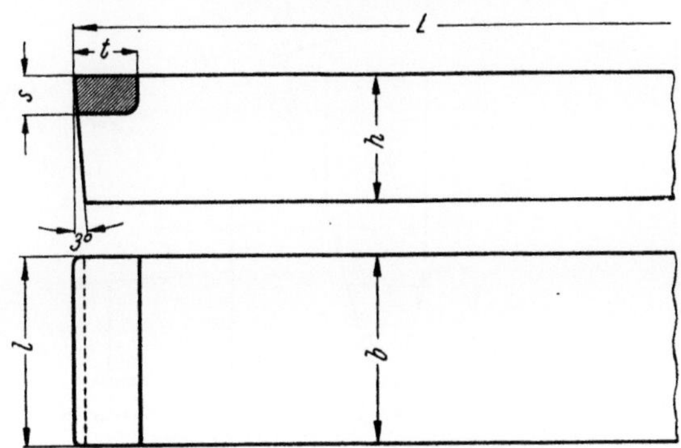

Schaft-abmessungen			Abmessungen der Hartmetall-platten		
b	h	L	l	t	s
mm	mm	mm	mm	mm	mm
60	40	400	60	20	10
70	40	400	70	20	10
80	40	400	80	20	10
90	40	400	90	20	10
100	40	400	100	20	10

Tabelle B 25.
Nutenmeißel für Keilriemenscheiben nach Werknormen.

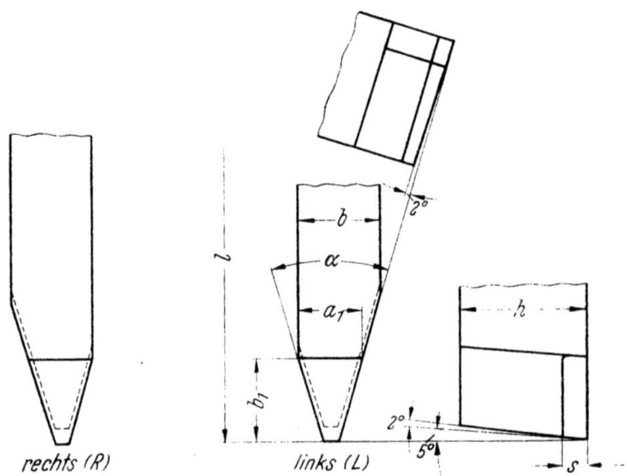

Der Rillenwinkel α ist bei Bestellung anzugeben. (32°; 34° oder 36°.)

Schaftabmessungen				Abmessungen der Hartmetall-Schneidplatten		
quadratisch		rechteckig				
$b \times h$	L	$b \times h$	L	a	b_1	s
mm	mm	mm	mm	mm	mm	mm
10×10	100	10×16	100	6,9	9	4
12×12	110	12×20	110	7,9	10	5
12×12	160	12×20	160	10,4	12,5	5
16×16	160	16×25	160	12,7	16	5
20×20	200	20×32	200	15,6	19	6
25×25	200	25×40	200	20,3	23	7
25×25	200	25×40	200	23,7	26,5	8
* 32×32	250	* 32×50	250	25,7	27,5	9
32×32	250	32×50	250	28,9	32	9
40×40	315	40×63	315	36,6	38	12
** 50×50	350	** 50×80	350	45,6	46,5	14
** 63×63	400	** 63×80	400	56,6	57	14

* = nur für Kraftfahrzeuge zulässig.
** = Ausführung mit geteilten Schneidplatten.

Tabelle B 26.
Riffelmeißel mit Hartmetall-Schneidplatten nach Werknormen.

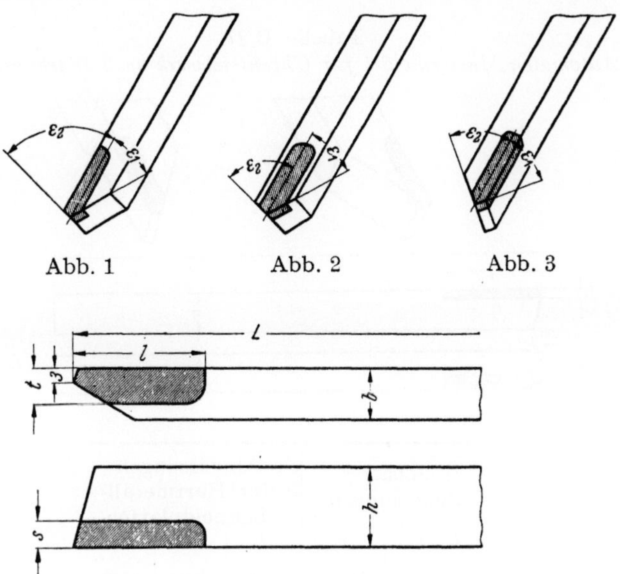

Abb. 1   Abb. 2   Abb. 3

Die Winkel ε_1 und ε_2 sind bei Bestellung anzugeben.

Schaft-abmessungen			Abmessungen der Hartmetall-platten		
b	h	L	l	t	s
mm	mm	mm	mm	mm	mm
6	10	200	20	6	4
10	15	250	30	6	5
12	18	250	30	8	6
12	20	250	30	8	6
15	20	250	30	8	6
18	18	250	30	8	6
20	20	250	30	8	6

Tabelle B 27.
Automaten-Messermeißel für Uhrentriebwerk nach Werknormen.

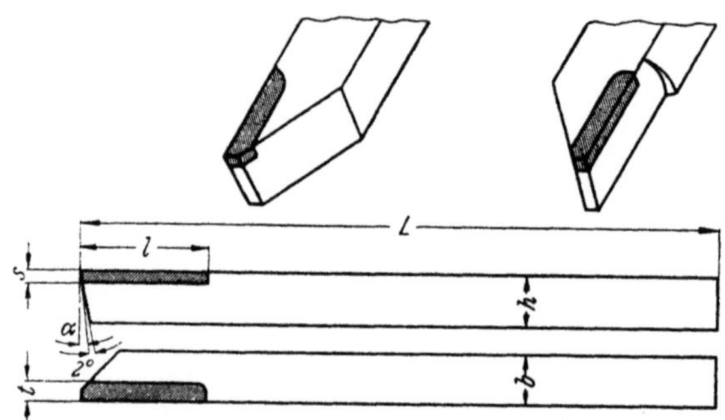

Schaft-abmessungen		Abmessungen der **Hartmetall-**Schneidplatten		
$b \times h$	L	l	t	s
mm	mm	mm	mm	mm
6×6	100	20	3	2
7×7	100	20	3	2
8×8	100	20	3	2
10×10	120	20	3	2
12×12	120	20	4	3
14×14	120	20	4	3
16×16	120	20	4	3

Tabelle B 27 (Fortsetzung).
*Automaten-Einstechmeißel für Uhrentriebwerk
nach Werknormen.*

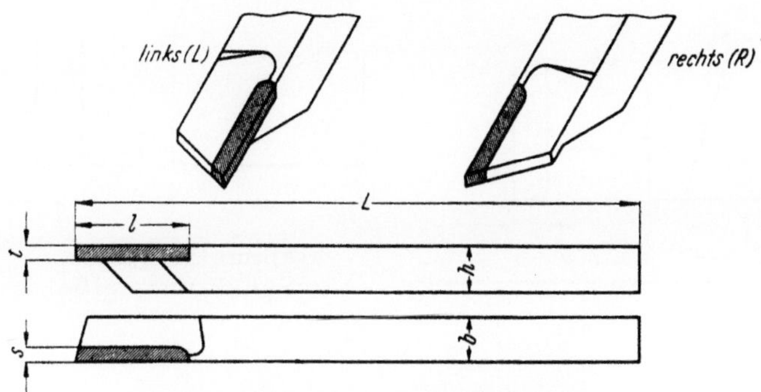

Schaft-abmessungen		Abmessungen der Hartmetall-Schneidplatten		
$b \times h$	L	l	t	s
mm	mm	mm	mm	mm
6×6	100	20	2	2
7×7	100	20	2,5	2
8×8	100	20	2,5	2,5
10×10	120	20	2,5	2,5
12×12	120	20	3	3
14×14	120	20	3	3
16×16	120	20	3	3

Tabelle B 28.
Schneidplatten aus Hartmetall für Sonderzwecke nach Werknormen.

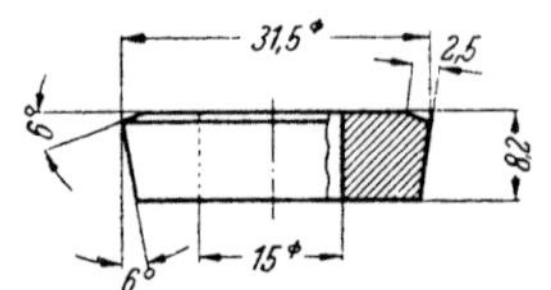

Drehpilzring.

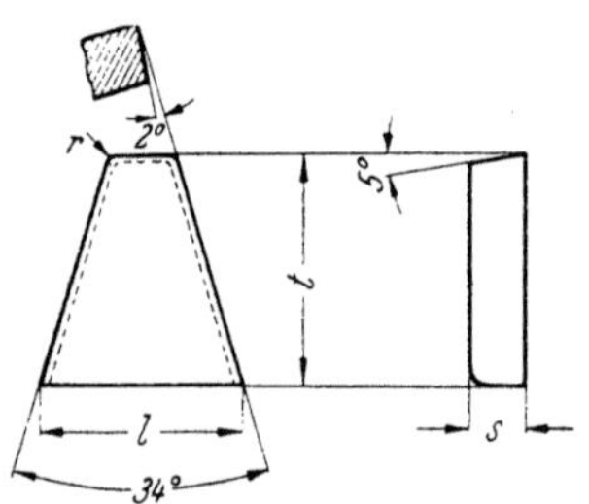

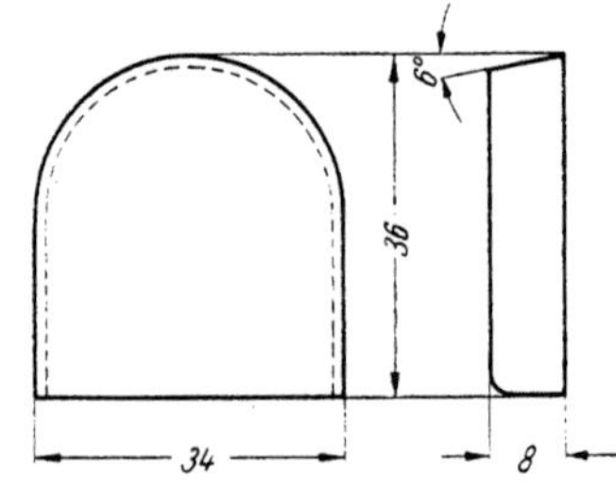

Hartmetallplatte
für Spurkranzmeißel.

Keil-riemen-breite	l	t	s	r
mm	mm	mm	mm	mm
5	7	8	3	0,2
6	8	9	3	0,5
8	10,5	12	4	0,5
10	13	15	5	0,5
13	16,5	18	5	1
17	22	24	6	1
20	25,5	27	6	1,5
22	28	30	8	1,5
25	32	33	8	1,5
32	40	40	10	2
40	50	48	10	2
50	62	60	12	2,5

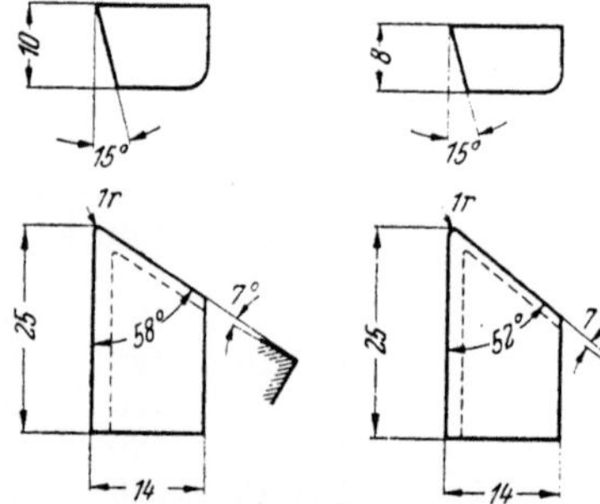

Hartmetallplatten
für Keilriemenprofile.

Hartmetallplatten
für Drehmeißel
für Fischer-Kopier-Drehbänke.

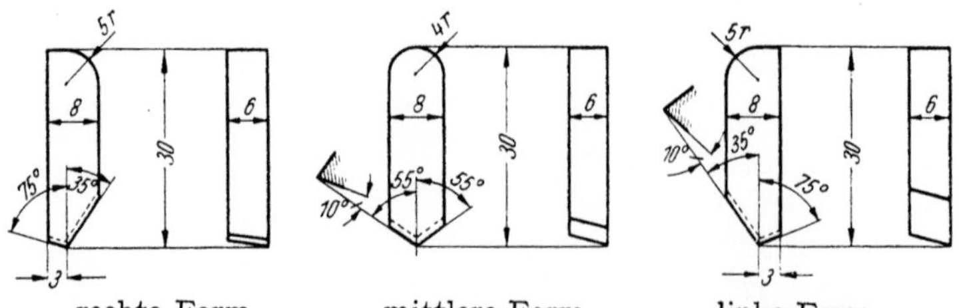

rechte Form   mittlere Form   linke Form
Hartmetallplatten für Riffelmeißel.

Namen- und Sachverzeichnis.

Die *kursiven* Buchstaben *A* und *B* mit den zugehörigen Ziffern
beziehen sich auf die Tabellen im Anhang (S. 156 bis 228).

Abgesetzter Messerstahl 44, *B 17*.
Abnahmebedingungen 19.
Abnutzung 2, 108.
Abrichtapparate 69, 77, 78.
Abrichtdiamanten 79.
Abstufung der Winkel 35.
Abziehen der Schneide 81, 99.
Achse, Einstellung zur — 32.
Adamas *A 2*, *A 3*.
Ajko *A 4*.
Allenite *A 4*.
Aluminium, Bearbeitung von — 142, *A 8*, *A 40*.
Alusil, Bearbeitung von —142, *A 8*.
Amerikanische Hartmetallbezeichnungen *A 2*, *A 3*.
Anlaßfähigkeit 2.
Annoloy *A 4*.
Anpreßdruck beim Schleifen 76.
Anschliffzahl, wirtschaftliche 112, 115.
Antriebsleistung 27, *A 26* bis *A 40*.
Anwärmung des Schleifwassers 80.
Anwendung von Hartmetallwerkzeugen 102.
Araldit 10.
Arbeitsbeispiele, Hobeln 125.
—, Universalsorte 128.
Arbeitsgänge beim Löten 63.
Arbeitsgebiet des Hartmetall-Ingenieurs 130.
Arbeitsvorbereitung 130, 132.
Arbeitszeiten beim Profilschleifen 92.
Ardoloy (Herbert) *A 4*.
Aufgelegte Hartmetallplatten 52.
Aufgeklemmte Platten 49.
Aufgeschraubte Platten 49.
Aufschweißlegierungen, Härte 12.
Aufschweißverfahren 9.
Ausdehnungskoeffizient 4.
Ausfall, Werkzeuge 136.

Auskolkung 106, 117.
Ausladung, Schaft 30.
Ausländische Hartmetalle *A 2* bis *A 5*.
Auswahl, Hartmetallsorten 108, *A 1*.
Automaten, Drehen 117, 140.
—, -Legierungen 141.
Automatenstähle 47.
—, Hakenmeißel *B 22*.
—, Innengewinde *B 23*.
—, Uhrentriebwerke 47, *B 27*.
Axiomfolie 64.

Balfalloy *A 4*.
Ballhausen, C. 116.
Ballige Schruppscheiben 76.
Balligkeit, Hartmetallplatten 19.
Bearbeitung, Glas 143.
—, Hölzer 145.
—, Kunstharzwerkstoffe 143.
—, Leichtmetalle, Aluminium, Alusil, Elektron, Silumin 141, 142.
—, Stahl, Grauguß, Nichteisenmetalle, Nichtmetalle 103, 105.
Bearbeitung und Struktur, Werkstoffoberfläche 121.
Bearbeitungskosten 132.
Bergmann, A. 100.
Beschriften 43.
Beständigkeit, Säuren, Laugen 7.
Biegefestigkeit 6, 18, 19, 21.
Böhlerit *A 5*.
Bohrstähle 46.
Borkarbid 9, 83, 88, 91.
Brechen der Späne 36.
Breitschlichtstahl 45, *B 14*.
Brinellhärte *A 10*, *A 11*.
Bronze, Bearbeitung von *A 24*, *A 37*.
Bruchfläche, Abnahmeprüfung 23.
Burgsmüller, K. 128.
Burmester, H. J. 2.

Carboloy *A 2, A 3.*
Carboram *A 5.*
Carmet *A 2, A 3.*
Chrom, Einfluß auf das Löten 61.
Chromkarbid 1.
Chromkarbid-Borid-Legierungen 8.
Chromkarbid-Titankarbidlegierun-
 rungen 8.
Chromkarbid-Wolframkarbid-
 legierungen 11.
Coromant *A 5.*
Cutanit *A 4.*

Dämpfung 7.
Dauerstandfestigkeit 8.
Dawihl, W. 11, 29, 100.
Deutsche Hartmetallplatten, Nor-
 men *B 1, B 2.*
Diacarb *A 5.*
Diamanten zum Abrichten 79.
Diamantfeile 81, 94, 124.
Diamantkörnungen *A 42.*
Diamantscheiben 97.
—, Bindung 85.
—, Schärfen 86.
Diamant, Wiedergewinnung 101.
Diametall *A 5.*
Diatom 65.
Dichte 6, 20.
Dicke, Hartmetallplatten 30.
Digard, J. 107.
Dinglinger, E. 65 (Diatom), 90
 (Schneidengüte).
Diwolframkarbid 9.
Drahtrichtdüsen 147.
Drahtrichtrollen 147.
Drehbankkörner 148.
Drehen, hohe Temperaturen 119.
—, Oberflächengüte 120.
Drehpilze 138, 139, *B 28.*
Drehversuch 24.
Drehwerkzeuge, Formen 44.
Druck 2.
Druckfestigkeit 6.
Drucksinterung 7, 42.
Düsen, Kühlung 119.
Dural, Bearbeitung von *A 25, A 39.*
Dur-Aluminium, Bearbeitung von —
 A 39.
Durchbiegung, Schaft 31.

Durchlauföfen 59.
Duria *A 5.*

Eckmeißel 44, *B 15.*
Eigenschaften, chemische 7.
—, mechanische und thermische 4, 6.
Einkauf, Werkzeugbewertung 135.
Einrichtung, Schleiferei 71.
Einschleifen, Spanstufe 82.
Einstechstahl 45, *B 18.*
—, Uhrentriebwerke *B 27.*
Einstellung zur Achse 32.
Einstellwinkel 31.
Einziehen, Hartmetallplatten 19.
Elastizitätsmodul 6.
Elektrisch geheizter Lötofen 59.
Elektrische Entladungen, Schleifen
 100.
Elektrischer Widerstand 6.
Elektron, Bearbeitung von — 142.
Emulsion 116.
Englische Hartmetallbezeichnungen
 A 4.
Englische Hartmetallplatten, Nor-
 men *B 3.*
Entfetten, Löten 63.
Ermüdung, Gefüge 2, 13, 18.
Escaloy *A 4.*
Europäische Hartmetallbezeich-
 nungen *A 5.*
Eutektikum WC/W_2C 9.

Farbkennzeichnung, Werkzeuge 109.
Fehler, Arbeit 113.
—, Werkzeugherstellung 113.
Feinbohrstähle 46, 88, *B 20.*
—, Läppen 88.
Feindrehstahl, Hartmetallplatten
 B 20.
Feinschleifen 74, 89.
Feinstbohren 142, *A 1.*
Feinstdrehen 142, *A 1.*
Feinstschleifen 83, 97.
Festigkeit 6.
Firthite *A 2, A 3.*
Firth Sterling Co. 51.
Fischer Kopierdrehbänke, Hart-
 metallplatten *B 28.*
Fließspanbildung 107.
Flußmittel, Löten 56, 57, 67.
—, Prüfung 67.
Folien 64, 65.

Formfräser 53.
Formwerkzeuge, Schleifen 90, 94.
Französische Hartmetallplatten,
    Normen *B 7*.
Freiwinkel 32.
Fritsch, O. 100.
Führungsbüchsen 148.

Gaslötofen 58.
Gasverbrauch, Gasmuffelofen 58.
Gebogener Seitenstahl 45, *B 16*.
Gebogener Schruppstahl, Normen
    45, *B 10*.
Gefüge, Bestandteile 22.
—, —, spröde 22.
—, Einfluß des Werkstoffes 16.
—, Hartmetall 16, 21, 24.
—, Späne 14.
Geiger-Müller-Zählrohr 18.
Gerader Schlichtstahl 45, *B 13*.
Gerader Schruppstahl, Normen 44,
    B 9.
Gerader Stechstahl 45, *B 18*.
Gerüst 1, 4.
Geschmolzene Hartmetalle 6.
Gesteinsmehl, Kunststoffe 144.
Gewichte, Hartmetallplatten 30,
    B 5, *B 6*, *B 8*.
Gewindestähle 46, *B 21*.
Gewindewirbeln 138.
Glas, Bearbeitung von — 143.
Gleitlinien 18.
Granit, Bearbeitung von — 143.
Grauguß, Bearbeitung von — 103,
    A 1, *A 8*.
Graugußscheiben, Läppen, Pro-
    filieren 92.
Gravierung 43.
Größe, Abrichtdiamanten 79.
Güte, Schneide 72.
Gul Oil Corp. 119.
Gußbronze, Bearbeitung von —
    A 8, *A 24*, *A 37*.
Gußeisen, Bearbeitung von — *A 22*,
    A 34, *A 35*.
—, Hobeln 125, 126.
—, legiert *A 36*.

Härtbarkeit 2.
Härte 4.
Härte, Abnahmeprüfung 20.
—, Aufschweißlegierungen 12.
—, Kegeldruck 6.

Härte, Rockwell 6, 21.
—, Schaft 63.
—, Schleifscheiben 75.
—, Vickers 21.
Härte, Festigkeit, Späne 15.
Härte, Zerreißfestigkeit *A 10*.
Härten, Schaft 63.
Härteskala, Vergleich 20, *A 10*, *A 11*.
Hakenmeißel *B 22*.
Halbautomatische Schleifmaschine
    97.
Halbautomatisches Schleifen 95.
Handabziehsteine 81.
Hartgewebe 144.
Hartguß, Bearbeitung von — 129,
    A 1, *A 8*, *A 36*.
Hartholz, Bearbeitung von — 145.
Hartmetall-Bezeichnungen, ameri-
    kanische *A 2*, *A 3*.
—, englische *A 4*.
—, europäische *A 5*.
Hartmetall-Einsatz, Überwachung
    130.
—, Gefüge 21.
—, Ingenieur 130.
—, Kugeln 5, 6, 148.
—, Universal 126.
—, Verbrauch 115.
—, Zusammensetzung 6.
Hartmetallmatrizen, Bearbeitung
    von — 151.
—, Wirtschaftlichkeit 151.
Hartmetallplatten,
—, abgesetzte Seitenmeißel *B 17*.
—, aufgelegte 52.
—, aufgeklemmte 49.
—, aufgeschraubte 49.
—, Balligkeit 19.
—, Breitschlichtmeißel *B 14*.
—, deutsche Normen *B 1*, *B 2*.
—, Eckbohrmeißel *B 12*.
—, Eckmeißel *B 15*.
—, Einziehen 19.
—, englische Normen *B 3*.
—, Feinbohrmeißel *B 20*.
—, französische Normen *B 7*.
—, gebogene Schlichtmeißel *B 15*.
—, gebogene Schruppmeißel *B 10*.
—, gerade Schlichtmeißel *B 13*.
—, gerade Schruppmeißel *B 9*.
—, Gewindemeißel *B 21*.
—, Hakenmeißel *B 22*.

Hartmetallplatten, Hobelmeißel *B 19.*

—, Innengewindemeißel *B 23.*
—, Innenschruppmeißel *B 11.*
—, Innenseitenmeißel *B 12.*
—, Keilriemenscheiben *B 25, B 28.*
—, Kopfmeißel *B 24.*
—, Kopierdrehbänke *B 28.*
—, Nutenmeißel *B 24.*
—, Plandrehmeißel *B 19.*
—, Riffelmeißel *B 26, B 28.*
—, Seitendrehmeißel *B 16.*
—, Spurkranzmeißel *B 28.*
—, Stechmeißel *B 18.*
—, Uhrentriebwerkmeißel *B 27.*
Hartmetallsorten 3, 28, 108, 109, 122, 126, *A 1.*
Hartmetallwerkzeuge, Anwendung 102.
Hartmetalle, ausländische *A 2* bis *A 5.*
—, geschmolzene 9.
Hartpapier 144.
Heiß, A. 72, 88.
Herbert, Ardoloy *A 4.*
Hinnüber, J. 29, 110.
Hirschfeld, E. 109, 133.
Hobelmeißel, Hartmetallplatten *B 19.*
Hobeln 122, *A 1.*
—, Arbeitsbeispiele 125.
Hohlbohrkronen 147.
Hohlräume 19.
Holz, Bearbeitung von — 145, 146.
Holzbearbeitung, Wirtschaftlichkeit 146.
Holzberger, J. 103.
Hydraloy *A 4.*

Igel 79.
Igelit 143.
Illinois Tool Works 54.
Ingenieure für Hartmetallüberwachung 131.
Innengewinde-Meißel, Revolver-Automaten *B 23.*
Innengewinde, Wirbeln 139.
Innenkühlung, Schleifscheiben 80.
Innenseitenstahl 46, *B 12.*
Innenschruppstahl *B 11.*
Iwascheff, J. 117, 118.

Kalkstein, Bearbeitung von 143.
Kapillargitter 65, 123.
Karat, Abrichtdiamanten 79.
Karteikarte, Werkzeugüberwachung 71.
Kauffmann, D. 40.
Kegeldruckhärte 6.
Keilriemenscheiben, Hartmetallplatten *B 25, B 28.*
—, Nutenmeißel *B 25.*
Keilwinkel, Holzbearbeitung 145.
Kennametal 51, 52, 123, *A 2, A 3.*
Kienzle, O. 14, 28, 32.
Klemmhalter 49, 50, 51.
Kobalt 1, 5, 22, 126.
Konstantanlot 55.
Kontaktfläche 15,
Kopfschlagmatrizen 150.
Kopfstahl 45, 47, *B 14, B 24.*
Kopierdrehbänke, Hartmetallplatten *B 28.*
Korngrenzenrisse 13, 16, 101, 102, 114.
Körnerspitzen 148.
Körnungen, Diamant 85, 86, *A 42.*
—, Schleifscheiben 75, 85, *A 41, A 42.*
—, Wolframkarbid 10.
Kosten beim Drehen 132.
Krämer, A. 11.
Krater 106.
Kriechfestigkeit 13, 18.
Krupp, F. 49, 50, 125, *A 5.*
Kugeln, Hartmetall 5, 6.
Kühlmittel, flüssige 116, 119.
—, gasförmige 118.
Kunstharz-Diamantscheiben 83, 84.
Kunstharzkleber 10.
Kunstharzwerkstoffe, Bearbeitung von — 143.
Kunstholz, Bearbeitung von — 144.
Kunststoffe, thermoplastische 143.
Kupfer, Bearbeitung von *A 8, A 23, A 38.*
Kupferlot 55.
Kupfer-Nickel-Lote 55.
Kurzdrehversuch 24.

Läppen 83, 87, 89, 97.
Langdrehautomat 140.
Laugenfestigkeit 7.

Legierte Stähle, Bearbeitung von
  A 7, *A 18*, *A 19*, *A 29* bis *A 31*.
—, Löten 61.
Legiertes Gußeisen *A 36*.
Legierungen, zunderfest 8, *A 1*.
Lehren 10.
Leichtmetall, Bearbeitung von —141.
Leistung 27, 102, 103.
Leistung, Spantiefe, Vorschub,
  Schnittgeschwindigkeit, Bearbei-
  tung von Grauguß, *A 34* bis *A 36*.
—, Gußbronze, Stahlguß *A 37*.
—, Kupfer *A 38*.
—, Messing, Duraluminium *A 39*.
—, Silumin, Aluminiumlegierungen
  A 40.
—, Stahl *A 26* bis *A 33*.
Leitwinkel 39.
Leyensetter, W. 133.
Löten, elektrisch geheizter Ofen 59
—, gasgeheizter Ofen 58.
— legierter Stähle 61.
—, Mittelfrequenz 56, 60.
—, Silberlot, Richtlinien 55.
—, Schweißbrenner 58.
—, Widerstandserhitzung 59.
Lötfestigkeit, Prüfung von — 67.
Lötöfen 58.
Lötmittel 55.
Lötpastillen 56.
Lötspannungen 40.
—, Vermeidung 64.
Lötstäbe, Flußmittel gefüllt 66.
Lötzeit 61.
Luftverbrauch, Gasmuffelofen 58.

Magnesiumlegierungen, Bearbei-
  tung von — *A 8*.
Magnetscheider (Filter) 99.
Magnetstäbe 99.
Marmor, Bearbeitung von — 143.
Maßtoleranzen 19, 54.
Mechanische Eigenschaften 4.
Médur *A 5*.
Meier & Weichelt, Schleifmaschine
  95, 96.
Messerstahl *B 17*.
—, abgesetzter 44, *B 17*.
—, Uhrentriebwerke *B 27*.
Messing, Bearbeitung von — *A 8*,
  A 24, *A 39*.
Messinglot 56.

Methode „X" 100.
Mikrohärte, Einfluß auf Zerspa-
  nung 17.
Mindestschnittgeschwindigkeit 108.
Mindestspantiefe 108.
Mindestvorschub 108.
Miramant *A 5*.
Mitia *A 4*.
Mitte zum Werkstück 33.
Mittelfrequenzlötung 59.
Molybdänkarbid 126.
Moulin, J. 107.
Muffelöfen zum Löten 58.

Nachschleifen gebrauchter Werk-
  zeuge 94.
Nachschliffe, wirtschaftliche 103,
  112, 115.
Nachschliff-Reserve 29.
Naßdrehen 116.
Naßschliff 80.
Nebenzeiten beim Schleifen 97.
Negativer Spanwinkel 28, 34.
Neigungswinkel 35, 122, 129, 138.
Nichteisenmetalle, Bearbeitung von
  — 103, *A 1*.
Nichtmetalle, Bearbeitung von —
  103.
Nickelschicht beim Löten 62.
Normen, deutsche Hartmetallplatten
  B 1, *B 2*.
—, englische Hartmetallplatten *B 3*.
—, französische Hartmetallplatten
  B 7.
—, Hartmetallplatten 29, *B 1* bis
  B 4, *B 7*.
—, schwedische Hartmetallplatten
  B 4.
—, Werkzeuge 27, *B 9* bis *B 18*.
Normplatten, abgesetzte Seiten-
  meißel *B 17*.
—, Breitschlichtmeißel *B 14*.
—, Eckbohrmeißel *B 12*.
—, Eckmeißel *B 15*.
—, Feinbohrmeißel *B 20*.
—, gebogene Schlichtmeißel *B 15*.
—, gebogene Schruppmeißel *B 10*.
—, gerade Schlichtmeißel *B 13*.
—, gerade Schruppmeißel *B 9*.
—, Gewindemeißel *B 21*.
—, Hakenmeißel *B 22*.
—, Hobelmeißel *B 19*.

Normplatten, Innengewindemeißel
  B 23.
—, Innenschruppmeißel *B 11.*
—, Innenseitenmeißel *B 12.*
—, Keilriemenscheiben *B 25, B 28.*
—, Kopfmeißel *B 24.*
—, Kopierdrehbänke *B 28.*
—, Nutenmeißel *B 24.*
—, Plandrehmeißel *B 19.*
—, Riffelmeißel *B 26, B 28.*
—, Seitendrehmeißel *B 16.*
—, Spurkranzmeißel *B 28.*
—, Stechmeißel *B 18.*
—, Uhrentriebwerkmeißel *B 27.*
Norton-Gesellschaft 84.
Nutenmeißel 47, *B 24.*
—, Hartmetallplatten *B 25.*
—, für Keilriemenscheiben *B 25.*

Oberflächengüte, Drehen 103, 120.
Öfen zum Löten 58.
Öle, Shell *A 43.*
Omlor, Schleifmaschine 97.
Opitz, H. 121.
Osbornite *A 4.*
Overbeck, Profilschleifmaschine 94.
Oxydationsbeständigkeit 8, 19,
  A 1.

Pahlitzsch, G. 34, 80, 117, 118,
  119.
Parallelschliff 99.
Perpro *A 4.*
Plagens, W. 14.
Plandrehen 126.
Plandrehstahl, Hartmetallplatte
—, Dicke 30.   [*B 19.*
Platten, Hartmetall *B 1* bis *B 4,*
  B 7, B 9 bis *B 28.*
—, Hobeln *B 19.*
Porosität 19.
Preßholz, Bearbeitung von — 145.
Preßkörper zum Löten 56.
Profile, zylindrische, zum Klemmen
  49.
Profilprojektor 93.
Profilschleifmaschine 91, 94.
Profilwerkzeuge, Schleifen 90, 92,
  93, 94.
Prolite *A 4.*
Prüfung, Winkel 68, 69, 70.

Querschnitt, Schaft 30.

Radiamant *A 5.*
Ramet *A 2, A 3.*
Rattern 114.
Record *A 5.*
Reduzieren von Schraubenschäften
  4, 150.
Reibungswärme der Späne 14.
Reinaluminium, Bearbeitung von —
  A 8.
Reinigen der Schleifflüssigkeit 99.
Revolver-Automatenstähle *B 22.*
Rexite *A 2.*
Richtlinien, Antriebsleistung 27,
  A 26 bis *A 40.*
—, Diamantscheiben 84.
—, Dreher 111.
—, Freiwinkel 33.
—, Gefüge 24.
—, Gewindedrehmeißel 46.
—, Härte 20, 21.
—, Hobeln 123.
—, Kennzeichnung der Winkel 36.
—, Löten 55, 57, 61, 63.
—, Schaftdurchbiegung 31.
—, Schleifen 75, 94, 101.
—, Spanwinkel 35.
—, Vor- und Feinschliff 75.
Riffelstahl 47, *B 26, B 28.*
Rockwellhärte 6, 18, 20, *A 10, A 11.*
Röhrchenaufschweißverfahren 10.
Rotguß, Bearbeitung von — *A 8,*
Rückenradius 58.   [*A 23.*

Sägedraht 94.
Sägemaschinen 94.
Säurefestigkeit 7.
Safety *A 5.*
Sandstellen 115.
Sandwich-Braze 64.
Saphirschneide 72.
Schälwerkzeuge 48.
Schaft, Ausladung 30.
—, Durchbiegung 31.
—, Härten 63.
—, Querschnitt 30.
—, Werkstoff 29.
Schaftschlitze 40.
Schallbroch, H. 13, 16, 140.
Schartigkeit der Schneide 72, 89, 90.
Scherfestigkeit, Lötverbindung 57.
Schichtholz 144.
—, Bearbeitung von — 145.

Schlackeneinschlüsse 115.
Schlagstifte 149.
Schleifen, Anpreßdruck 76.
—, gebrauchter Werkzeuge 94.
—, neuer Werkzeuge 82.
—, Werkzeuge 68.
Schleiferei, Einrichtung 71.
Schleifflüssigkeit, Reinigung 99.
Schleifmaschinen 68, 95, 96, 97, 98.
—, halbautomatische 95.
Schleifscheiben, Einsparung 77.
—, hoch poröse 84.
—, Innenkühlung 80.
—, Verbrauch 77, 96.
—, Vor- und Feinschliff 75.
Schleifschlamm 70.
Schleifwagen 98.
Schleifwasser, Anwärmung 80.
Schlichtstahl 45.
—, gebogen 44, *B 15*
—, gerader 44, 45, *B 13*.
Schmuckgravierung 43.
Schneidengestaltung beim Hobeln
Schneidengüte 72.   [124.
Schneidöle *A 43*.
Schneidenschartigkeit 72, 89, 90.
Schnittbedingungen, Hobeln 124.
—, Holzbearbeitung 146.
Schnittdruck 2.
Schnittgeschwindigkeit 28, 104, 107,
   108.
—, mindest 108.
—, wirtschaftliche 111.
—, Graugußbearbeitung *A 34, A 36*.
—, Gußbronze und Stahlgußbear-
   beitung *A 37*.
—, Kupferbearbeitung *A 38*.
—, Messing- und Duraluminium-
   bearbeitung *A 39*.
—, Silumin und Aluminiumlegierun-
   gen *A 40*.
Schnittgeschwindigkeit, Leistung
   und Vorschub, Stahlbearbeitung
   A 26 bis *A 33*.
Schnittgeschwindigkeit, Umdre-
   hungszahl, Werkstückdurch-
   messer *A 12*.
Schnittkraft und Spanwinkel *34*.
Schnittkräfte 12, 13, 107, *A 9*.
Schnitttemperatur 2, 12, 14.
Schnittwinkel 31.
Schraubenherstellung 150.

Schruppstahl 44, 45, *B 12*.
—, gebogener 44, *B 10*.
—, gerader 45, *B 9*.
—, innen 44, *B 11*.
Schulterfrei aufgesetzte Platten 39.
Schutzgas 59.
Schwedische Hartmetallplatten,
   Normen *B 4*.
Schwefelsäure, Widerstandsfähig-
   keit 8.
Schweißbrenner, Löten 58.
Schweißen von Hartmetall 41.
Schwerd, F. 15.
Schwingungen 5.
Schwingungsfestigkeit, Hartmetall
   5, 6, 7, 18.
—, Lötnaht 67.
Seco *A 5, B 4*.
Segmentschleifen 95.
Seitenstahl 44, 45.
—, abgesetzter 44, *B 17*.
—, gebogener 44, *B 16*.
Shell-Öle *A 43*.
Shore-Härte *A 11*.
Siebgrößen, Vergleich *A 41*.
Silberlot 55, 56.
Siliciumkarbid, Verbrauch 77, 80.
—, Wiedergewinnung 101.
Silumin, Bearbeitung von — 145,
   A 25, A 40.
Sinterung unter Druck 7, 42.
Sorten von Hartmetall 3, 28, 108,
   109, 122, 126, *A 1*.
Span, Aufbau 14, 106.
—, Leitwinkel 39.
—, Menge 103.
—, Tiefe mindest 108.
Spanbrecher, aufgeschraubt 37.
Spanbrechstufe 37.
Späne, Brechen 36.
—, Härte, Gefüge und Festigkeit
   15, 105.
—, Rekristallisation 106.
Spannungen durch Löten 40.
Spanstufe, einschleifen 37, 82.
Spantiefe, Einfluß auf Schnittdruck
   14.
Spantiefe, Leistung, Vorschub,
   Schnittgeschwindigkeit bei Be-
   arbeitung von Grauguß *A 34*
   bis *A 36*.
—, Gußbronze und Stahlguß *A 37*.

Spantiefe, Kupfer *A 38*.
—, Messing und Duraluminum *A 39*.
—, Silumin und Aluminiumlegierungen *A 40*.
—, Stahl *A 26* bis *A 33*.
Spanwinkel 34, 145.
—, Holzbearbeitung 145.
—, negativer 28, 34.
—, steilst möglicher 145.
— und Schnittkraft 34.
Sperrholz, Bearbeitung von — 145.
Spezifische Schnittkraft *A 9*.
Spezifische Wärme 6.
Spezifisches Gewicht 6, 20.
Spinndüsen 10.
Spiralbiegen, Hartmetall 41.
Spitzenradius 35.
Spitzenwinkel 36.
Spreizfassung 46.
Spurkranzmeißel, Hartmetallplatte *B 28*.
Stahl, Bearbeitung von — 105, *A 1*, *A 6*, *A 13* bis *A 17*, *A 26* bis *A 28*, *A 32* bis *A 33*.
Stähle, legierte *A 7*, *A 18*, *A 19*, *A 29* bis *A 31*.
Stahlguß, Bearbeitung von — 138, *A 7*, *A 20*, *A 31*, *A 37*.
—, Hobeln 125.
Stahlrädchen, Abrichten 78.
Standzeitverhalten 102, 104, 110, 117.
Standzeit, wirtschaftliche 133.
Stechstahl 44, *B 18*.
Stellram *A 5*.
Stoßofen, Gas — elektrisch 61.
Struktur, Werkstoffoberfläche 121.
Studinger, H. 92.
Stufe 37.
Stumpfen der Schneide 25, 81, 104, 112.

Tabletten zum Löten 56.
Talide *A 2*.
Tangentialstähle 47.
Tantalkarbid 1, 126.
Technischer Überwachungsdienst
Teco *A 2*, *A 4*.   [130.
Temperaturhöhe beim Drehen 2, 14, 28, 119.
Temperguß, Bearbeitung von — *A 8*.

Thermische Eigenschaften 4.
Thermoplastische Kunststoffe 143.
Titanit *A 5*.
Titankarbid 1, 3, 126.
Tizit *A 5*.
Toleranzen, geklemmte Hartmetallkörper 54.
—, Hartmetallplatten 19, 54.
Tragkasten für Werkzeuge 70.
Trent, E. M. 2.
Trigger, K. J. 13, 16, 36.
Trockenschliff 80.
Tropfenspender 84.
Trovidur 143.
Tuffstein, Bearbeitung von — 143.

Überwachung, Hartmetalleinsatz 130.
Überwachungsdienst 130.
—, technischer 130.
Uhrentriebwerk, Automatenstahl *B 27*.
—, Einstechstahl *B 27*.
Umdrehungszahl, Hartmetallsorte und Vorschub, Graugußbearbeitung *A 22*.
—, Messing- und Gußbronzebearbeitung *A 24*.
—, Rotguß- und Kupferbearbeitung *A 22*.
—, Silumin- und Duralbearbeitung *A 25*.
—, Stahlbearbeitung *A 13* bis *A 19*.
—, Stahlgußbearbeitung *A 20*, *A 21*.
Umdrehungszahlen. Werkstückdurchmesser. Schnittgeschwindigkeit *A 12*.
Unit *A 5*.
Universal-Hartmetall 126.
—, Arbeitsbeispiele 128.

Vanadinkarbid 1.
Vascoloy *A 2*, *A 3*.
Veraloy *A 4*.
Verbrauch, Hartmetall 115.
—, Schleifscheiben 77, 96.
Verformungstiefe 121.
Vergleich, Siebgrößen *A 41*.
Vergleichende Härteskalen 20, *A 10*, *A 11*.
Vergütung, Lötnaht 66.
Vernickelung, Lötfläche 62.

Verschleißraumplatte 29.
Verschleißteile, Sortenauswahl *A 1*
Verschweißen 2.
Verschweißfestigkeit 2.
Vickers-Härte 21, *A 10*, *A 11*.
Vinidur 143.
Vollhartmetallwerkzeuge 52.
Vorschleifen 74.
Vorschub, Einfluß auf den Schnitt-
    druck 17, 116, 133.
Vorschub, Leistung und Schnitt-
    geschwindigkeit, Graugußbear-
    beitung *A 34*, *A 35*.
—, Gußbronze- und Stahlgußbe-
    arbeitung *A 37*.
—, Kupferbearbeitung *A 38*.
—, Messing- und Duralbearbeitung
    A 39.
—, Silumin- und Aluminiumle-
    gierungsbearbeitung *A 40*.
—, Stahlbearbeitung *A 26* bis *A 33*.
Vorschub, mindest 108.

Wärmeausdehnungskoeffizient 4, 6.
Wärmeentwicklung, Spanbildung 14.
Wärmeleitfähigkeit 6.
Wärme, spezifische 6.
Wallram 51, *A 5*.
Wasserglasverfahren 11.
Wechselbeständigkeit 5.
Wechselfestigkeit 5, 6, 7, 18.
Weichholz, Bearbeitung von — 145.
Weichlot 55.
Werkstoffe für Schäfte 29.
Werkstückdurchmesser, Umdre-
    hungszahl, Schnittgeschwindig-
    keit *A 12*.
Werkzeug, Abnutzung 12.
—, Beschaffungskosten 103.
—, Bewertung, Einkauf 135.
—, Gestaltung 26.
—, Normen 27, 44.
—, Schleiferei 68.
Werkzeugbuch 71.
Werkzeuge, Ausfälle 136.
—, ausgebrochene 136.
—, Fehler bei der Herstellung 113.
—, Kennzeichnung durch Farben 109.
—, Nachschliffe 94.
—, neu anschleifen 82.
Werkzeugkartei 71.

Werkzeugschaft, Härten 63.
Werkzeugtragkasten 70.
Wesson *A 2*, *A 3*.
Wickman, Hartmetallnormen *B 3*.
—, Profilschleifmaschine 91.
Widerstand, elektrischer 6.
Widerstandsfähigkeit gegen Schwe-
    felsäure 8.
Widerstandslötung 59.
Widia 49, 50, 125, *A 5*.
Wiedergewinnung, Diamant, Wolf-
    ram, Siliciumkarbid 101.
Willey *A 2*, *A 3*.
Wimet *A 4*.
Winkel 31, 36, 114, 115, 124, 138,
    142, 143, 145, 146.
—, Abstufung 35.
—, Holzbearbeitung 145.
Winkelmeßgerät 68/69.
Winter, Diamantfeilen 94.
—, Igel 79.
—, Sägedraht 94.
—, Spreizfassung 46.
—, Tropfenspender 84.
Wirbeln, Gewinde 138.
Wirbelvorrichtung 140.
Wirtschaftliche Anschliffzahl 112,
    115.
Wirtschaftliche Stumpfung 112.
Wirtschaftlichkeit 103.
—, Hartmetallmatrizen 151.
—, Holzbearbeitung 146.
Witthoff, J. 135, 136.
Wolfram, Gewinnung 101.
Wolframkarbid 1, 3, 9, 22, 126.
Wolframkarbid-Titankarbid 22.
Wyss, R. 20.

Zähigkeit 2.
Zählrohr, Geiger-Müller 18.
Zapp-Hartmetall *A 5*.
Zeitaufwand, Löten 61.
Zeiten, Profilschleifen 92.
Zentralschleiferei 70.
Zerreißfestigkeit und Härte *A 10*.
Zunderbeständigkeit 8, 19, *A 1*.
Zusammensetzung des Hartmetalls
Zweiweghobeln 126.   [6.
Zwischenfolien 64.
Zwischenhartmetall 116.
Zylindrische Profile, Klemmen 49.

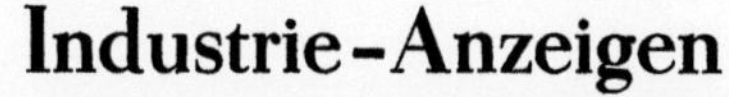

Industrie-Anzeigen

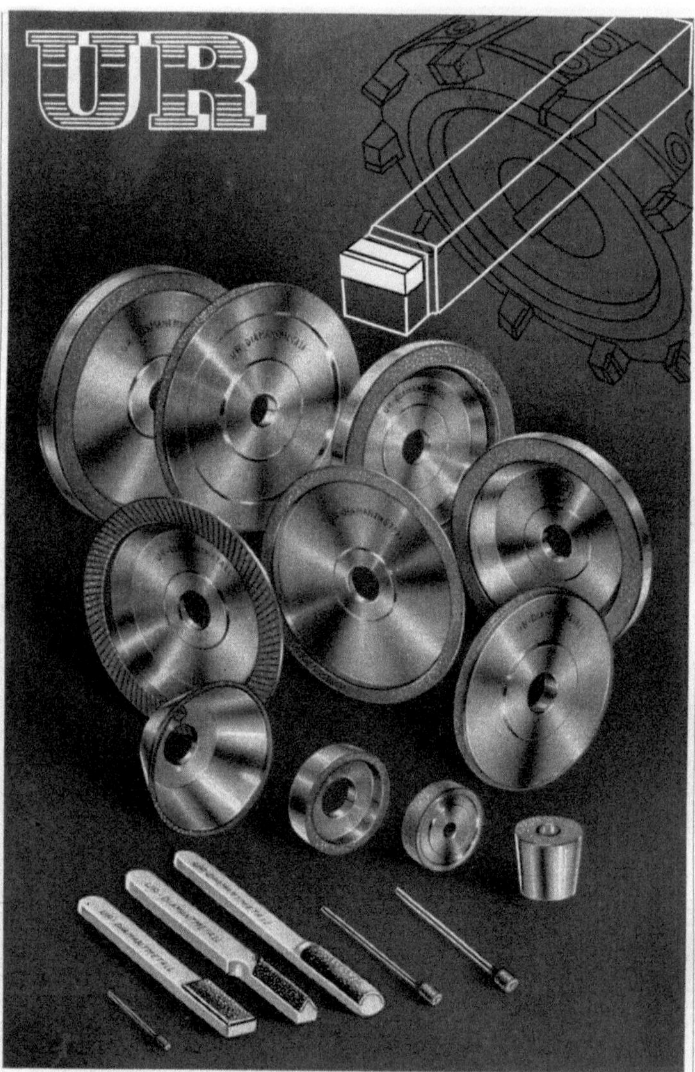
UR

Spedia

VDF

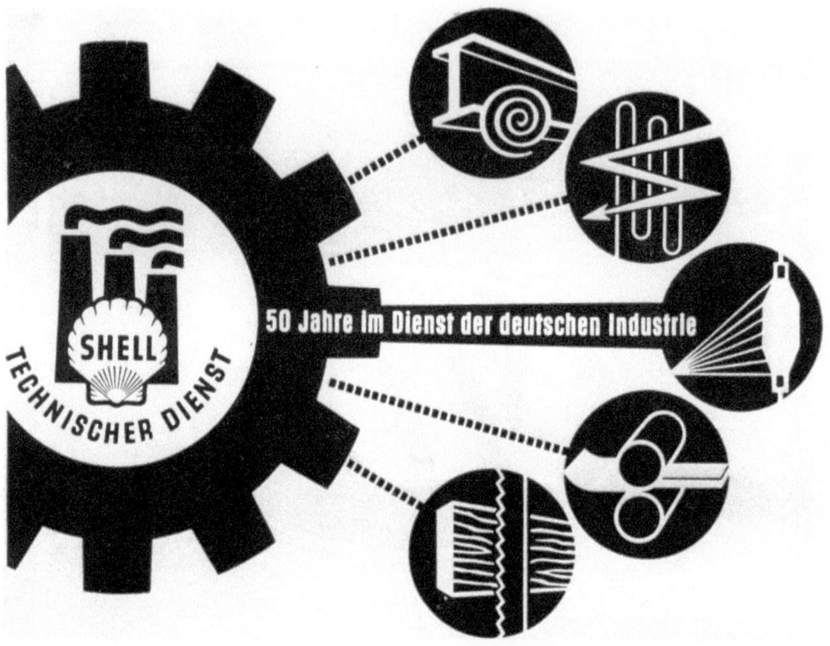

SHELL
TECHNISCHER DIENST
50 Jahre im Dienst der deutschen Industrie

v. NEINDORFF
ANKER
SPIRALBOHRER MIT WIDIA
HARTMETALLSCHNEIDE
NR. 910 MIT ZYL. SCHAFT. DIN 8037
NR. 910 MK MIT MORSEKEGEL
DIN 8041
HERSTELLUNGSGENAUIGKEIT
NACH DIN 365. FUR STAHL AB
80 kg / mm² ZUGFESTIGKEIT.
WEGEN SCHNITTGESCHWIN-
DIGKEITEN, VORSCHUB u.
RICHTIGEM ANSCHLIFF
BEACHTEN SIE BITTE UN-
SERE RICHTLINIEN
WERKZEUGFABRIK
GEBRUDER HELLER
BREMEN-MAHNDORF
FRUHER SCHMALKALDEN

TITANIT
DAS HARTMETALL
DER
DEW

DEUTSCHE EDELSTAHLWERKE
AKTIENGESELLSCHAFT KREFELD
TITANIT-FABRIK

INDUSTRIE-
DIAMANTEN

DIAMANT-
WERKZEUGE

DIAMANT-
SCHEIBEN

DIAMANT-GESELLSCHAFT TESCH
TESCH DIAMANT-KERAMIK GMBH

LUDWIGSBURG/WÜRTT.

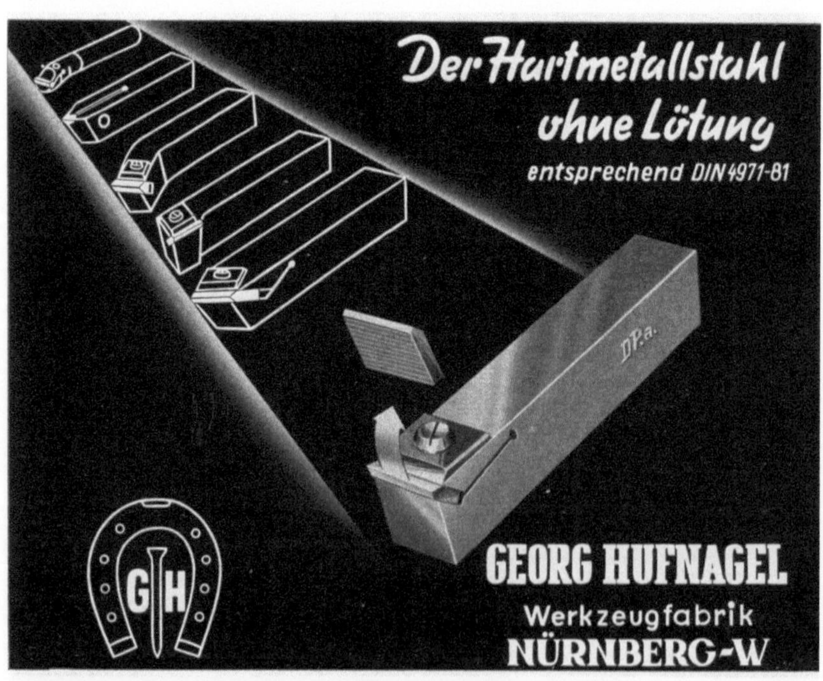

Jedes gute Werkzeug –
Der Schmied schmiedet
es von Hand.

Moderne
Maschinen-
werkzeuge

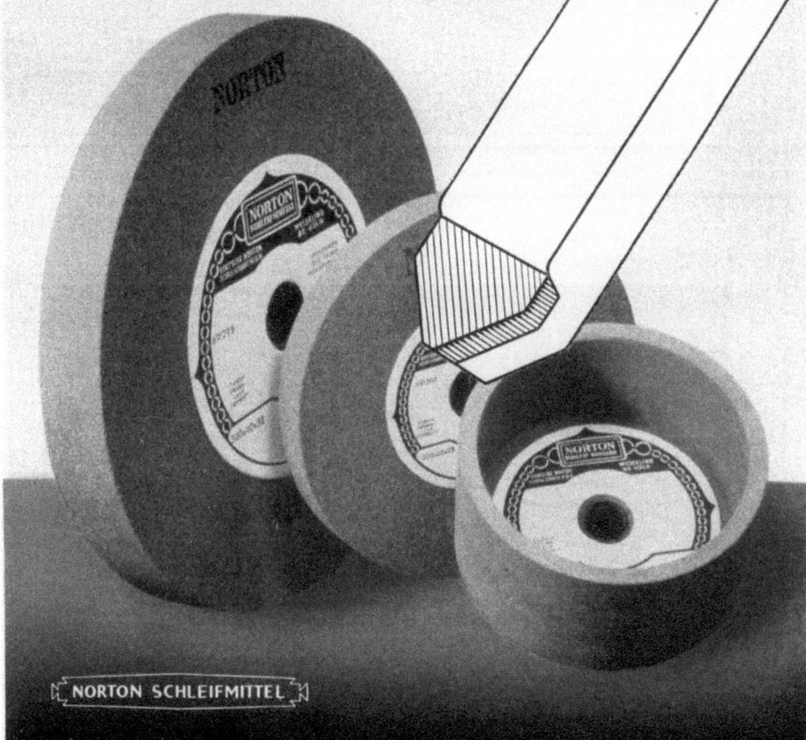
FEINSTGESCHLIFFENE SCHNEIDEN
sind Vorbedingung für eine
wirtschaftliche Ausnutzung Ihrer Hartmetallwerkzeuge

NORTON-SILIZIUMKARBID-SCHLEIFSCHEIBEN
Marke CRYSTOLON
machen es Ihnen leicht, jede gewünschte
Schliffgüte zu erzeugen.

NORTON SCHLEIFMITTEL

DEUTSCHE NORTON-GESELLSCHAFT M. B. H.
WESSELING/BZ. KÖLN

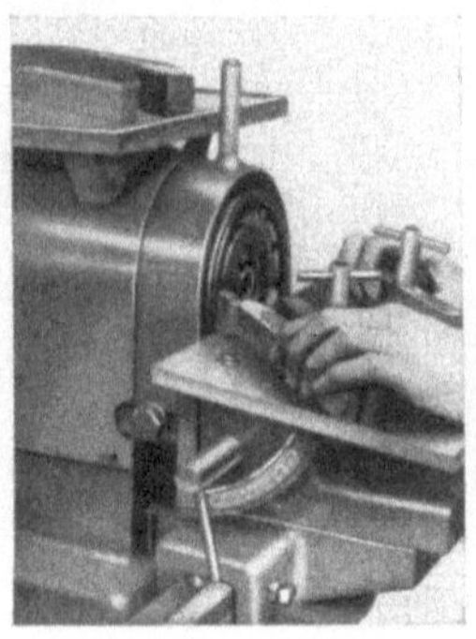

**Hartmetall-
Fein- und Feinst-
Schleifmaschine**

mit

Schleifwagen und
2 Schleiftischen,
sowie rückseitig
mit Spanstufen-
schleifeinrichtung.

45 cm Höhenverstellbarkeit der Schleifwagen, so daß alle erforder-
lichen Vorrichtungen aufgebaut werden können. Spielend leichte
Verschiebbarkeit der Schleifwagen. Tiefeneinstellung für Spanstufen
mit Feinsteinstellung. Feinschleifen im Gegenschliff — Bild 1 —.
Feinstschleifen durch maschinelles Parallelabziehen der Schneide
— Bild 2 — D. P.

Beratung: H. Walther, Hamburg 39, Ulmenstraße 16

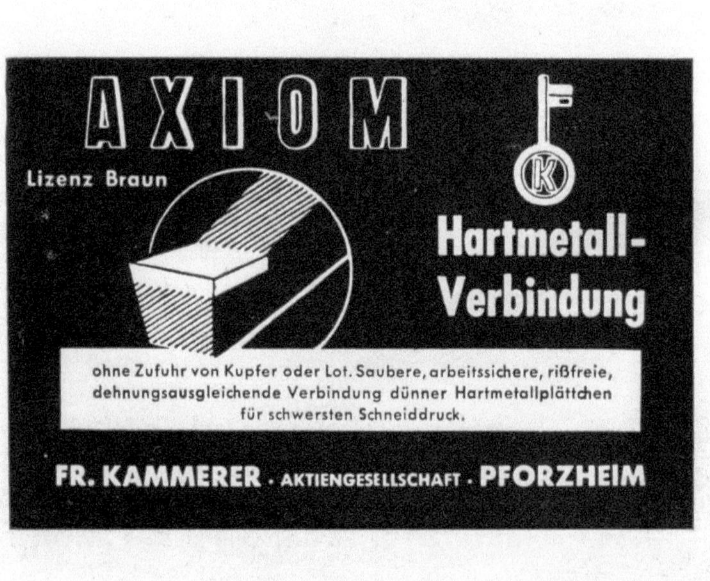